视频教学
全新升级

电脑组装与硬件维修从入门到精通

超值版

刘婷 主编

人民邮电出版社
北京

图书在版编目（ＣＩＰ）数据

电脑组装与硬件维修从入门到精通：超值版／刘婷
主编． —— 北京：人民邮电出版社，2021.1（2023.8重印）
ISBN 978-7-115-54766-8

Ⅰ．①电… Ⅱ．①刘… Ⅲ．①电子计算机－组装②硬
件－维修 Ⅳ．①TP30

中国版本图书馆CIP数据核字（2020）第164927号

内 容 提 要

本书以零基础讲解为特色，用实例引导读者学习，深入浅出地介绍了电脑选购、组装、维护与故障处理的相关知识和方法。

全书分为 5 篇，共 20 章。第 1 篇【基础入门篇】主要介绍了电脑组装基础和电脑内部硬件的选购；第 2 篇【组装实战篇】主要介绍电脑组装实战、硬盘的分区与格式化、电脑操作系统的安装、电脑性能的检测、电脑网络的连接等；第 3 篇【电脑维护篇】主要介绍了如何管理电脑中的软件、硬盘的维护与管理、数据的维护与修复、电脑硬件的保养等；第 4 篇【故障处理篇】主要介绍了电脑故障处理、电脑开关机故障处理、CPU 与内存故障处理、主板与硬盘故障处理、其他设备故障处理、操作系统故障处理、网络故障处理等；第 5 篇【系统安全篇】主要介绍了电脑的优化与维护，电脑系统的备份、还原与重装等。

本书附赠与图书内容同步的视频教程及所有案例的配套素材和结果文件。此外，还赠送了相关内容的视频教程和电子书，便于读者扩展学习。

本书不仅适合电脑选购、组装、维护与故障处理的初、中级用户学习使用，也可以作为各类院校相关专业学生和电脑培训班学员的教材或辅导用书。

◆ 主　编　刘　婷
　　责任编辑　李永涛
　　责任印制　马振武

◆ 人民邮电出版社出版发行　　北京市丰台区成寿寺路 11 号
　　邮编　100164　　电子邮件　315@ptpress.com.cn
　　网址　https://www.ptpress.com.cn
　　三河市君旺印务有限公司印刷

◆ 开本：787×1092　1/16
　　印张：22　　　　　　　　　2021 年 1 月第 1 版
　　字数：563 千字　　　　　　2023 年 8 月河北第 7 次印刷

定价：79.80 元

读者服务热线：(010)81055410　印装质量热线：(010)81055316
反盗版热线：(010)81055315
广告经营许可证：京东市监广登字 20170147 号

计算机是人类社会进入信息时代的重要标志，掌握丰富的计算机知识、正确熟练地操作计算机已成为信息时代对每个人的要求。为满足广大读者对电脑组装与硬件维修相关知识的学习需要，我们针对不同学习对象的接受能力，总结了多位电脑维修工程师、高级硬件工程师及计算机教育专家的经验，精心编写了这本书。

本书特色

○ 零基础、入门级的讲解

本书以零基础讲解为宗旨，用实例引导读者学习，深入浅出地介绍了电脑选购、组装、维护与故障处理的相关知识和方法。

○ 精选内容，实用至上

全书内容经过精心选取编排，在贴近实际应用的同时，突出重点、难点，帮助读者深入理解所学知识，触类旁通。

○ 实例为主，图文并茂

在讲解过程中，每个知识点均配有实例辅助讲解，每个操作步骤均配有对应的插图以加深认识。这种图文并茂的方法能够使读者在学习过程中直观、清晰地看到操作过程和效果，有利于读者理解和掌握。

○ 高手指导，扩展学习

本书以"高手支招"的形式为读者提供各种操作难题的解决思路，总结了大量系统且实用的操作方法，以便读者学习更多内容。

○ 视频教程，互动教学

本书配套的视频教程与书中知识紧密结合并相互补充，帮助读者体验实际工作环境，掌握日常所需的知识和技能以及处理各种问题的方法，真正做到学以致用。

学习资源

○ 4 小时配套视频

视频教程涵盖重要知识点，详细讲解每个实战案例的操作过程和关键要点，帮助读者轻松掌握书中的知识和技巧。

○ 超多、超值资源大放送

除了与图书内容同步的视频教程外，本书还通过云盘奉送了大量超值学习资源，包括 Windows 10 操作系统安装视频教程，电脑维护与故障处理技巧查询手册，移动办公技巧手册，2000 个 Word 精选文档模板，1800 个 Excel 典型表格模板，1500 个 PPT 精美演示模板，Office 快捷键查询手册，网络搜索与下载技巧手册，常用五笔编码查询手册，电脑使用技巧电子书，15 小时系统安装、重装、备份与还原视频教程，9 小时 Photoshop CC 视频教程等超值资源，以方便读者扩展学习。

⬇ 扩展学习资源下载方法

　　读者可以使用微信扫描封底二维码，关注"职场精进指南"公众号，发送"54766"后，将获得资源下载链接和提取码。将下载链接复制到任何浏览器中并访问下载页面，即可通过提取码下载本书的扩展学习资源。

👥 创作团队

　　本书由郑州师范学院刘婷主编。在编写过程中，我们竭尽所能地将优秀的讲解呈现给读者，但也难免有疏漏和不妥之处，敬请广大读者不吝指正。若读者在阅读本书过程中产生疑问，或有任何建议，均可发送电子邮件至 liyongtao@ptpress.com.cn。

作者

2020 年 6 月

目录

第 3 篇 电脑维护篇

第 5 篇 系统安全篇

第1篇
基础入门篇

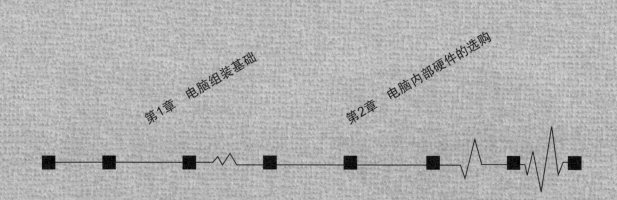

第1章 电脑组装基础

第2章 电脑内部硬件的选购

第 1 章

电脑组装基础

学习目标

在学习电脑组装之前，需要对电脑硬件、软件的基础知识有所了解。本章主要介绍了电脑的分类、硬件、外部设备、软件等电脑组装基础知识。

学习效果

1.1 电脑的分类

随着电脑的更新换代，其类型日新月异，种类也越来越多，市面上最为常见的有台式机、笔记本电脑、平板电脑、智能手机等。另外，智能家居、智能穿戴设备也一跃成为了当下热点。本节主要介绍不同种类的电脑及其特点。

1.1.1 台式机

台式机也称为桌面计算机，是最为常见的电脑，其特点是体积大、较笨重，一般需要放置在电脑桌或专门的工作台上，主要用于比较稳定的场合，如公司与家庭。

目前，台式机主要分为分体式台式机和一体机。分体式台式机是出现最早的传统机型，显示屏和主机分离，占位空间大，通风条件好，与一体机相比，用户群更广。下图所示就是一款分体式台式机。

分体式台式机

一体机是将主机、显示器等集成到一起，与传统分体式台式机相比，它结合了台式机和笔记本的优点，具有连线少、体积小、设计时尚的特点，吸引了无数用户的眼球，成为一种新的产品形态，如下图所示。

一体机

当然，除了分体式台式机和一体机外，迷你PC产品也逐渐进入市场，成为热门产品。虽然迷你PC产品体积小，有的甚至与U盘大小一般，却搭载着处理器、内存、硬盘等，并配有操作系统，可以插入电视机、显示器或者投影仪等，使之成为一台电脑，用户还可以使用蓝牙鼠标、键盘连接操作。下图所示就是英特尔公司推出的一款一体式迷你电脑棒。

一体式迷你电脑棒

1.1.2 笔记本电脑

笔记本电脑（NoteBook Computer，简写为NoteBook），又称为手提或膝上电脑（Laptop Computer，简写为Laptop），是一种方便携带的小型个人电脑。笔记本电脑与台式机有着类似的结构组成，包括显示器、键盘、鼠标、CPU、内存和硬盘等。笔记本电脑主要的优点是体积小、重量轻、携带方便，所以便携性是笔记本电脑相对于台式机最大的优势。下图所示就是一款笔记本电脑。

笔记本电脑

笔记本电脑与台式机的对比如下。

（1）便携性比较。

与笨重的台式机相比，笔记本电脑小巧便携，且消耗的电能较少，产生的噪声较小。

（2）性能比较。

相对于同等价格的台式机，笔记本电脑的运行速度通常会稍慢一点，对图像和声音的处理能力也比台式机稍逊一筹。

（3）价格比较。

对于同等性能的笔记本电脑和台式机来说，笔记本电脑由于对各种组件的搭配要求更高，所以价格也相应较高。但是，随着现代工艺和技术的进步，笔记本电脑和台式机之间的价格差距正在不断缩小。

1.1.3 平板电脑

平板电脑是个人电脑（PC）家族新增加的一名成员，外观和笔记本电脑相似，是一种小型、携带方便的个人电脑。集移动商务、移动通信和移动娱乐为一体，是平板电脑最突出的优点。平板电脑具有与笔记本电脑一样的体积小而轻的特点，可以随时转移使用场所，移动灵活性较高。

平板电脑最为典型的是iPad，它的出现，在全世界掀起了平板电脑的热潮。如今，平板电脑种类、样式、功能更多，可谓百花齐放，如有支持打电话的、带全键盘滑盖的、支持电磁笔双触控的。另外，根据应用领域划分，平板电脑有多种类型，如商务型、学生型、工业型等。下图所示就是一款平板电脑。

平板电脑

1.1.4 智能手机

智能手机已基本替代了传统的、功能单一的手持电话，它可以像个人电脑一样，拥有独立的操作系统、运行和存储空间。除了具有手机的通话功能外，它还具备掌上电脑（Personal Digital Assistant，PDA）的功能。

与平板电脑相比，智能手机以通信为核心，体积小，便携性强，可以放入口袋中随身携带。从广义上说，智能手机是使用人群最多的个人电脑。下图所示就是一款智能手机。

智能手机

1.1.5 可穿戴电脑、智能家居与VR设备

从表面上看，可穿戴电脑与智能家居和电脑有些风马牛不相及，但它们却同属于电脑的范畴，具有电脑一样的智能。下面简单介绍可穿戴电脑、智能家居与VR设备。

1. 可穿戴电脑

实现某些功能的微型电子设备。它由轻巧的装置构成，便携性更强，具有满足可佩戴的形态，具备独立的计算能力，拥有专用的应用程序和功能，可以完美地将电脑和穿戴设备结合，如眼镜、手表、项链，给用户提供全新的人机交互方式和用户体验。

随着PC互联网向移动互联网过渡，可穿戴计算设备将以更多的产品形态和更好的用户体验被人们所接受，逐渐实现大众化。下图所示就是一款智能手表。

智能手表

2. 智能家居

智能家居相对于可穿戴电脑，则提供了一个无缝的环境。它以住宅为平台，利用综合布线技术、网络通信技术、安全防范技术、自动控制技术、音视频技术等与家居生活有关的设施集成，构建高效的住宅设施与家庭日程事务的管理系统，提升家居生活的安全性、便利性、舒适性和艺术性，并实现居住环境的环保节能。

传统的家电、家居设备、房屋建筑等都成为了智能家居的发展方向，尤其是物联网的快速发展和"互联网+"的提出，使更多的家电和家居设备成为连接物联网的终端和载体。如今，我们可以明显地发现，我国的智能电视市场，基本完成市场布局，传统电视将逐渐被替代和淘汰。

智能家居的出现给用户带来了各种便利。电灯可以根据光线、用户位置或用户需求，自动打开或关闭，自动调整灯光和颜色；电视可以感知用户的观看状态，据此判断是否关闭等；手机可以控制插座、定时开关、充电保护等。下图为一款智能扫地机器人，用户可以通过手机远程或在Wi-Fi网络下，控制扫地机器人扫地。

智能扫地机器人

3. VR设备

虚拟现实（简称"VR"）技术，是创建和体验虚拟环境的计算机仿真系统。用户可以通过VR设备，增强对听觉、视觉、触觉、嗅觉等的感知，满足工作和娱乐需求，是一种新的交互方式。

虚拟现实，给用户带来了超逼真沉浸式体验，将观众从自家沙发带进了"现场"。目前，市面上的VR眼镜（见下图），价格已经十分亲民，售价多在几百元左右。带上眼镜，配合手机或电脑，人们便可拥有沉浸式的虚拟现实。

VR眼镜

1.2 电脑的硬件组成

通常情况下，一台电脑的基本硬件设备包括CPU、内存、主板、硬盘、显卡、显示器、键盘、鼠标、机箱、电源等。

1. CPU

CPU也叫作中央处理器，是一台电脑的运算和控制核心，作用与人的大脑相似，负责处理、运算电脑内部的所有数据。而主板芯片组则更像是人的心脏，它控制着数据的交换。CPU的种类决定了电脑所使用的操作系统和相应的软件，CPU的型号往往决定了一台电脑的性能。

目前市场上较为主流的是双核心和四核心CPU，也不乏六核心和八核心的更高性能的CPU。Intel（英特尔）和AMD（超微）是目前较为知名的两大CPU品牌。

2. 内存

内存储器（简称内存，也称主存储器）用于存放电脑运行所需的程序和数据。内存的容量与性能是决定电脑整体性能的一个重要因素。内存的大小及其时钟频率（内存在单位时间内处理指令的次数，单位是MHz）的高低直接影响电脑运行速度的快慢，即使CPU主频很高，硬盘容量很大，但如果内存容量很小，电脑的运行速度也快不起来。

目前，主流电脑多采用的是8GB的DDR4内存，一些发烧友多采用16GB×4的DDR4内存。下图为一款容量为8GB的金士顿DDR4 2666MHz内存。

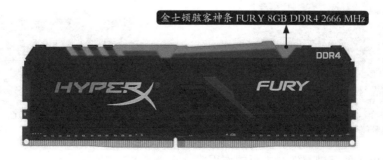

3. 硬盘

硬盘是电脑最重要的外部存储器之一，由一个或多个铝制或者玻璃制的碟片组成。这些碟片外覆盖有铁磁性材料。绝大多数硬盘是固定硬盘，被永久性地密封固定在硬盘驱动器中。由于硬盘的盘片和硬盘的驱动器是密封在一起的，所以通常所说的硬盘和硬盘驱动器其实是一回事。

硬盘有固态硬盘（SSD）、机械硬盘（HDD）、混合硬盘（HHD，一种基于传统机械硬盘而出现的新硬盘）。SSD采用闪存颗粒来存储，HDD采用磁性碟片来存储，HHD是把磁性硬盘和闪存集成到一起的一种硬盘。

机械硬盘是最为普遍的存储硬盘，容量大且价格低，作为资料存储硬盘。固态硬盘是一种高性能的存储器，使用寿命很长，但由于价格相对高而普遍被采用为系统硬盘。

机械硬盘

固态硬盘

4. 主板

如果把CPU比作电脑的"心脏"，那么主板便是电脑的"躯干"。几乎所有的电脑部件都是直接或间接连接到主板上的，主板性能对整机的速度和稳定性都有极大影响。主板又称系统板或母板（Mother Board），是电脑系统中极为重要的部件。

主板一般为矩形电路板，上面安装了组成电脑的主要电路系统，并集成了各式各样的电子零件和接口。下图所示即为一块主板的外观。

作为组成电脑的基础部件，主板的作用非常重要，尤其是在稳定性和兼容性方面更是不容忽视的。如果主板选择不当，则其他插在主板上的部件的性能可能就不能被充分发挥。

5. 显卡

显卡也称图形加速卡，是电脑内主要的板卡之一，基本作用是控制电脑的图形输出。由于工作性质不同，不同的显卡提供性能各异的功能。

一般来说，二维（2D）图形图像的输出是必备的。在此基础上将部分或全部的三维（3D）图像处理功能纳入显示芯片中，由这种芯片做成的显卡就是通常所说的"3D显卡"。有些显卡以附加卡的形式安装在电脑主板的扩展槽中，有些则集成在主板上。下图所示即为一款显卡。

6. 电源

主机电源是一种安装在主机箱内的封闭式独立部件，它的作用是将交流电通过一个开关电源变压器转换为+5 V、−5 V、+12 V、−12 V、+3.3 V等稳定的直流电，以供主机箱内主板驱动、硬盘驱动及各种适配器扩展卡等系统部件使用。

电源的功率需求决定于CPU、主板、内存、硬盘等硬件的功率，最常见的功率需求为400~600W。电源的额定功率越大越好，但价格也更贵，我们根据其他硬件的功率合理选择即可。

7. 显示器

显示器是电脑重要的输出设备，也是电脑的"脸面"。电脑操作的各种状态、结果以及编辑的文本、程序、图形等都是在显示器上显示出来的。

液晶显示器以辐射低、功耗小、可视面积大、体积小及显示清晰等优点，成为电脑显示器的主流。目前，显示器主要按照屏幕尺寸、面板类型、视频接口等进行划分。如屏幕尺寸，较为普及的为21英寸、22英寸、23英寸，较大尺寸有24~30英寸等。而面板类型很大程度上决定了显示器的亮度、对比度、可视度等，直接影响显示器的性能，面板类型主要包括TN面板、IPS面板、PVA面板、MVA面板、PLS面板以及不闪式3D面板等，其中IPS面板和不闪式3D面板较好，价格也相对贵一些。另外，随着技术的更新迭代，曲面显示器、5K显示器、4K显示器、触摸显示器及智能显示器等相继出现，满足了不同用户的使用需求。下图所示即为一款曲面显示器。

8. 键盘

键盘是电脑系统中基本的输入设备，用户可以将各种命令、程序和数据通过键盘输入到电脑中。常见的键盘主要可分为机械式和电容式两类，现在的键盘大多是电容式键盘。键盘按外形来划分又有普通标准键盘和人体工学键盘两类，按接口来分主要有PS/2接口（小口）、USB接口以及无线键盘等种类。标准键盘的外观如下图所示。

在平时使用时应注意保持键盘清洁，经常擦拭键盘表面，减少灰尘进入。对于不防水的键盘，一定要注意水或油等液体的渗入，一旦液体渗入键盘内部，就容易造成键盘按键失灵。解决方法是拆开键盘后盖，取下导电层塑料膜，用干抹布把液体擦拭干净。

9. 鼠标

鼠标是电脑基本的输入设备之一，用于确定光标在屏幕上的位置。在应用软件的支持下，移动、单击、双击鼠标可以快速、方便地完成某种特定的功能。

鼠标包括鼠标右键、鼠标左键、鼠标滚轮、鼠标线和鼠标插头。如下图所示，鼠标按照插头的类型可分为USB接口的鼠标、PS/2接口的鼠标和无线鼠标。

1.3 电脑的软件组成

软件是电脑系统的重要组成部分。电脑的软件系统可以分为系统软件、驱动软件和应用软件3大类。通过不同的电脑软件，电脑可以完成许多不同的工作，使电脑具有非凡的灵活性和通用性。

1.3.1 操作系统

操作系统是一款管理电脑硬件与软件资源的程序，同时也是电脑系统的内核与基石。操作系统是一款庞大的管理控制程序，大致包括进程与处理机管理、作业管理、存储管理、设备管理、文件管理5个方面的管理功能。操作系统是管理电脑全部硬件资源、软件资源、数据资源，控制程序运行并为用户提供操作界面的系统软件集合。

目前，电脑操作系统的主要类型包括微软的Windows、苹果的Mac OS及UNIX、Linux等。这些操作系统所适用的用户人群不尽相同，电脑用户可以根据自己的实际需要选择不同的操作系统。下面分别对这几种操作系统进行简单介绍。

1. Windows系统

Windows系统是应用最广泛的系统，主要有Windows 7和Windows 10等。

经典的Windows系统——Windows 7

Windows 7是由微软公司开发的经典操作系统，具有革命性的意义。该系统旨在让人们的日常电脑操作更加简单和快捷，为人们提供高效易行的工作环境。

Windows 7系统和以前的系统相比，具有很多的优点：更快的速度和性能，更个性化的桌面，更强大的多媒体功能，Windows Touch带来极致触摸操控体验，Homegroups和Libraries简化局域网共享，全面革新的用户安全机制，超强的硬件兼容性，革命性的工具栏设计，等等。

不过，微软公司已于2020年1月14日对Windows 7停止了支持，不再提供Windows 7的服务更新、安全更新等。虽然用户还可以继续使用，但电脑遭受病毒和恶意软件攻击的风险会更大。

Windows 7系统的桌面

新一代Windows系统——Windows 10

Windows 10是微软公司最新推出的新一

代跨平台及设备应用的操作系统，应用范围涵盖PC、平板电脑、手机、XBOX和服务器端等。Windows 10重新使用了【开始】按钮，采用全新的开始菜单，增加了个人智能助理——Cortana（小娜），它可以记录并了解用户的使用习惯，帮助用户在电脑上查找资料、管理日历、跟踪程序包、查找文件、聊天，还可以推送用户关注的资讯等。另外，Windows 10提供了一种新的上网方式——Microsoft Edge，它是一款新推出的Windows浏览器，用户可以更方便地浏览网页、阅读、分享、做笔记等，而且可以在地址栏中输入搜索内容，快速搜索浏览。

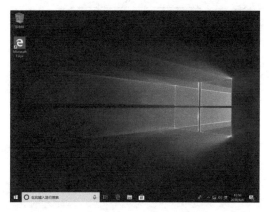

除了上述新功能外，Windows 10还有许多功能更新。增加了云存储OneDrive，用户可以将文件保存在网盘中，方便在不同电脑或手机中访问；增加了通知中心，可以查看各应用推送的信息；增加了Task View（任务视图），可以创建多个传统桌面环境。另外，还有平板模式、手机助手等。读者可以在接下来的学习和使用中，更好地体验Windows 10新一代操作系统。

2. Mac OS

Mac OS系统是一款专用于苹果电脑的操作系统，是基于UNIX内核的图形化操作系统，系统简单直观，安全易用，有很高的兼容性，但不可安装于其他品牌的电脑上。

1984年，苹果公司发布System 1操作系统，它是世界第一款成功具备图形图像用户界面的操作系统。在随后的十几年中，苹果操作系统经历了从System 1到7.5.3的升级，从最初的黑白界面提升为8色、16色、真彩色，其系统稳定性、应用程序数量、界面效果等都得到了巨大提升。1997年，苹果操作系统更名为Mac OS，此后也经历了Mac OS 8、Mac OS 9、Mac OS 9.2.2等版本的升级。

2019年10月8日，苹果公司正式推出新的操作系统Mac OS Catalina。此系统拥有语音控制、屏幕时间控制、脱机查找设备等多项新功能，给用户带来了更直观、更完善的使用体验。

1.3.2 驱动程序

驱动程序的英文名为"Device Driver"，全称为"设备驱动程序"，是一种可以使电脑和设备通信的特殊程序，相当于硬件的接口。操作系统只有通过驱动程序才能控制硬件设备的工作，假如某个硬件的驱动程序没有正确安装，则该硬件不能正常工作。因此，驱动程序被誉为"硬件的灵魂""硬件的主宰"和"硬件和系统之间的桥梁"等。

在操作系统中，如果不安装驱动程序，则电脑会出现屏幕不清楚、没有声音、分辨率不能设置等现象，所以正确安装操作系统是非常必要的。

1. 驱动程序的作用

随着电子技术的飞速发展，电脑硬件的性能越来越强大。驱动程序是直接工作在各种硬件设备上的软件，其"驱动"这个名称也十分形象地说明了它的功能。正是通过驱动程序，各种硬件设备才能正常运行，达到既定的工作效果。

如果缺少了驱动程序的"驱动"，那么本来性能非常强大的硬件就无法根据软件发出的指令进行工作，硬件就是空有一身本领也无从发挥，毫无用武之地。从理论上讲，所有的硬件设备都需要安装相应的驱动程序才能正常工作。但像CPU、内存、主板、软驱、键盘、显示器等设备却并不需要安装驱动程序也可以正常工作，这是为什么呢？这主要是由于这些硬件对于一台个人电脑来说是必需的，所以早期的设计人员将这些硬件列为BIOS能直接支持的硬件。换句话说，上述硬件安装后就可以被BIOS和操作系统直接支持，不再需要安装驱动程序。从这个角度来说，BIOS也是一种驱动程序。但是对于其他的硬件，例如网卡、声卡、显卡等，却必须安装驱动程序，不然就无法正常工作。

2. 驱动程序的安装顺序

操作系统安装完成后，接下来的工作就是安装驱动程序，而各种驱动程序的安装是有一定顺序的。如果不能正确地安装驱动程序，就会导致某些硬件不能正确工作。正确的安装顺序如下图所示。

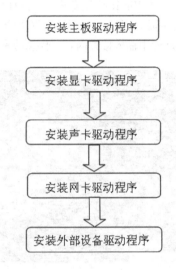

1.3.3 应用程序

所谓应用程序，是指除了系统软件以外的所有软件，它是用户利用电脑及其提供的系统软件为解决各种实际问题而编制的电脑程序。由于电脑已渗透到了各个领域，因此，应用软件是多种多样的。目前，常见的应用软件有各种用于科学计算的程序包、各种字处理软件、信息管理软件、电脑辅助设计教学软件、实时控制软件和各种图形软件等。

应用软件是指为了完成某项工作而开发的一组程序，它能够为用户解决各种实际问题。下面列举几种应用软件。

1. 办公类软件

办公类软件主要指用于文字处理、电子表格制作、幻灯片制作等的软件，如微软公司的Office Word是应用最广泛的办公软件之一，如右图所示的是Word 2019的主程序界面。

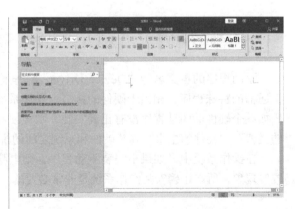

2. 图像处理软件

图像处理软件主要用于编辑或处理图形图像文件，应用于平面设计、三维设计、影视制作等领域，如Photoshop 、Corel DRAW、绘声绘影等，下图所示为Photoshop CC软件操作界面。

3. 媒体播放器

媒体播放器是指电脑中用于播放多媒体的软件，包括网页、音乐、视频和图片4类播放器软件，如Windows Media Player、Flash播放器等，下图所示为Groove音乐播放器界面。

1.4 常用的电脑配套外部设备

电脑常用的外部设备包括音箱、麦克风、摄像头、路由器、U盘、打印机等。有了这些外部设备，就可以充分发挥电脑的优异性能，如虎添翼。下面分别对这些外部设备进行简单的介绍。

1. 耳麦/麦克风

耳麦是耳机和麦克风的结合体，是重要的电脑外部设备之一，与耳机最大的区别是加入了麦克风，可以用于录入声音、语音聊天等。用户也可以分别购买耳机和麦克风，实现更好的声音效果。下图所示为耳麦和麦克风。

2. 摄像头

摄像头（Camera）又称为电脑相机、电脑眼等，是一种视频输入设备，广泛地运用于视频会议、远程医疗、实时监控等领域，用户可以通过摄像头在网上进行有影像、有声音的交谈和沟通。下图所示为摄像头。

3. 音箱

音箱是整个音响系统的终端，作用是将电脑中的音频文件通过音箱的扬声器播放出来。因此音箱的性能好坏影响着用户的聆听效果。在听音乐、看电影时，它是不可缺少的外部设备之一。

4. 路由器

路由器是用于连接多个逻辑上分开的网络的设备，可以用来建立局域网，实现家庭中多台电脑同时上网，也可将有线网络转换为无线网络。如今手机、平板电脑的广泛使用，使路由器成为不可缺少的网络设备。智能路由器具有独立的操作系统，可以实现智能化管理路由器，安装各种应用，自行控制带宽、在线人数、浏览网页、在线时间，同时拥有强大的USB共享功能等。下图所示为路由器。

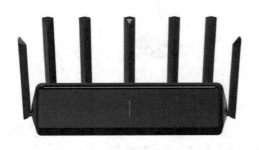

5. 可移动存储设备

可移动存储设备是指可以在不同终端间移动的存储设备，方便了资料的存储和转移。目前较为普遍的可移动存储设备主要有移动硬盘和U盘。

（1）移动硬盘。

移动硬盘以硬盘为存储介质，实现了电脑之间的大容量数据交换，其数据的读写模式与标准IDE硬盘是相同的。移动硬盘多采用USB、IEEE1394等传输速度较快的接口，可以以较高的速度与电脑进行数据传输。下图所示为移动硬盘。

（2）U盘。

U盘又称为"优盘"，是一种无须物理驱动器的微型高容量移动存储产品，通过USB接口与电脑连接，即可实现"即插即用"。因此，它也叫"USB闪存驱动器"。

U盘主要用于存放照片、文档、音乐、视频等中小型文件，它的最大优点是体积小、价格便宜。体积如大拇指般大小，携带极为方便，可以放入口袋中、钱包里。U盘容量常见的有16GB、32GB、64GB等，根据接口类型主要分为USB 2.0和USB 3.0两种。另外，还有一种支持插到手机中的双接口U盘。下图所示为U盘。

6. 打印机

打印机是电脑办公不可缺少的一个组成部分，是重要的输出设备之一。通常情况下，只要是使用电脑办公的单位都会配备打印机。通过打印机，用户可以将在电脑中编辑好的文档、图片等数据资料打印输出到纸上，从而方便将资料进行长期存档或向其他部门报送等。

7. 复印机

人们通常所说的复印机是指静电复印机，它是一种利用静电技术进行文书复制的设备。复印机是从书写、绘制或印刷的原稿得到等倍、放大或缩小的复印品的设备。复印机复印的速度快，操作简便，与传统的铅字印刷、蜡纸油印、胶印等的主要区别是无须经过其他制版等中间手段，即能直接从原稿获得复印品。

目前，绝大部分复印机与打印机集合，是集打印、复印和扫描的一体机。

8. 扫描仪

扫描仪的作用是将稿件上的图像或文字输入到电脑中。如果是图像，则可以直接使用图像处理软件进行加工；如果是文字，则可以通过OCR软件，把图像文件转化为电脑能识别的文本文件，这样可节省把字符输入电脑的时间，大大提高输入速度。

高手支招

技巧：选择品牌机还是兼容机

1. 品牌机

品牌机是指由具有一定规模和技术实力的正规生产厂家生产，并具有明确品牌标识的电脑，如联想（Lenovo）、海尔（Haier）、戴尔（Dell）等。品牌机是由企业组装起来的，且经过兼容性测试正式对外出售的整套的电脑，拥有质量保证以及完整的售后服务。一般选购品牌机，不需要考虑配件搭配问题，也不需要考虑兼容性，省去了组装机硬件安装和测试的过程，可以节省很多时间。

2. 兼容机

兼容机也就是非厂家原装，完全根据顾客的要求进行配置的机器，其中的元件可以是同一厂家出品的，但更多的是整合各家之长的。兼容机在进货、组装、质检、销售和保修等方面随意性很大。与品牌机相比，兼容机的优势在于以下几点。

（1）兼容机搭配随意，可根据用户要求随意搭配。

（2）DIY配件市场更新换代速度比较快，品牌机很难跟上其更新的速度，比如说有些在散件市场已经淘汰的配件还出现在品牌机上。

（3）价格优势。电脑散件市场的流通环节少，利润也低，而品牌机流通环节多，利润较高，所以没有价格优势。值得注意的是，由于大部分电脑新手主要看重硬盘容量的大小和CPU性能，而忽略了主板和显卡的重要性，所以品牌机往往会降低主板和显卡的成本。

第**2**章

电脑内部硬件的选购

学习目标

　　在电脑组装与硬件维修中，硬件的选购是非常重要的一步，这就需要对硬件有足够的了解。本章主要介绍电脑内部硬件的类型、型号、性能指标、主流品牌及选购技巧等，以使读者充分掌握电脑硬件及电脑硬件的选购技巧。

学习效果

2.1 CPU

CPU（Central Processing Unit）也就是中央处理器。它负责进行整个电脑系统指令的执行，算术与逻辑运算，数据的存储、传送及输入和输出控制，也是整个系统最高的执行单元，因此，正确地选择CPU是组装电脑的首要问题。

CPU主要由内核、基板、填充物以及散热器等部分组成。它的工作原理是：CPU从存储器或高速缓冲存储器中取出指令，放入指令寄存器，并对指令译码。它把指令分解成一系列的微操作，然后发出各种控制命令，执行微操作系列，从而完成一条指令的执行。

2.1.1 CPU的性能指标

CPU是整个电脑系统的核心，它往往是各种档次电脑的代名词。CPU的性能大致上反映出电脑的性能，因此它的性能指标十分重要。CPU主要的性能指标有以下几点。

1. 主频

主频即CPU的时钟频率，单位是MHz（或GHz），用来表示CPU的运算、处理数据的速度。一般说来，主频越高，CPU的速度越快。由于内部结构不同，并非所有时钟频率相同的CPU的性能都一样。

2. 外频

外频是CPU的基准频率，单位是MHz。CPU的外频决定着整块主板的运行速度。一般情况下在台式机中所说的超频，都是超CPU的外频。

3. 扩展总线速度

扩展总线速度（Expansion Bus Speed）指安装在电脑系统上的局部总线，如VESA或PCI总线接口卡的工作速度。我们打开电脑时会看见一些插槽般的东西，这些就是扩展槽，而扩展总线就是CPU联系这些外部设备的桥梁。

4. 缓存

缓存大小也是CPU的重要指标之一，而且缓存的结构和大小对CPU速度的影响非常大。

CPU缓存的运行频率极高，一般是与处理器同频运作，工作效率远远大于系统内存和硬盘。实际工作时，CPU往往需要重复读取同样的数据块。缓存容量的增大，可以大幅度提升CPU内部读取数据的命中率，而不用再到内存或者硬盘上寻找，以此提高系统性能。但是从CPU芯片面积和成本的因素来考虑，缓存都很小。常见分为一级、二级和三级缓存，L1 Cache为CPU第一层缓存，L2 Cache为CPU第二层高级缓存，L3 Cache为CPU第三层缓存，其中缓存越靠前速度越快，所以一级缓存越大速度越快，其次是二级，而三级缓存速度最慢。

5. 前端总线频率

前端总线（FSB）频率（即总线频率）直接影响CPU与内存之间数据交换速度。有一条公式可以计算，即数据带宽＝（总线频率×数据位宽）÷8，数据传输最大带宽取决于所有同时传输的数据的宽度和传输频率。

6. 制造工艺

制造工艺的微米数是指IC内电路与电路之间的距离。制造工艺的趋势是向密集度越高的方向发展。密度越高的IC电路设计，意味着在同样大小面积的IC中，可以拥有密度更高、功能更复杂的电路设计。目前主流的CPU制作工艺采用的有7nm、10nm、12nm、14nm等，更高的在研发制程甚至已经达到了5nm，这也将成为下一代CPU的发展趋势，其功耗和发热量更低。

7. 插槽类型

CPU通过某个接口与主板连接才能正常工作。目前CPU的接口都是针脚式接口，对应到主板上有相应的插槽类型。不同类型的CPU具有不同的CPU插槽，因此选择CPU，就必须选择带有与之对应插槽类型的主板。主板CPU插槽类型不同，插孔数、体积、形状都有变化，所以不能互相接插。一般情况下，Intel的插槽类型是LGA、BGA，不过BGA的CPU与主板焊接，不能更换，主要用于笔记本电脑中，在电脑组装中不常用。AMD的插槽类型是Socket。

下表列出了主流插槽类型及对应的CPU。

插槽类型	适用的CPU
LGA 1151	Intel酷睿i3、i5和i7六代/七代/八代/九代系列等，如i3 6100、i3 7100、i5 6500、i5 7400、i5 7500、i5 7600K、i5 8400、i5 8500、i5 8600、i5 9400F、i7 6700、i7 7700、i7 9700F等
LGA 2011-v3	Intel 酷睿i7 X系列，如i7 6800K、i7 6900K、i7 6850K等
LGA 2066	Intel 酷睿X 台式机系列，如i9 10900X、i9 10920X、i9 10940X、i9 7980XE至尊版、i9 7900X等
Socket FM1	AMD APU的A8系列，如A8-3850等
Socket FM2+	AMD APU的A6、A8、A10、APU系列等，如A6-7400K、A6-7470K、A6-7480、A8-7650K、A8-7680、A10-7800、A10-7870K等
Socket AM4	AMD Ryzen 系列，如AMD Ryzen 3系列的1200、1300X、2200G、3200G，AMD Ryzen 5系列的1500X、3600X、3600、3400G、2400G，AMD Ryzen 7系列的3700X、2700X、2700、3800X、1700X、1700，AMD Ryzen 9系列的3900X、3950X、3900
Socket TR4	AMD Ryzen Threadripper系列，如 AMD Ryzen Threadripper 1900X、AMD Ryzen Threadripper 1950X、AMD Ryzen Threadripper 2920X、AMD Ryzen Threadripper 2950X等
Socket sTRX4	AMD Ryzen Threadripper系列，AMD Ryzen ThreadRipper 3960X、AMD Ryzen ThreadRipper 3970X、AMD Ryzen ThreadRipper 3990X等

2.1.2 Intel的主流CPU

CPU作为电脑硬件的核心设备，其重要性好比人的心脏。CPU的种类决定了所使用的操作系统和相应的软件，而CPU的型号往往决定了一台电脑的档次。目前市场上的CPU产品主要是由美国的英特尔（Intel）公司和超微（AMD）公司所生产的。本节主要对Intel公司的CPU进行介绍。

目前，Intel生产的CPU主要包括桌面用CPU、笔记本电脑用CPU和服务器用CPU，其中用于台式电脑组装的主要为桌面用CPU，包括六代、七代、八代、九代Core i系列，奔腾系列，赛扬系列等。

1. 奔腾（Pentium）系列处理器

奔腾系列处理器主要为双核处理器，采用与酷睿2相同的架构。奔腾双核系列桌面处理器目前主要为G系列，主流的CPU如下表所示。

系列	型号	插槽	主频	核心	线程	工艺	TDP	L3
G系列	G4400	LGA 1151	3.3GHz	双	双	14nm	54W	3MB
G系列	G4560	LGA 1151	3.5GHz	双	四	14nm	54W	3MB
G系列	G4520	LGA 1151	3.6GHz	双	双	14nm	51W	3MB
G系列	G5400	LGA 1151	3.7GHz	双	四	14nm	54W	4MB
G系列	G5500	LGA 1151	3.8GHz	双	四	14nm	54W	4MB

注：上表中TDP表示CPU的热设计功耗，L3表示三级缓存。

2. 赛扬（Celeron）系列处理器

赛扬系列处理器与奔腾系列一样主要为双核处理器，主要为G系列、J系列，属于入门级处理器，主流的CPU如下表所示。

系列	型号	插槽	主频	核心	线程	工艺	TDP	L3
J系列	J3455	BGA 1296	1.5GHz	四	四	14nm	10W	2MB
J系列	J3060	BGA 1170	1.6GHz	双	双	14nm	6W	2MB
G系列	G3900T	LGA 1151	2.3GHz	双	双	14nm	25W	2MB
G系列	G3900E	BGA 1440	2.4GHz	双	双	14nm	35W	2MB
G系列	G3900TE	LGA 1151	2.3GHz	双	双	14nm	35W	2MB
G系列	G3902E	BGA 1440	1.6GHz	双	双	14nm	25W	2MB
G系列	G3920	LGA 1151	2.9GHz	双	双	14nm	54W	2MB
G系列	G4900T	LGA 1151	2.9GHz	双	双	14nm	35W	2MB

3. 酷睿双核处理器

酷睿双核处理器主要为i3系列，主流的CPU如下表所示。

系列	型号	插槽	主频	核心	线程	工艺	TDP	L3
i3系列	6100	LGA1151	3.7GHz	双	四	14nm	51W	3MB
i3系列	7100	LGA 1151	3.9GHz	双	四	14nm	51W	4MB
i3系列	7350K	LGA 1151	4.2GHz	双	四	14nm	60W	3MB

4. 酷睿四核处理器

酷睿四核处理器主要包括i3、i5、i7，主流的CPU如下表所示。

系列	型号	插槽	主频	动态加速	核心	线程	工艺	TDP	L3
i3系列	8100	LGA 1151	3.6GHz	—	四	四	14nm	65W	6MB
i3系列	8350K	LGA 1151	4GHz	—	四	四	14nm	91W	8MB
i3系列	9100F	LGA 1151	3.6GHz	—	四	四	14nm	65W	6MB
i3系列	9350KF	LGA 1151	4GHz	—	四	四	14nm	91W	8MB
i5系列	6500	LGA 1151	3.2GHz	3.6GHz	四	四	14nm	65W	6MB
i5系列	7400	LGA 1151	3GHz	3.5GHz	四	四	14nm	65W	6MB
i5系列	7500	LGA 1151	3.4GHz	3.8GHz	四	四	14nm	65W	6MB
i5系列	7600K	LGA 1151	3.8GHz	4.2GHz	四	四	14nm	65W	6MB
i7系列	6700	LGA 1151	3.4GHz	4GHz	四	八	14nm	65W	8MB
i7系列	7700	LGA 1151	3.6GHz	4.2GHz	四	八	14nm	65W	8MB
i7系列	7700K	LGA 1151	4.2GHz	4.5GHz	四	八	14nm	91W	8MB
i7系列	7700T	LGA 1151	2.9GHz	3.8GHz	四	八	14nm	35W	8MB

5. 酷睿六核处理器

酷睿六核处理器主要i5和i7系列，主流的CPU产品如下表所示。

系列	型号	插槽	主频	动态加速	核心	线程	工艺	TDP	L3
i5系列	8400	LGA 1151	2.8GHz	4GHz	六	六	14nm	65W	9MB
i5系列	8500	LGA 1151	3GHz	4.1GHz	六	六	14nm	65W	9MB
i5系列	8600K	LGA 1151	3.6GHz	4.3GHz	六	六	14nm	65W	9MB
i5系列	9400	LGA 1151	2.9GHz	4.1GHz	六	六	14nm	65W	9MB
i5系列	9500	LGA 1151	3GHz	4.4GHz	六	六	14nm	65W	9MB
i5系列	9600K	LGA 1151	3.7GHz	4.6GHz	六	六	14nm	95W	9MB
i7系列	6800K	LGA 2011-v3	3.4GHz	3.8GHz	六	十二	14nm	140W	15MB
i7系列	6850K	LGA 2011-v3	3.6GHz	3.8GHz	六	十二	14nm	140W	15MB
i7系列	8700	LGA 1151	3.7GHz	4.7GHz	六	十二	14nm	65W	12MB
i7系列	8700K	LGA 1151	3.7GHz	4.7GHz	六	十二	14nm	95W	12MB

6. 酷睿八核处理器

酷睿八核处理器主要为酷睿i7和i9系列，主流的CPU产品如下表所示。

系列	型号	插槽	主频	动态加速	核心	线程	工艺	TDP	L3
i7系列	9700	LGA 1151	3.0GHz	4.7GHz	八	八	14nm	65W	12MB
i7系列	9700K	LGA 1151	3.6GHz	4.7GHz	八	八	14nm	95W	12MB
i7系列	9700KF	LGA 1151	3.6GHz	4.9GHz	八	八	14nm	95W	12MB
i7系列	9700T	LGA 1151	2.0GHz	4.3GHz	八	八	14nm	35W	12MB
i9系列	9900KF	LGA 1151	3.6GHz	5.0GHz	八	十六	14nm	95W	16MB
i9系列	9900KS	LGA 1151	4.0GHz	5.0GHz	八	十六	14nm	127W	16MB

7. 酷睿十核处理器

酷睿十核处理器主要为i9系列，主要产品为10900X型号CPU，其参数如下表所示。

系列	型号	插槽	主频	动态加速	核心	线程	工艺	TDP	L3
i9系列	10900X	LGA 1151	3.6GHz	5.0GHz	十	二十	14nm	165W	19.25MB

8. 酷睿十二核和十六核处理器

Intel除了以上主流的四核、六核和八核的CPU产品外，还推出了一些高级玩家和小型工作站的CPU产品，其CPU核心数量包括十二核和十六核，主要集中在i9系列，如9920X、7960X、10920X等，其参数这里不做具体介绍。

2.1.3 AMD的主流CPU

AMD公司以独特的数据处理方式和图形方面的优势，在CPU市场上占据着重要位置，其主要桌面用CPU产品包括锐龙、速龙、APU系列，下面详细介绍3个系列的主流产品。

1. 锐龙（Ryzen）处理器

AMD锐龙（Ryzen）处理器主要包括Ryzen 3、Ryzen 5、Ryzen 7、Ryzen 9和AMD Ryzen

Threadripper等5个系列，主要是四核及以上多核心处理器，工艺以14nm和7nm为主的CPU产品。主流锐龙系列CPU产品如下表所示。

系列	型号	插槽	主频	动态加速	核心	线程	工艺	TDP	L2	L3
Ryzen 3	1200	Socket AM4	3.1GHz	3.4GHz	四	四	14nm	65W	2MB	8MB
Ryzen 3	1300X	Socket AM4	3.5GHz	3.7GHz	四	四	14nm	65W	2MB	8MB
Ryzen 3	2200G	Socket AM4	3.5GHz	3.7GHz	四	四	14nm	65W	2MB	4MB
Ryzen 3	3200G	Socket AM4	3.6GHz	4.0GHz	四	四	12nm	65W	2MB	4MB
Ryzen 5	1400	Socket AM4	3.2GHz	3.4GHz	四	八	14nm	65W	2MB	8MB
Ryzen 5	1500X	Socket AM4	3.5GHz	3.7GHz	四	八	14nm	65W	2MB	16MB
Ryzen 5	1600	Socket AM4	3.2GHz	3.6GHz	六	十二	14nm	65W	3MB	12MB
Ryzen 5	1600X	Socket AM4	3.6GHz	4.0GHz	六	十二	14nm	65W	3MB	16MB
Ryzen 5	2400G	Socket AM4	3.6GHz	3.9GHz	四	八	14nm	65W	2MB	4MB
Ryzen 5	3400G	Socket AM4	3.7GHz	4.2GHz	四	八	12nm	65W	2MB	4MB
Ryzen 5	3600	Socket AM4	3.6GHz	4.2GHz	六	十二	7nm	65W	3MB	32MB
Ryzen 5	3600X	Socket AM4	3.8GHz	4.4GHz	六	十二	7nm	65W	3MB	32MB
Ryzen 7	1700	Socket AM4	3.0GHz	3.7GHz	八	十六	14nm	65W	4MB	16MB
Ryzen 7	1700X	Socket AM4	3.4GHz	3.8GHz	八	十六	14nm	65W	4MB	16MB
Ryzen 7	2700	Socket AM4	3.2GHz	4.1GHz	八	十六	12nm	65W	4MB	16MB
Ryzen 7	2700X	Socket AM4	3.7GHz	4.3GHz	八	十六	12nm	105W	4MB	16MB
Ryzen 7	3700X	Socket AM4	3.6GHz	4.4GHz	八	十六	7nm	65W	4MB	32MB
Ryzen 7	3800X	Socket AM4	3.9GHz	4.5GHz	八	十六	7nm	105W	4MB	32MB
Ryzen 9	3900X	Socket AM4	3.8GHz	4.6GHz	十二	十四	7nm	105W	6MB	64MB
Ryzen 9	3950X	Socket AM4	3.5GHz	4.7GHz	十六	三十二	7nm	105W	8MB	64MB
Ryzen Threadrippe	1900X	Socket TR4	3.8GHz	4GHz	八	十六	14nm	180W	4MB	16MB
Ryzen Threadripper	2920X	Socket TR4	3.5GHz	4.3GHz	十二	十四	12nm	180W	6MB	32MB

注：上表中L2指二级缓存。

2. AMD 速龙系列处理器

AMD Athlon（速龙）处理器内置Radeon Graphics，具有先进的处理器架构，属于入门级处理器。主流速龙系列CPU产品如下表所示。

系列	型号	插槽	主频	核心	线程	工艺	TDP	L2	L3
AMD Athlon	200GE	Socket AM4	3.2GHz	双	四	14nm	35W	1MB	5MB
AMD Athlon	220GE	Socket AM4	3.4GHz	双	四	14nm	35W	1MB	5MB
AMD Athlon	240GE	Socket AM4	3.5GHz	双	四	14nm	35W	1MB	4MB
AMD Athlon	3000G	Socket AM4	3.5GHz	双	四	14nm	35W	1MB	4MB

3. APU系列处理器

APU系列处理器是入门级产品，它将中央处理器和独显核心集成在一个芯片上，同时具有高性能处理器和独立显卡的处理功能，可以大幅度提升电脑的运行效率。APU系列处理器目前主要为第七代产品，主要包括A6、A8、A10、A12四个系列，以四核处理器为主。主流APU系列四核CPU产品如下表所示。

系列	型号	插槽	主频	CPU核心数量	GPU核心数量	工艺	TDP	L2
A6	9500	Socket AM4	3.8GHz	2	6	28nm	65W	1MB
A8	9600	Socket AM4	3.1GHz	4	6	28nm	65W	2MB
A10	9700E	Socket AM4	3.0GHz	4	6	28nm	35W	2MB
A10	9700	Socket AM4	3.5GHz	4	6	28nm	65W	2MB
A12	9800E	Socket AM4	3.1GHz	4	8	28nm	35W	2MB
A12	9800	Socket AM4	3.8GHz	4	8	28nm	65W	2MB

2.1.4 CPU的选购技巧

CPU是整个电脑系统的核心，电脑中所有的信息都是由CPU来处理的，所以CPU的性能直接关系到电脑的整体性能。因此用户在选购CPU时首先应该考虑以下几个方面。

1. 通过"用途"选购

电脑的用途体现在CPU的档次上。如果是用来学习或一般性的娱乐，可以选择一些性价比比较高的CPU，例如Intel的酷睿双核系列、AMD的4核系列等；如果电脑是用来做专业设计或玩游戏，则需要买高性能的CPU，当然价格也相应地高一些，例如酷睿4核或AMD 4核系列产品。

2. 通过"品牌"选购

市场上CPU的厂家主要是Intel和AMD，它们推出的CPU型号很多。当然这一系列型号的名称也很容易让用户迷糊，因此，在购买前要认真查阅相关资料。

3. 通过"散热性"选购

CPU工作的时候会产生大量的热量，使得达到非常高的温度。选择一个好的风扇可以使CPU使用的时间更长，一般正品的CPU都会附赠原装散热风扇。

4. 通过"产品标识"识别CPU

CPU的编号是一串字母和数字的组合，通过这些编号我们就能知道CPU的基本情况。能够正确地解读出这些字母和数字的含义，将帮助我们正确购买所需的产品，减少上当受骗的概率。

5. 通过"质保"选购

对于盒装正品的CPU，厂家一般提供3年的质保；但对于散装CPU，厂家最多提供一年的质保。当然，盒装CPU的价格相比散装CPU也要贵。

2.2 主板

如果把CPU比作电脑的"心脏"，主板便是电脑的"躯干"。几乎所有的电脑部件都是直接或间接连接到主板上的，主板性能的好坏对整机的速度和稳定性都有极大影响。主板又称系统板或母板（Mother Board），是电脑系统中极为重要的部件。

2.2.1 主板的结构分类

市场上流行的电脑主板种类较多，不同厂家生产的主板其结构也有所不同。目前电脑主板的结构可以分为ATX（标准型）、M-ATX（紧凑型）、Mini-ITX（迷你型）及E-ATX（加强型）等。

目前，ATX是最为常用的主板结构，俗称"大板"，扩展插槽较多，PCI插槽数量为4~6个，大多数主板采用此结构；M-ATX主板主要是为了迎合小体积的机箱而设计的，其最大特点就是较小体积的板型以及合理的扩展性能；Micro ATX又称Mini ATX，是ATX结构的简化版，就是常说的"小板"，扩展插槽较少，PCI插槽数量在3个或3个以下，多用于品牌机并配备小型机箱；E-ATX主板价格昂贵，主要面对的是服务器领域。右图所示为ATX型主板。

2.2.2 主板的插槽模块

主板上的插槽模块主要有对内的插槽和模块以及对外接口两部分。

1. CPU插座

CPU插座是CPU与主板连接的桥梁，不同类型的CPU需要与之相适应的插座配合使用。按CPU插座的类型，可将主板分为LGA主板和Socket型主板。下图所示分别为LGA 1151插座和

Socket AM4插座。

2. 内存插槽

内存插槽一般位于CPU插座下方，如下图所示。

3. AGP插槽

AGP插槽颜色多为深棕色，位于北桥芯片和PCI插槽之间。AGP插槽有1×、2×、4×和8×之分。AGP4×的插槽中间没有间隔，AGP2×则有。在PCI Express出现之前，AGP显卡较为流行。目前最高规格的AGP 8X模式下，数据传输速度达到了2.1GB/s。

4. PCI Express插槽

随着3D性能要求的不断提高，AGP已越来越不能满足视频处理带宽的要求，目前主流主板上显卡接口多转向PCI Express。PCI Express插槽有1×、2×、4×、8×和16×之分。

5. PCI插槽

PCI插槽多为乳白色，是主板的必备插槽，可以插接软Modem、声卡、股票接受卡、网卡、多功能卡等设备。

6. CNR插槽

多为淡棕色，长度只有PCI插槽的一半，可以插CNR的软Modem或网卡。这种插槽的前身是AMR插槽。CNR和AMR的不同之处在于：CNR增加了对网络的支持性，并且占用的是ISA插槽的位置。共同点是它们都是把软Modem或者软声卡的一部分功能交由CPU来完成。这种插槽的功能可在主板的BIOS中开启或禁止。

7. SATA接口

SATA的全称是Serial Advanced Technology Attachment（串行高级技术附件，一种基于行业标准的串行硬件驱动器接口），用于连接SATA硬盘及SATA光驱等存储设备。

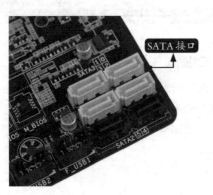

8. 前面板控制排针

将主板与机箱面板上的各开关按钮和状态指示灯连接在一起的针脚，如电源按钮、重启按钮、电源指示灯和硬盘指示灯等。

9. 前置USB接口

将主板与机箱面板上的USB接口连接在一起的接口。一般有两个USB接口，部分主板有USB 3.0接口。

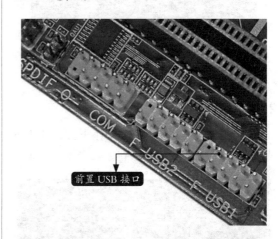

10. 前置音频接口

前置音频接口是主板连接机箱面板上耳机和麦克风的接口。

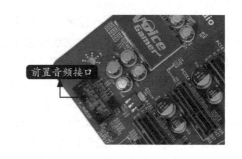

11. 背部面板接口

背部面板接口是连接电脑主机与外部设备的重要接口，如连接鼠标、键盘、网线、显示器等。背部面板接口如下图所示。

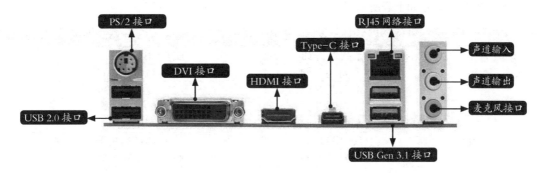

2.2.3 主板性能指标：芯片组

芯片组是构成主板电路的核心，是整个主板的神经，决定了这块主板的性能，影响着整个电脑系统性能的发挥。芯片组是主板的灵魂。芯片组性能的优劣，决定了主板性能的好坏与级别的高低。这是因为目前CPU的型号与种类繁多、功能特点不一，如果芯片组不能与CPU良好地协同工作，将严重地影响电脑的整体性能甚至使电脑不能正常工作。

芯片组是由"南桥"和"北桥"组成的，是主板上最重要、成本最高的两颗芯片，它把复杂的电路和元件最大限度地集成在上面。

北桥芯片是主板上离CPU最近的芯片，位于CPU插座与PCI-E插座的中间，起着主导作用，也称"主桥"，负责内存控制器、PCI-E控制器、集成显卡、前/后端总线等。由于北桥芯片工作强度大，发热量也大，因此北桥芯片都覆盖着散热片用来加强北桥芯片的散热。有些主板的北桥芯片还会配合风扇进行散热。

南桥芯片一般位于主板上离CPU插槽较远的下方，PCI插槽的附近，负责外围周边功能，包括磁盘控制器、网络端口、扩展卡槽、音频模块、I/O接口等。南桥芯片相对于北桥芯片来说，数据处理量并不算大，因此南桥芯片一般没有覆盖散热片。

目前，在台式机市场上，主要芯片组来自于Intel和AMD公司。Intel公司的主要芯片组产品包括B系列芯片组、H系列芯片组、Z系列芯片组和X系列芯片组等。其中，B系列属于入门级产品，接口和插槽数量较少，适合型号后缀不带有"K"的CPU，目前主流型号是B360和B365；H系列比B系列略微高端，可以支持多卡互联，且接口和插槽有所增长；Z系列除了具备H系列特点外，还可对CPU进行超频，而且接口和插槽非常丰富，该主板需要搭配型号后缀带有"K"的CPU；X系列可以支持Intel至尊系列高端处理器，同时具备Z系列的特点。

AMD公司的芯片组产品包括A系列芯片组、B系列芯片组和X系列芯片组等。其中，A系列属于入门级产品，代表支持APU的主板，价格便宜；B系列属于中端主流产品，支持超频，一般搭配R5系列和不带X的R7系列；X系列属于高端级别，超频能力更强，搭配带X的R7、R9和锐龙Threadripper系列。

芯片组的主流型号如下表所示。

公司名称	芯片系列	型号
Intel	B系列芯片组	B360/B365/B450等
	H系列芯片组	/H110/H310等
	Z系列芯片组	Z270/Z370/Z390等
	X系列芯片组	X99/X299等
AMD	A系列芯片组	A320
	B系列芯片组	B350/B450等
	X系列芯片组	X370/X470/X570等

2.2.4 主板的主流产品

相对于CPU而言，主板的生产商呈现着百家争鸣的状态，如华硕、技嘉、微星、七彩虹、精英、映泰、梅捷、翔升、索泰、升技、昂达、盈通、华擎、Intel、铭瑄、富士康等，在此不一一例举，下面仅介绍目前主流的主板产品。

1. 支持Intel处理器的主板

（1）CPU插槽为LGA 1151的主板。

目前主要采用LGA 1151插槽的接口芯片组有B360、B365、H310、H370、Z370、Z390等，如B360芯片组的主流主板有华硕TUF B360M-PLUS GAMING S、微星B360M MORTAR、华硕PRIME B360-PLUS、技嘉B360M AORUS PRO、微星B360 GAMING PLUS等，B365芯片组的主流主板有技嘉B365M D2V、华硕PRIME B365M-K、微星B365M PRO-VH等，H310芯片组的主流主板有技嘉H310M S2、华硕PRIME H310M-K、微星H310M PRO-VD等，H370芯片组的主流主板有华硕PRIME H370-A、微星H370M BAZOOKA、技嘉H370 AORUS Gaming 3等，

Z370芯片组的主流主板有技嘉Z370 HD3、华硕PRIME Z370-P、华擎Z370 Pro4等，Z390芯片组的主流主板有技嘉Z390 GAMING X、华硕PRIME Z390-P、技嘉Z390 UD等。下图为H310芯片组的技嘉H310M S2主板。

（2）CPU插槽为LGA 2011-V3的主板。

目前采用LGA 2011-V3插槽主板的主芯片组为Intel X99，主流产品有微星X99A RAIDER/USB 3.1、微星X99A SLI PLUS、华硕X99-WS/IPMI、华硕X99-M WS、微星X99A GAMING PRO CARBON等。下图为X99芯片组的华硕X99-WS/IPMI主板。

（3）CPU插槽为LGA 2066的主板。

目前采用LGA 2066插槽主板的主芯片组为Intel X299，主流产品有华擎X299M Extreme 4、微星X299 TOMAHAWK AC、华擎X299 Extreme 4、技嘉X299 AORUS Gaming 3、华硕TUF X299 Mark 2等。下图为X299芯片组的华硕TUF X299 Mark 2主板。

2. 支持AMD处理器的主板

目前支持AMDl处理器的主板产品，除了Ryzen Threadrippe处理器采用Socket TR4插槽外，其他主流CPU均采用Socket AM4插槽。下面分别介绍采用A系列主芯片组、B系列主芯片组和X系列主芯片组主板的主流产品。

（1）A320主芯片组的主板。

目前，市场上采用AMD A系列主芯片组的主流产品为A320主芯片组主板，支持AMD Ryzen/第7代A系列CPU，如华擎A320M-HDV R4.0、华硕PRIME A320M-K、华擎A320M-HDV、技嘉A320M-S2H、微星A320M-A PRO等。下图为影驰A320M 龙将 Ver1.0主板。

（2）B350和B450主芯片组的主板。

目前，市场上采用AMD B系列主芯片组的主要是B350和B450主芯片组主板，其中B450主芯片组主板为主流产品，支持AMD 第二代/第一代AMD Ryzen的CPU，如华硕TUF B450M-PLUS GAMING、华硕TUF B450M-PRO GAMING、微星B450M MORTAR、技嘉B450M DS3H等。下图为微星B450M MORTAR MAX主板。

（3）X系列主芯片组的主板。

目前，市场上采用AMD X系列主芯片组的有X370、X399、X470和XZ570等，其中X570主芯片组主板为主流产品，支持AMD第3代/第2代 AMD Ryzen，第2代/第1代AMD Ryzen搭载Radeon Vega Graphics处理器，如七彩虹CVN X570 GAMING PRO V14、微星MPG X570 GAMING PLUS、影驰X570M大将、技嘉X570 AORUS ELITE WIFI等。右图为华硕TUF GAMING X570-PLUS (Wi-Fi)主板。

2.2.5 主板的选购技巧

电脑的主板是电脑系统运行环境的基础，主板的作用非常重要，尤其是在稳定性和兼容性方面，更是不容忽视的。如果主板选择不当，则其他插在主板上的部件的性能可能就不能充分发挥。目前主流的主板品牌有华硕、微星和技嘉等，用户选购主板之前，应根据自己的实际情况谨慎考虑购买方案。不要盲目认为最贵的就是最好的，因为有些昂贵的产品不一定适合自己。

1. 选购主板的技术指标

（1）CPU。

根据CPU的类型选购主板，因为不同的主板支持不同类型的CPU，不同CPU要求的插座不同。

（2）内存。

目前内存主流规格是DRR4，选购主板时建议选用DRR4插槽类型的主板。如果是游戏玩家或对内存有更高要求，则可选择内存插槽数不少于4条的主板。

（3）芯片组。

芯片组是主板的核心组成部分，其性能的好坏，直接关系到主板的性能。在选购时应选用先进的芯片组集成的主板。同样芯片组的比价格，同样价格的比做工用料，同样做工的比BIOS。

（4）结构。

ATX结构的主板具有节能、环保和自动休眠等功能，性能也比较先进。

（5）接口。

由于电脑外部设备的迅速发展，如可移动硬盘、数码相机、扫描仪和打印机等，连接这些设备的接口也成为选购电脑主板时必须注意的，如USB接口，USB 3.0和USB 3.1 Gen 1为主流，一些高端主板支持USB 3.2 Gen 2，最高传输速度为 20Gbit/s，可给用户带来更好的传输体验。

（6）总线扩展插槽数。

在选择主板时，通常选择总线插槽数多的主板。

（7）集成产品。

主板的集成度并不是越高越好，有些集成的主板为了降低成本，将显卡也集成在主板上，这时显卡就占用了主内存，从而造成系统性能的下降。因此，在经济条件允许的情况下，购买主板时要选择独立显卡的主板。

（8）可升级性。

随着电脑的不断发展，总会出现旧的主板不支持新技术规范的现象，因此在购买主板时，应尽量选用可升级性的主板，以便通过BIOS升级和更新主板固件。

（9）生产厂家。

选购主板时最好选择名牌产品，例如华硕、技嘉、微星、七彩虹、华擎、映泰、梅捷、昂达、捷波、双敏、精英等。

2. 选购主板的标准

（1）观察印制电路板。

主板使用的印制电路板分为4层板和6层板。在购买时，应选6层板的电路板，因为其性能要比4层板强，布线合理，而且抗电磁干扰的能力也强，能够保证主板上的电子元件不受干扰地正常工作，提高主板的稳定性。还要注意PCB板边角是否平整，有无异常切割等现象。

（2）观察主板的布局。

合理的布局，可以降低电子元件之间的相互干扰，极大地提高电脑的工作效率。

① 查看CPU的插槽周围是否宽敞。宽敞的空间是为了方便CPU的风扇的拆装，同时也会给CPU的散热提供帮助。

② 注意主板芯片之间的关系。北桥芯片组周围是否围绕着CPU、内存和AGP插槽等，南桥芯片周围是否围绕着PCI、声卡芯片、网卡芯片等。

③ CPU插座的位置是否合理。CPU插座的位置不能过于靠近主板的边缘，否则会影响大型散热器的安装。也不能与周围电解电容靠得太近，否则安装散热器时，会造成电解电容损坏。

④ ATX电源插座是否合理。它应该是在主板上边靠右的一侧或者在CPU插座与内存插槽之间，而不应该出现在CPU插座与左侧I/O接口之间。

（3）观察主板的焊接质量。

焊接质量的好坏，直接影响到主板工作的质量。质量好的主板各个元件的焊接紧密，并且电容与电阻的夹角应该在30°～45°；质量差的主板，元件的焊接比较松散，并且容易脱落，电容与电阻的排列也十分混乱。

（4）观察主板上的元件。

观察各种电子元件的焊点是否均匀，有无毛刺、虚焊等现象，而且主板上贴片电容数量要多，并要有压敏电阻。

2.3 内存

　　内存储器（简称内存，也称主存储器）用于存放电脑运行所需的程序和数据。内存的容量与性能是决定电脑整体性能的一个决定性因素。

内存的大小及其时钟频率（内存在单位时间内处理指令的次数，单位是MHz）直接影响到电脑运行速度的快慢，即使CPU主频很高，硬盘容量很大，但如果内存很小，电脑的运行速度也快不起来。

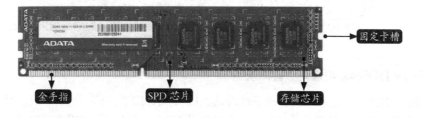

金手指　　　　SPD 芯片　　　　存储芯片　　　　固定卡槽

2.3.1 内存的性能指标

查看内存的质量，首先需要了解内存的性能指标。

1. 时钟频率

内存的时钟频率通常表示内存速度，单位为MHz（兆赫）。目前，DDR4内存为主流类型，其内存频率主要为2133MHz、2400MHz、2666MHz、2800 MHz、3000 MHz、3200 MHz、3400 MHz、3600 MHz和4000MHz及以上。

2. 内存的容量

主流电脑多采用单根8GB或16GB的DDR4内存。

3. CAS延迟时间

CAS延迟时间是指需要多少个时钟周期才能找到相应的位置，其速度越快，性能也就越高，它是内存的重要参数之一。用CAS latency（延迟）来衡量这个指标，简称CL。在选择购买内存时，最好选择同样CL设置的内存，因为不同速度的内存混插在系统内，系统会以较慢的速度来运行。

4. SPD

SPD是一个8针EEPROM（电可擦写可编程只读存储器）芯片，一般位于内存正面的右侧，里面记录了诸如内存的速度、容量、电压、行与列地址、带宽等参数信息。这些信息都是内存厂预先输入进去的。开机的时候，电脑的BIOS会自动读取SPD中记录的信息。

5. 内存的带宽

内存的带宽也叫数据传输率，是指每秒钟访问内存的最大位节数。内存带宽总量（MB）=最大时钟频率（MHz）×总线带宽（bit）×每时钟数据段数据/8。

2.3.2　内存的主流产品

目前市场上有DDR3和DDR4两种内存类型，但DDR4为主流，可以满足更大的性能需求。常见的内存生产厂家有金士顿、威刚、海盗船、宇瞻、金邦、芝奇、现代、金泰克和三星等。下面列举几种常用的内存。

1. 金士顿DDR4 2400 8GB

金士顿DDR4 2400 8GB属于入门级内存，其采用流线型卡式设计，大方时尚，搭载经典蓝色高效连体散热片，以确保可靠的散热能力。正/反两面总共焊接16颗容量为256MB的DDR3颗粒，组成8GB规格，并使用大量耦合电容，保持工作电压的稳定。由于性价比较高，金士顿DDR4 2400 8GB是主流装机用户的廉价首选内存。

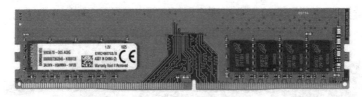

2. 金士顿 Fury DDR4雷电系列骇客神条

金士顿Fury DDR4雷电系列骇客神条针对新款Intel和AMD芯片组合进行优化，性价比高，且拥有多种频率可以选择，延迟为CL15-19，支持自动超频，而且金士顿雷电系列外观时尚酷炫、搭配1.2V低压，是中级用户不错的选择。

3. 海盗船复仇者LPX 8GB DDR4 3000

海盗船复仇者LPX 8GB DDR4 3000是面向游戏玩家内存产品，内存模块以超频为重心设计，采用纯铝的散热器，并支持XMP 2.0，整体性能稳定、兼容性强，价格与金士顿雷电系列DDR4 8GB价格相当。

4. 影驰16GB DDR4 3600

影驰16GB DDR4 3600属于发烧级内存产品。其拥有四通道设计且支持16GB容量，最高频率可达3600MHz，内置8颗高亮LED灯，并搭配钻石切割设计的透明导光罩，预设多种等效模式，满足个性化使用需求，是游戏玩家较为理想的选择。

5. 美商海盗船统治者铂金RGB DDR4 3600 64GB(16GB×4)

美商海盗船统治者铂金RGB DDR4 3600

64GB(16GB×4)定位于极客玩家，设计方面采用DHX散热技术，代培铝制散热片通过基散热片直接接触PCB板，将热通量从内存模组导出，确保高负载状态下内存的稳定，支持iCUE智能控制软件和XMP 2.0技术，可以获得更好的性能体验。另外，12颗CAPELLIX RGB LED独立寻址灯管，可以在低能耗的情况下带来炫彩的灯效。

2.3.3 内存的选购技巧

内存主要由内存芯片、电路板、金手指等部件组成。

下面介绍一些选购内存的技巧。

1. 选购内存的注意事项

（1）确认购买目的。

现如今的流行配置为8GB和16GB。如果有更高的需求，可以选择高主频的16GB内存。

（2）认准内存类型。

常见的内存类型主要是DDR3和DDR4两种。在购买这两种类型的内存时，要根据主板的CPU所支持的技术进行选择，否则可能会因不兼容而影响使用。

（3）识别打磨过的内存。

正品的内存芯片表面一般都有质感、光泽、荧光度。若芯片的表面色泽不纯甚至比较粗糙、发毛，则说明这颗芯片的表面一定是受到了磨损。

（4）金手指工艺。

金手指工艺是指在一层铜片上通过特殊工艺再覆盖一层金，因为金不容易氧化，而且具有超强的导通性能，所以，在内存触片中都应用了这个工艺，从而可以加快内存的传输速度。

金手指的金属有化学沉金和电镀金两种工艺标准。电镀金工艺比化学沉金工艺先进，而且能保证电脑系统更加稳定地运行。

（5）查看电路板。

电路板的做工要求板面光洁、色泽均匀，元器件焊接整齐，焊点均匀有光泽，金手指光亮，板上印刷有厂商的标识。常见的劣质内存芯片标识模糊不清、混乱，电路板毛糙，金手指色泽晦暗，电容排列不整齐，焊点不干净。

2. 辨别内存的真假

（1）别贪图便宜。

价格是伪劣品唯一的竞争优势，在购买内存时，不要贪图便宜。

（2）查看产品防伪标记。

查看内存电路板上是否有内存模块厂商的明确标识，其中包括查看内存包装盒、说明书、保修卡的印刷质量。最重要的是要留意是否有该品牌厂商宣传的防伪标记。为防止假货，通常包装盒上会标有全球统一的识别码，还提供免费的800电话，以便查询真伪。

（3）查看内存的做工。

查看内存的做工是否精细。首先需要观察内存颗粒上的字母和数字是否清晰且有质感；其次查看内存颗粒芯片的编号是否一致，有没有打磨过的痕迹；再次必须观察内存颗粒四周的管脚是否有补焊的痕迹，电路板是否干净整洁，金手指有无明显擦痕和污渍。

（4）上网查询。

很多电脑经销商会为顾客提供一个方便的上网平台，以方便用户通过网络查看自己所购买的内存是否为真品。

（5）软件测试。

现在有很多针对内存测试的软件，在配置电脑时对内存进行现场测试，也可以清楚地判断自己的内存是否为真品。

2.4 硬盘

硬盘是电脑最重要的外部存储器之一，由一个或多个铝制或者玻璃制的碟片组成。这些碟片外覆盖有铁磁性材料。绝大多数硬盘是固定硬盘，被永久性地密封固定在硬盘驱动器中。硬盘最重要的指标是硬盘容量，其容量大小决定了可存储信息的多少。

2.4.1 硬盘的性能指标

硬盘的性能指标有以下几项。

1. 主轴转速

硬盘的主轴转速是决定硬盘内部数据传输率的因素之一，它在很大程度上决定了硬盘的速度，同时也是区别硬盘档次的重要标志。

2. 平均寻道时间

平均寻道时间，指硬盘磁头移动到数据所在磁道时所用的时间，单位为毫秒（ms）。硬盘的平均寻道时间越小，性能就越高。

3. 缓存

缓存，是硬盘控制器上的一块内存芯片，具有极快的读取速度，是硬盘内部存储和外界接口之间的缓冲器。由于硬盘的内部数据传输速度和外界介面传输速度不同，缓存在其中起到一个缓冲的作用。目前硬盘的缓存一般为8MB、16MB、32MB、64MB、128MB和256MB，一般用户选择32MB或64MB即可。

4. 最大内部数据传输率

内部数据传输率也叫持续数据传输率（Sustained Transfer Rate），单位为MB/s。它是指磁头至硬盘缓存间的最大数据传输率，一般取决于硬盘的盘片转速和盘片线密度（指同一磁道上的数据容量）。

5. 接口

硬盘接口主要分为SATA 2、SATA 3和SAS。SATA 2（SATA II）是芯片巨头Intel（英特尔）与硬盘巨头Seagate(希捷)在SATA的基础上发展起来的，传输速率为3Gbit/s；SATA 3.0接口技术标准是2007年上半年英特尔公司提出的，传输速率达到6Gbit/s，在SATA 2.0的基础上增加了1倍。SAS接口得益于强大的SCSI指令集(包括SCSI指令队列)、双核处理器，以及对硬件顺序流处理的支持。SAS硬盘支持双向全双工模式，为同时发生的读写操作提供了两路活动通道，拥有更强的的性能。不过，SAS接口硬盘价格昂贵，主要用于企业级服务器。

6. 外部数据传输率

外部数据传输率也称为突发数据传输率，是指从硬盘缓冲区读取数据的速率。在广告或硬盘特性表中常以数据接口速率代替，单位为MB/s。目前主流的硬盘已经全部采用UDMA/100技术，外部数据传输率可达100MB/s。

7. 连续无故障时间

连续无故障时间（MTBF）是指硬盘从开始运行到出现故障的最长时间，单位是小时（h）。一般硬盘的MTBF至少在30000h以上。这项指标在一般的产品广告或常见的技术特性表中并不提供，需要时可专门到具体生产该款硬盘的公司网站中查询。

8. 硬盘表面温度

该指标表示硬盘工作时产生的热量使硬盘密封壳温度上升的情况。

2.4.2 主流的硬盘品牌和型号

目前，市场上主要的生产厂商有希捷、西部数据和HGST等。希捷内置式3.5英寸和2.5英寸硬盘可享受5年质保，其余品牌盒装硬盘一般是提供3年售后服务（1年包换，2年保修），散装硬盘则为1年。

1. 希捷（Seagate）

希捷硬盘是市场上占有率最大的硬盘，以"物美价廉"的特性在消费者群中有很好的口碑。市场上常见的希捷硬盘有：希捷Barracuda 1TB 7200r/min（转/分）64MB 单碟（ST1000DM003）、希捷BarraCuda 2TB 7200r/min 256MB（ST2000DM008）、希捷Barracuda 1TB 7200r/min 64MB SATA3（ST1000DM010）、希捷Desktop 2TB 7200r/min 8GB混合硬盘（ST2000DX001）。右图为希捷BarraCuda 2TB 7200r/min 256MB

（ST2000DM008）。

2. 西部数据（Western Digital）

西部数据硬盘凭借着大缓存的优势，在硬盘市场中有着不错的性能表现。西部数据硬盘划分为用于日常存储的蓝盘、用于监控领域的紫盘、用于企业NAS系统的红盘和用于游戏的高性能黑盘。市场上常见的西部数据硬盘有西部数据1TB 7200r/min 64MB SATA3蓝盘（WD10EZEX）、西部数据蓝盘2TB SATA6Gbit/s 64M（WD20EZRZ）、西部数据蓝盘4TB SATA6Gbit/s 64MB（WD40EZRZ）、西部数据RE系列 2TB 7200r/min 128MB SATA3（WD2004FBYZ）等。下图为西部数据紫盘4TB 64MB SATA3（WD40PURX）。

3. HGST

HGST前身是日立环球存储科技公司，创立于2003年，被收购后，日立将名称进行更改，原"日立环球存储科技"正式被命名为HGST，归属为西部数据旗下独立营运部门。HGST是基于IBM和日立环球存储科技业务进行战略性整合而创建的。市场上常见的HGST硬盘有HGST 7K1000.D 1TB 7200r/min 32MB SATA3 单碟、HGST 3TB 7200r/min 64MB SATA3等。

HGST 3TB 7200r/min 64MB SATA3

2.4.3 固态硬盘及主流产品

固态硬盘，简称固盘，常见的SSD就是指固态硬盘（Solid State Disk）。固态硬盘是用固态电子存储芯片阵列而制成的硬盘，由控制单元和存储单元（FLASH芯片、DRAM芯片）组成。

1. 固态硬盘的优点

固态硬盘作为硬盘界的新秀，主要解决了机械式硬盘的设计局限，拥有众多优势，具体如下。

（1）读写速度快。固态硬盘没有机械硬盘的机械构造，以闪存芯片为存储单位，不需要磁头，寻道时间几乎为0，可以快速读取和写入数据，加快操作系统的运行速度，因此最适合作系统盘，实现快速开机和启动软件。

（2）防震抗摔性。与传统硬盘相比，固态硬盘使用闪存颗粒制作而成，内部不存在任何机械部件，可以在高速移动甚至伴随翻转倾斜的情况下也不会影响到正常使用，而且在发生碰撞和震荡时能够将数据丢失的可能性降到最小。

（3）低功耗。固态硬盘有较低的功耗，一般写入数据时也不超过3W。

（4）发热低，散热快。由于没有机械构件，固态硬盘可以在工作状态下保证较低的热量，而且散热较快。

（5）无噪声。固态硬盘没有电动机和风扇，工作时噪声值为0dB。

（6）体积小。固态硬盘在重量方面更轻，与常规1.8英寸硬盘相比，重量轻20~30g。

2. 固态硬盘的缺点

虽然固态硬盘可以有效地解决机械硬盘存在的不少问题，但是仍有不少因素制约了它的普及，其主要存在以下缺点。

（1）成本高容量低。价格昂贵是固态硬盘最大的不足，而且容量小，无法满足大型数据的存储需求。目前固态硬盘最大容量已突破100TB，不过目前商用最大容量为8TB。

（2）可擦写寿命有限。固态硬盘闪存具有擦写次数限制的问题，这也是许多人诟病其寿命短的原因所在。闪存完全擦写一次叫作1次P/E，因此闪存的寿命就以P/E作单位，如120GB的固态硬盘，写入120GB的文件算一次P/E。对于一般用户而言，一个120GB的固态硬盘，一天即使写入50GB，2天完成一次P/E，也可以使用20年。当然，与机械硬盘相比就无太大优势。

3. 主流的固态硬盘产品

固态硬盘的生产厂商，有闪迪、影驰、金士顿、希捷、Intel、金速、金泰克等，用户可以有更多的选择。下面介绍几款主流的固态硬盘产品。

（1）闪迪加强版系列。

闪迪加强版系列固态硬盘是闪迪公司针对入门级装机用户和高性价比市场推出的硬盘产品，包括120GB、240GB和480GB共3种容量规格。该系列硬盘采用SATA 3.0接口，顺序读取速度为520MB/s，顺序写入速度为420MB/s。另外，它采取了闪迪独家nCACHETM技术，不仅提升了硬盘的性能，而且有效提升了产品使用寿命。对于装机用户，它不仅提供主流性能，而且具有较高性价比，是入门级首选之一。

（2）浦科特（PLEXTOR）M6S系列。

浦科特M6S是一款口碑较好且备受关注的硬盘产品，包括128GB、256GB、512GB共3种

容量规格。该系列产品体积轻薄，坚固耐用，采用Marvell 88SS9188主控芯片，拥有双核心特性，拥有容量可观的独立缓存，能够有效提升数据处理的效率，更好地应对随机数据读写，整合东芝高速Toggle-model快闪记忆体，让硬盘具备更低的功耗以及更快的数据传输速度。

（3）金士顿V300系列。

金士顿V300系列经典的固态硬盘产品，包括60GB、120GB、240GB和480GB共4种容量规格。该系列产品采用金属感很强的铝合金外壳，andForce的SF2281主控芯片，镁光20nm MLC闪存颗粒，支持SATA3.0 6Gbit/s接口，最大持续读写速度都能达到450MB/s左右。

（4）饥饿鲨(OCZ) Arc 100苍穹系列。

OCZ Arc 100是针对入门级用户推出的硬盘产品，包括120GB、240GB和480GB共3种容量规格。该系列采用2.5英寸规格打造，金属材质7mm厚度的外观特点让硬盘能够更容易应用于笔记本平台，SATA 3.0接口让硬盘的数据传输速度得到保障。品牌独享的"大脚3"主控芯片不仅具备良好的数据处理能力，更让硬盘拥有独特的混合工作模式，效率更高。

除了上面几种主流的产品外，用户还可以根据自己的需求挑选其他同类产品，选择适用自己的固态硬盘。

2.4.4 机械硬盘的选购技巧

硬盘主要用来存储操作系统、应用软件等各种文件，具有速度快、容量大等特点。用户在选购硬盘时，应该根据所了解的技术指标进行选购，同时还应该注意辨别硬盘的真伪。不一定买最贵的，适合自己的才是最佳选择。在选购机械硬盘时应注意以下几点。

1. 硬盘转速

选购硬盘先从转速入手。转速即硬盘电机的主轴转速，它是决定硬盘内部传输率的因素之一，它的快慢在很大程度上决定了硬盘的速度，同时也是区别硬盘档次的重要标志。较为常见的有转速为5900r/min、7200r/min和10000r/min的硬盘，如果只是普通家用电脑用户，从性能和价格上来讲，7200r/min可以作为首选，其价格相差并不多，但却能以小额的支出，带来更好的性能体验。

2. 硬盘的单碟容量

硬盘的单碟容量是指单片碟所能存储数据的大小，目前市面上主流硬盘的单碟容量主要是1TB、2TB、3TB和4TB。一般情况下，一块大容量的硬盘是由几张碟片组成的。单碟上的容量越大代表扇区间的密度越大，硬盘读取数据的速度也越快。

3. 接口类型

现在硬盘主要使用SATA接口，如SCSI、Fiber Channel（光纤信道）、IEEE 1394、USB等接口，但对于一般用户并不适用。建议一般用户选用SATA 3.0接口，其性价比较高，且为当前主流接口类型。

4. 缓存

大缓存的硬盘在存取零碎数据时具有非常大的优势，将一些零碎的数据暂存在缓存中，既可以减小系统的负荷，又能提高硬盘数据的传输速度。

5. 硬盘的品牌

目前市场上主流的硬盘厂商基本上是希捷、西部数据，不同品牌在许多方面存在很大的差异，用户应该根据需要购买适合的品牌。

6. 质保

由于硬盘读写操作比较频繁，所以返修问题很突出。一般情况下，硬盘提供的保修服务是3年质保，且硬盘厂商都有自己的一套数据保护技术及震动保护技术，这两点是硬盘的稳定性及安全性方面的重要保障。

7. 识别真伪

首先，查看硬盘的外包装，正品的硬盘在包装上都十分精美、细致。除此之外，在硬盘的外包装上会标有防伪标识，通过该标识可以辨别真伪。而伪劣产品的防伪标识做工粗糙。在辨别真伪时，刮开防伪标签即可辨别。其次，选择信誉较好的销售商，这样才能有更好的售后服务。

最后，上网查询硬盘编号。登录到所购买硬盘生产厂商的官方网站，输入硬盘上的序列号即可知道该硬盘的真伪。

2.4.5 固态硬盘的选购技巧

由于固态硬盘和机械硬盘的构件组成与工作原理都不相同，因此选购注意事项也有所不同，主要概括为以下几点。

1. 容量

对于固态硬盘，存储容量越大，内部闪存颗粒和磁盘阵列也会增多，因此不同容量的固态硬盘价格也是相差较多的，并不像机械硬盘有较高的性价比，因此需要根据自己的需求，考虑使用多大的容量。固态硬盘常见的容量有60GB、120GB、240GB等。

2. 用途

由于固态硬盘低容量高价格的特点，所以固态硬盘主要用作系统盘或缓存盘，很少有人用作存储盘使用。如果没有太多预算，建议采用"SSD硬盘+HDD硬盘"的方式，SSD作为系统主硬盘，传统硬盘作为存储盘即可。

3. 传输速度

固态硬盘的传输速度主要与闪存、主控、接口类型、支持的通道和协议有关。目前市面消费级的固态硬盘主要以QLC闪存颗粒为主，用户在勾选过程中最容易忽视接口及协议。例如，SATA3接口的SSD读写速度普遍在300MB/s～550MB/s；M.2 SATA接口SSD读写速度普遍在430MB/s~600MB/s；M.2 PCI-E接口SSD读写速度普遍在1000MB/s~3000MB/s。在相同的接口情况，不同的通讯协议其传输速度也不一样。当然，读写速度越高的SSD，其价格也高，用户在选购固态硬盘时，根据需求和预算确定产品即可。

> **提示**
>
> 闪存颗粒分为QLC、SLC、MLC、TLC四种，速度由快到慢；堆叠方式分为NAND、3DNAND、3D XPoint，速度由慢到快。

4. 主板

固态硬盘只有与主板连接才能发挥其读写性能。在选择固态硬盘时，也要根据主板的接口类型进行确定。如果主板接口类型仅支持SATA通道，那么就不能选择M.2 PCI-E接口。另外，也应该注意主板支持的通道，例如，同是M.2接口，SATA通道的要比PCI-E通道的读写速度慢，即便SSD是PCI-E通道，主板只支持SATA通道，只能向下兼容SATA3.0，速度不会超过600MB/s。

PCI-E也分为PCI-E1.0、PCI-E2.0和PCI-E3.0，理论上PCI-E 3.0的传输速度是最快的，所以同样PCI-E通道，后面的数值也一定要看清楚。

5. 品牌

固态硬盘的核心是闪存芯片和主控制器。在选择SSD硬盘时，首先要考虑主流的大品牌，如闪迪、影驰、金士顿、希捷、Intel、金速、金泰克等，切勿贪图便宜，选择一些山寨的产品。

6. 固件

固件是固态硬盘最底层的软件，负责集成电路的基本运行、控制和协调工作，因此即便相同的闪存芯片和主控制器，不同的固件也会导致不同的差异。在选择时，尽量选择有实力的厂商，可以对固件及时更新和技术支持。

除了上面的几项内容外，用户在选择时还要注意产品的售后服务和真假的辨识。

2.5 显卡

显卡也称图形加速卡，是电脑内主要的板卡之一，基本作用是控制电脑的图形输出。由于工作性质不同，不同的显卡提供着性能各异的功能。

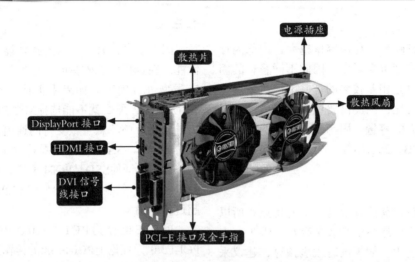

2.5.1 显卡的分类

目前，电脑中用的显卡一般有集成显卡、独立显卡和核心显卡3种。

1. 集成显卡

集成显卡是将显存、显示芯片及其相关电路都做在主板上。集成显卡的显示芯片有单独的，但大部分集成在主板的芯片中。一些主板集成的显卡也在主板上单独安装了显存，但容量较小。集成显卡的显示效果与处理性能相对较弱，不能对显卡进行硬件升级，但可以通过CMOS调节频率或刷入新的BIOS文件实现软件升级来挖掘显示芯片的潜能。

2. 独立显卡

独立显卡是指将显示芯片、显存及其相关电路单独做在一块电路板上，自成一体而作为一块独立的板卡存在，它需占用主板的扩展插槽（PCI Express 3.0 16X或PCI Express 2.0 16X）。

3. 核心显卡

核心显卡是新一代图形处理核心。与以往的显卡设计不同，核心显卡凭借在处理器制程上的先进工艺以及新的架构设计，将图形核心与处理核心整合在同一块基板上，构成一颗完整的处理器，支持睿频加速技术，可以独立加速或降频，并共享三级高速缓存，这不仅可以大大缩短图形处理的响应时间、大幅度提升渲染性能，而且能在更低功耗下实现同样出色的图形处理性能和流畅的应用体验。AMD的带核心显卡的处理器为APU系列、Ryzen 3系列、Ryzen 5系列、Ryzen 7系列，如A10-9700、AMD Ryzen 3 3200G、AMD Ryzen 5 3400G等。Intel带核心显卡的处理器有奔腾、赛扬和酷睿i系列，如G4930、G5400、i3 9100、i5 7500、i7 9700K等。

2.5.2 显卡的性能指标

显卡的性能指标主要有以下几个。

1. 显示芯片

显示芯片，就是我们说的GPU，是图形处理芯片，负责显卡的主要计算工作，主要厂商为NVIDIA公司的N卡、AMD（ATI）公司的A卡。一般娱乐型显卡采用单芯片设计的显示芯片，高档专业型显卡的显示芯片则采用多个芯片设计。显示芯片的运算速度的高低快慢决定了一块显卡性能的优劣。3D显示芯片与2D显示芯片的不同在于，3D显示芯片添加了三维图形和特效处理功能，可以实现硬盘加速功能。

2. 显卡容量

显卡容量也叫显示内存容量，是指显示卡上显示内存的大小。一般我们常说的1GB、2GB就是显卡容量，显卡主要功能是将显示芯片处理的资料暂时存储在显示内存中，然后再将显示资料映像到显示屏幕上，因此显卡的容量越高，达到的分辨率就越高，屏幕上显示的像素点就越多。

3. 显存位宽

显卡位宽指的是显存位宽，即显存在一个时钟周期内所能传送数据的位数，一般用"bit"表示，位数越大则瞬间所能传输的数据量越大，这是显存的重要参数之一。显存位宽越高，性能越好，价格也就越高，因此256bit的显存更多应用于高端显卡，主流显卡基本采用128bit显存。

4. 显存频率

显存频率是指显示核心的工作频率，以MHz（兆赫）为单位，其工作频率在一定程度上可以反映显示核心的性能，显存频率随着显存的类型、性能的不同而不同，不同显存提供的显存频率差异也很大，中高端显卡显存频率主要有1600MHz、1800MHz、3800MHz、4000MHz、4200MHz、5000MHz、5500MHz

等，甚至更高。

5. 显存速度

显存速度指显存时钟脉冲的重复周期的快慢，是衡量显存速度的重要指标，以ns（纳秒）为单位。常见的显存速度有7ns、6ns、5.5ns、5ns、4ns、3.6ns、2.8ns以及2.2ns等。数值越小说明显存速度越快，显存的理论工作频率计算公式是：额定工作频率（MHz）＝1000/显存速度×2（DDR显存），如4ns的DDR显存，额定工作频率=1000MHz/4×2=500MHz。

6. 封装方式

显存封装是指显存颗粒所采用的封装技术类型，封装就是将显存芯片包裹起来，以避免芯片与外界接触，防止外界对芯片的损害。显存封装形式主要有QFP（小型方块平面封装）、TSOP（微型小尺寸封装）和MBGA（微型球闸型阵列封装）等，目前主流显卡主要采用TSOP、MBGA封装方式，其中TSOP方式使用最多。

7. 显存类型

目前，常见的显存类型主要包括GDDR3、GDDR5、GDDR5X和GDDR6共4种，其中主流是GDDR5和GDDR5X，GDDR6属于发烧级显卡，价格高昂。GDDR3主要继承了GDDR2的特性，但进一步优化了数据速率和功耗；SDDR3显存颗粒和DDR3内存颗粒一样都是8bit预取技术，单颗16bit的位宽，主要采用64M×16bit和32M×16bit规格，比GDDR3显存颗粒拥有更大的单颗容量；GDDR5为一种高性能显卡用内存，理论速度是GRR3的4倍以上，而且它的超高频率可以使128bit的显卡性能超过DDR3的256bit显卡；GDDR5X与GDDR5相比，不仅传输速率得到了提升，而且显存位宽也得到提升，相当于在提高车速的基础上又拓宽了车道数量；GDDR6简单来说就是第六点显卡缓存技术，其显存速度比大部分GDDR5快33%，而且功耗更低，速度可达到16Gbit/s甚至更高，带宽为72GB/s，应用在高端游戏、虚拟现实和人工智能等场景，但对于大众用户，显卡过于昂贵。

8. 接口类型

当前显卡的总线接口类型主要是PCI-E。PCI-E接口的优点是带宽可以为所有外围设备共同使用。AGP类型也称图形加速接口，可以直接为图形分支系统的存储器提供高速带宽，大幅度提高电脑对3D图形的处理速度和信息传递速度。目前PCI-E接口主要分为PCI Express 2.0 16X和PCI Express 3.0 16X两种，其主要区别是数据传输率，3.0 16X最高可达16GB/s，其次是总线管理和容错性等。

9. 分辨率

分辨率代表了显卡在显示器上所能描绘的点的数量，一般以横向点乘纵向点表示，如分辨率为1920像素×1084像素时，屏幕上就有2081280个像素点，通常显卡的分辨率包括1024×768、1152×864、1280×1024、1600×1200、1920×1084、2048×1536、2560×1600等。

2.5.3 显卡的主流产品

目前显卡的品牌也有很多，如影驰、七彩虹、索泰、MSI微星、镭风、ASL翔升、技嘉、蓝宝石、华硕、铭瑄、映众、迪兰、XFX讯景、铭鑫、映泰等，但是主要采用的是NVIDIA和AMD显卡芯片，下面首先介绍两大公司主流的显卡芯片型号。

公司	低端入门级	中端主流级	高端发烧级
NVIDIA显卡芯片	GT 710、GT 720、GT 730、GT 750、GTX 750Ti、GTX 950、GTX 960、GTX 960、GTX 970、GTX 980、GTX 980Ti	GT 1030、GTX 1050、GTX 1050Ti、GTX 1070、GTX 1060、GTX 1070 Ti、GTX 1080、GTX 1080Ti、GTX 1650、GTX 1660Ti、GTX 1660、GTX 1660 SUPER	RTX 2060、RTX 2060 SUPER、RTX 2070、RTX 2070 SUPER、RTX 2080Ti、RTX 2080 SUPER
AMD显卡芯片	R7 340、R7 350、R7 360、R9 270、R9 370、R9 370X、R9 380、R9 380X、RX 460	RX 470、RX 470D、RX 470D、RX 550、RX 560、RX 560 XT、RX 560D、RX 570、RX 580、RX 590、RX 590 GME	RX Vega 56、RX Vega 64、Radeon Ⅶ、RX 5500 XT、RX 5600 XT、RX 5700、RX 5700 XT、RTX 5800 XT

通过上表了解不同档次的显卡芯片后，对于我们挑选合适的显卡是极有帮助的。下面介绍几款主流显卡供读者参考。

1. 七彩虹iGame 750 烈焰战神U-Twin-1GD5

七彩虹iGame750烈焰战神U-Twin-1GD5显卡，利用28nm工艺Maxwell架构的GM107显示核心，配备了多达512个流处理器，支持NVIDIA GPU Boost技术，核心频率动态智能调节尽最大可能发挥芯片性能，而又不超出设计功耗，1G/128bit GDDR5显存，默认频率5000MHz，为核心提供80GB/s的显存带宽，轻松应对高分辨率高画质的3D游戏。一体式散热模组+涡轮式扇叶散热器，并通过自适应散热风扇风速控制使散热做到动静皆宜。接口部分，iGame750 烈焰战神U-Twin-1GD5 V2提供了DVI+DVI+miniHDMI的全接口设计，并首次原生支持三屏输出，轻松搭建三屏3D Vsion游戏平台，为高端玩家提供身临其境的游戏体验。

2. 影驰GTX960黑将

影驰GTX960黑将采用28nm麦克斯韦GM206核心，拥有1024个流处理器，搭载极速的显存，容量达到2GB，显存位宽为128Bit，显存频率则达到7GHz。影驰GTX960黑将的基础频率为1203MHz，提升频率为1266MHz。设计方面，其背面安装了一块铝合金背板，整块背板都进行了防导电处理，不仅能够有效保护背部元件，而且能够有效减少PCB变形弯曲的情况发生。背板后有与显卡PCB对应的打孔，在保护显卡之余，还能大幅提升显卡散热。接口部分，采用DP/HDMI/DVI-D/DVI-I的全接口设计，支持三屏NVIDIA Surround和四屏输出。

3. 铭瑄MS-RX580巨无霸 8G GDDR5

铭瑄MS-RX580 2巨无霸 8G GDDR5属于中端主流级显卡，具有非常出色的游戏表现性，采用2048个流处理器，搭载8GB高显存容量以及256bit位宽设计，支持Radeon Chill智酷技术和变频技术，缩短了显示延迟和游戏卡顿，可以满足各类游戏玩家需求。散热方面，采用90MM双风扇散热系统，强化型材喷砂面板，优化热管与鳍片连接方式，散热性能更强。接口方面，采用了DVI + HDMI + 3xMini DisplayPort的输出接口组合，可以输出7680 × 4320的最高分辨率。

4. 七彩虹iGame GeForce RTX 2060 SUPER Ultra

七彩虹iGame GeForce RTX 2060 SUPER Ultra是一款光线追踪入门级的显卡，基于SUPER专属TU106-410显示核心打造，开启一键超频BOOST频率可达1815MHz，轻松提供流畅高特效游戏画面，并且全面支持DX12特效显示。散热方面，3×90mm负载变速散热风扇，配合大面积鳍片和装甲背板辅助散热，实现优秀温度控制。供电方面采用8+2相供电设计，为显卡超频能力提供了强有力的保障。接口方面，采用3个DP、1个HDMI以及1个USB Type-C接口组合，可以满足玩家组建单卡多屏输出的需求。整体来看，对于追求极致的用户是一个不错的选择。

2.5.4 显卡的选购技巧

显卡是电脑中既重要又特殊的部件，因为它决定了显示图像的清晰度和真实度，并且显卡是电脑配件中性能和价格差别最大的部件，便宜的显卡只要几十元，而昂贵的则价格高达几千元。其实，对于显卡的选购还是有着许多的小技巧可言，掌握了这些技巧无疑能够帮助用户们更进一步地挑选到合适的产品。下面介绍选购显卡的技巧。

1. 根据需要选择

实际上，挑选显卡系列非常简单，因为无论是AMD还是NVIDIA，其针对不同的用户群体，都有着不同的产品线与之对应。根据实际需要确定显卡的性能及价格，如用户仅仅喜爱看高清电影，只需要一款入门级产品。如果仅满足一般办公的需求，采用中低端显卡就足够了。而对于喜爱游戏的用户来说，无疑中端甚至更为高端的产品才能够满足需求。

2. 查看显卡的字迹说明

质量好的显卡，其显存上的字迹即使已经磨损，但仍然可以看到刻痕。所以，在购买显卡时可以用橡皮擦擦拭显存上的字迹，看看字体擦过之后是否还存在刻痕。

3. 观察显卡的外观

显卡采用PCB板的制造工艺及各种线路的分布。一款好的显卡用料足，焊点饱满，做工精细，其PCB板、线路、各种元件的分布比较规范。

4. 软件测试

通过测试软件，可以大大降低购买到伪劣显卡的风险。通过安装公版的显卡驱动程序，然后观察显卡实际的数值是否与显卡标称的数值一致，如不一致就表示此显卡为伪劣产品。另外，通过一些专门的检测软件检测显卡的稳定性，劣质显卡显示的画面会有很大的停顿感，甚至造成死机。

5. 查看主芯片防假冒

在主芯片方面，有的杂牌利用其他公司的产品及同公司低档次芯片来冒充高档次芯片。这种方法比较隐蔽，较难分别，只有查看主芯片有无打磨痕迹，才能区分。

2.6 显示器

显示器是用户与电脑进行交流必不可少的设备，显示器到目前为止概念上还没有统一的说法，但对其认识却大都相同，顾名思义它应该是将一定的电子文件通过特定的传输设备显示到屏幕上再反射到人眼的一种显示工具。

2.6.1 显示器的分类

显示器的分类根据不同的划分标准，可分为多种类型。本节从三方面划分显示器的类型。

1. 按尺寸大小分类

按尺寸大小将显示器分类是最简单主观的，常见的显示器尺寸可分为21英寸、22英寸、23英寸、23.5英寸、24英寸、27英寸等，以及更大的显示屏，现在市场上以24英寸和27英寸为主。

2. 按产品类型分类

按产品类型分类，可将显示器分为LED显示器、广视角显示器、护眼显示器、曲面显示器、触摸显示器、智能显示器、2K显示器、4K显示器等。

3. 按面板类型分类

按面板类型分类，可将显示器分为IPS面板、VA面板、TN面板等。它们的优缺点如下表所示。

面板类型	优点	缺点	适合用户
IPS面板	可视角度和色彩显示好，色偏较好	对比度低，响应速度较慢	适合办公娱乐和普通游戏玩家
VA面板	对比度高	穿透率不足，响应速度慢，制造工艺相对复杂	适合办公用户和普通游戏玩家
TN面板	响应速度快，穿透率高，成本低	对比度低，视角不太好	适合电竞玩家，响应速度快，不建议从事设计、影视后期等对屏幕色彩要求较高的用户使用

2.6.2 显示器的性能指标

不同的显示器在结构和技术上不同，所以它们的性能指标参数也有所区别。下面以液晶显示器为例介绍显示器的性能指标。

1. 点距

点距一般是指显示屏上两个相邻同颜色荧光点之间的距离。画质的细腻度就是由点距来决定的，点距间隔越小，像素就越高。22英寸LCD显示器的像素间距基本都为0.282mm。

2. 最佳分辨率

分辨率是显示器的重要的参数之一，当液晶显示器的尺寸相同时，分辨率越高，其显示的画面就越清晰。如果分辨率调得不合理，则显示器的画面会模糊变形。一般21.5英寸显示器的最佳分辨率为1920像素×1080像素，24英寸显示器的最佳分辨率通常为1920像素×1200像素或1920×1200(16：10)、1920×1080(16：9)，更大尺寸拥有更大的最佳分辨率。

3. 亮度

亮度是指画面的明亮程度。亮度较亮的显示器画面常常会令人感觉不适，一方面容易引起视觉疲劳，另一方面也使纯黑与纯白的对比降低，影响色阶和灰阶的表现。因此提高显示器亮度的同时，也要提高其对比度，否则就会出现整个显示屏发白的现象。亮度均匀与否，和背光源与反光镜的数量以及配置方式息息相关。品质较佳的显示器，画面亮度均匀，柔和不刺目，无明显的暗区。

4. 对比度

液晶显示器的对比度实际上就是亮度的比值，即显示器的亮区与暗区的亮度之比。显示器的对比度越高，显示的画面层次感就越好。目前主流液晶显示器的对比度大多集中在1000：1至3000：1的水平上。

5. 色彩饱和度

液晶显示器的色彩饱和度是用来表示其色彩的还原程度的。液晶每个像素由红、绿、蓝（RGB）子像素组成，背光通过液晶分子后依靠RGB像素组合成任意颜色光。如果RGB三原色越鲜艳，那么显示器可以表示的颜色范围就越广。如果显示器三原色不鲜艳，则这台显示器所能显示的颜色范围就比较窄，因为其无法显示比三原色更鲜艳的颜色。

6. 可视角度

可视角度指用户可以从不同的方向清晰地观察屏幕上所有内容的角度。由于提供显示器显示的光源经折射和反射后输出时已有一定的方向性，超出这一范围观看就会产生色彩失真现象。目前市场上出售的显示器的可视角度都是左右对称的，但上下则不一定对称。

2.6.3 显示器主流产品

显示器品牌有很多种，在液晶显示器品牌中，三星、LG、华硕、明基、AOC、飞利浦、长城、优派、HKC等是市场上较为主流的品牌。

1. 三星 S24F350FHC

三星S24F350FHC是一款23.5英寸液晶显示器，外观方面采用高精度工艺匠制观，机身最薄处仅有9.8mm，十分轻薄。面板方面采用IPS高清面板，高达178°超广视角，不留任何视觉死角。该显示器最大特点是不闪屏，滤蓝光技术，可以在任何屏幕亮度下不闪烁，而且可以过滤有害蓝光，保护眼睛，对于长时间电脑作业的用户，是一个不错的选择。

2. 戴尔 U2417H

戴尔 U2417H是一款23.8英寸微边框显示器，延续了戴尔极简的商务风格，外观方面采用5.3mm窄边框，可为用户提供更舒适的是视觉体验，采用IPS广视角面板，确保屏幕透光率更高，更加透亮清晰，屏幕比例为16：9，支持178/178° 可视角度和LED背光功能，可以提供1920×1080最佳分辨率，1000：1静态对比度和8ms响应时间，显示器采用专业级的"俯仰调节+左右调节+枢轴旋转调节"功能，在长文本及网页阅读、竖版照片浏览、多图表对比等应用上拥有宽屏无以比拟的优势。接口方面提供了HDMI、D-Sub和USB 3.0接口，是一款较为实用的显示器。

3. AOC Q2789VU/BS

AOCQ2789VU/BS是一款27英寸2K高清显示器，外观方面采用8mm浅薄机身，边框与后壳为金属材质，后背的马赛克时尚纹理简约美观。面板采用IPS广视角炫彩硬屏，178°无偏色，搭配专业级别色彩精准度，无色彩偏差，可以精准还原真实色彩。另外，屏幕支持滤蓝光不闪屏技术，可以智能匹配4种浏览模式，满足不同的使用需求。接口方面，采用VGA+HDMI+DP+Type-c+音频/耳机接口组合，支持手机与显示器连接，体验手机大屏办公应用。

2.6.4 显示器的选购技巧

选购显示器要分清其用途，以实用为主。

（1）就日常上网浏览网页而言，一般的显示器即可满足。普通液晶与宽屏液晶各有优势，总体来说，在图片编辑应用上，使用宽屏液晶更好，而在办公文本显示应用上，普通液晶的优势更大。

（2）就游戏应用而言，对于准备购买液晶的用户来说宽屏液晶是不错的选择，它拥有16：9的黄金显示比例，在支持宽屏显示的游戏中优势是很非常明显的，它比传统4：3屏幕的液晶更符合人体视觉舒适性，并且以后推出的大多数游戏或都会提供宽屏显示，那时宽屏液晶可以获得更好的应用。

2.7 电源的选购

在选择电脑时，用户往往只注重CPU、主板、硬盘、显卡、显示器等产品，而忽视了电源的重要作用。一颗强劲的CPU会带着我们在复杂的数码世界里飞速狂奔，一块很酷的显卡会带我们在绚丽的3D世界里领略那五光十色的震撼，一块很棒的声卡更能带领我们进入那美妙的音乐殿堂。

在享受这一切的同时，你是否想到还有一位幕后英雄在为我们默默地工作呢？这就是电源了。熟悉电脑的用户都知道，电源的好与坏直接关系到系统的稳定与硬件的使用寿命。尤其是在硬件升级换代的今天，虽然工艺上的改进可以降低CPU的功率，但同时高速硬盘、高档显卡、高档声卡层出不穷，使相当一部分电源不堪重负。令人欣慰的是，在DIY市场大家越来越重视对电源的选购，那么怎样才能为自己选购一台合适的电源呢？

1. 品牌

目前市场上比较有名的电源品牌有航嘉、金河田、游戏悍将、鑫谷、长城机电、百盛、世纪之星以及大水牛等，这些品牌都通过了3C认证，选购比较放心。

航嘉WD600K电源

Tt GT 550W 电源

2. 输入技术指标

输入技术指标有输入电源相数、额定输入电压以及电压的变化范围、频率、输入电流

等。一般这些参数及认证标准在电源的铭牌上都有明显的标注。

3. 安全认证

电源认证也是一个非常重要的环节，因为它代表着电源达到了何种质量标准。电源比较有名的认证标准是3C认证，它是中国国家强制性产品认证的简称，将CCEE（长城认证）、CCIB（中国进口电子产品安全认证）和EMC（电磁兼容认证）三证合一。一般的电源都会符合这个标准；若没有，最好不要选购。

4. 功率的选择

虽然现在大功率的电源越来越多，但是并非电源的功率越大越好，最常见的是350W的。一般地，电源功率要满足整台电脑的用电需求，且最好有一定的功率余量，尽量不要选小功率电源。

5. 电源重量

通过重量往往能观察出电源是否符合规格。一般来说：好的电源外壳一般都使用优质钢材，材质好、质厚，所以较重的电源材质都较好。电源内部的零件，比如变压器、散热片等，同样是重的比较好。好电源使用的散热片应为铝制甚至铜制的散热片，而且体积越大散热效果越好。一般散热片都做成梳状，齿越深，分得越开，厚度越大，散热效果越好。基本上，我们很难在不拆开电源的情况下看清散热片，所以直观的办法就是从重量上判断。好的电源，一般会增加一些元件，以提高安全系数，所以重量自然会有所增加。劣质电源则会省掉一些电容和线圈，重量就比较轻。

很大的关系。较细的线材，长时间使用，常常会因过热而烧毁。另外，电源外壳上面或多或少都有散热孔，电源在工作的过程中，温度会不断升高，除了通过电源内附的风扇散热外，散热孔也是加大空气对流的重要设施。原则上电源的散热孔面积越大越好，但是要注意散热孔的位置，位置放对才能使电源内部的热量及早排出。

6. 线材和散热孔

电源所使用线材的粗细，与它的耐用度有

2.8 机箱的选购

机箱是电脑的外衣，是电脑展示的外在硬件，它是电脑其他配件的保护伞。所以在选购机箱时要注意以下几点。

1. 注意机箱的做工

组装电脑避免不了装卸硬盘、拆卸显卡，甚至搬运机箱的动作，如果机箱外层与内部之间的边缘有切口不圆滑，则很容易划伤自己。机箱面板的材质是很重要的。前面板大多采用工程塑料制成，成分包括树脂基体、白色填料（常见的乳白色前面板）、颜料或其他颜色填充材料（有其他色彩的前面板）、增塑剂、抗老化剂等。用料好的前面板强度高，韧性大，使用数年也不会老化变黄；劣质的前面板强度很低，容易损坏，使用一段时间就会变黄。

2. 机箱的散热性

机箱的散热性能是我们必须要仔细考核的一个重点，如果散热性能不好，会影响整台电脑的稳定性。现在的机箱散热最常见的是利用风扇散热，因其制冷直接、价格低廉，所以被广泛应用。选购机箱要看其尺寸大小，特别是内部空间的大小。另外，选择密封性比较好的

机箱，不仅可以保证机箱的散热性，而且可以屏蔽掉电磁辐射，减少电脑辐射对人的伤害。

3. 注意机箱的安全设计

机箱材料是否导电，是关系到机箱内部的电脑配件是否安全的重要因素。如果机箱材料是不导电的，那么产生的静电就不能由机箱底壳导到地下，严重时会导致机箱内部的主板等烧坏。冷镀锌电解板的机箱导电性较好，涂有防锈漆甚至普通漆的机箱，导电性是不过关的。

4. 注重外观忽略兼容性

机箱各式各样，很多用户喜欢选择外观好看的，但往往忽略机箱的大小和兼容性，如选择标准的ATX主板，mini机箱不支持，选择中塔机箱，很可能要牺牲硬盘位，支持部分高端显卡，因此综合考虑自身的需求，选择一个符合要求的机箱。

航嘉 MVP Apollo 机箱

鑫谷宽寂机箱

2.9 鼠标和键盘的选购

鼠标和键盘是电脑中重要的输入设备，是必不可少的，它们的好坏则影响着电脑的输入效率。

2.9.1 鼠标

鼠标是电脑输入设备的简称，主要分为有线、无线和双模式（有线+无线）3种。

按工作原理及内部结构的不同，鼠标可以分为激光式、蓝影式和光电式。目前，最常用的鼠标类型是光电式鼠标。它是通过内部的一个发光二极管发出光线，光线折射到鼠标接触的表面，然后反射到一个微成像器上来工作的。

按照连接方式，鼠标主要分为有线鼠标、无线鼠标、双模式鼠标等。有线鼠标的优点是稳定性强、反应灵敏，但便携性差，使用距离受限；无线鼠标的优点是便于携带、没有线的束缚，但稳定性差，易受干扰，需要安装干电池；双模式鼠标既可以当无线用，也可以当有线用，可以大大提高方便性。

有线鼠标　　　　　　无线鼠标　　　　　　双模式鼠标

一个好的鼠标应当外形美观，按键干脆，手感舒适，滑动流畅，定位精确。

手感好就是用起来舒适，这不但能提高工作效率，而且对人的健康也有影响，不可忽视。

1. 手感方面

好的鼠标手握时感觉舒适且与手掌贴合，按键轻松有弹性，滑动流畅，屏幕指标定位精确。

2. 使用需求

普通用户往往对鼠标灵敏度要求不太高，主要看重鼠标的耐用性；游戏玩家用户注重鼠标的灵敏性与稳定性，建议选用有线鼠标；专业用户注重鼠标的灵敏度和准确度；普通的办公应用和上网冲浪的用户，一只50元左右的光电鼠标已经能很好地满足需要了。

3. 品牌

市场鼠标的种类很多，不同品牌的鼠标质量、价格不尽相同，在购买时要注重口碑好的品牌，那样质量、服务都有保证。

4. 使用场合

一般情况下，有线鼠标适用于家庭和公共场合。而无线鼠标并不适用于公共场合，体积小，丢失不易寻找，在家中使用可以保证桌面整洁，不会有太多连接线，经常出差的人员携带无线鼠标较为方便。

2.9.2 键盘

键盘在电脑使用中，主要用于数据和命令的输入，如可以输入文字、字母、数字等，也可以通过某个按键或组合键执行操作命令，如按【F5】键，还可以刷新屏幕页面，按【Enter】键，执行确定命令等，因此它的手感好坏影响操作是否顺手。

常见的键盘主要可分为机械式和电容式两类，现在的键盘大多是电容式键盘。如果按外形来划分，键盘又有普通标准键盘和人体工学键盘两类。如果按接口来分，键盘主要有PS/2接口（小口）、USB接口以及无线键盘等种类。在选购键盘时，可根据以下几点进行。

日常使用的电容式键盘

游戏专用的机械式键盘

1. 键盘触感

好的键盘在操作时，感觉比较舒适，按键灵活有弹性，不会出现键盘被卡住的情况，更不会有按键沉重、按不下去的感觉。好的触感，可以让我们在使用中得心应手。在购买时，试敲一下，看是否适合自己的使用习惯和具有良好的触感。

2. 键盘做工

键盘的品牌繁多，但在品质上赢得口碑的却并不多。双飞燕、罗技、雷柏、精灵、Razer（雷蛇）等品牌，在品质上给予了用户保障。一般品质较好的键盘，它的按键布局、键帽大小和曲度合理，按键字符清晰；而一些键盘做工粗糙，按键弹性差，字迹模糊且褪色，没有品牌标识等，影响用户正常使用。

3. 键盘的功能

购买键盘时，应根据自己的需求进行购买。如果用来玩游戏，对键盘的操作性能要求较高，可以购买游戏类键盘；如果用来上网、听音乐、看视频等，可以购买一个多媒体键盘；如果用来办公，购买一般的键盘即可。

2.10 其他常用硬件的选购

一台完整的电脑，除了电脑主机硬件外，还需要配耳麦、音箱、U盘及路由器等，以发挥最大的性能，本节主要讲述电脑其他硬件的选购技巧。

2.10.1 音箱的选购

在家庭娱乐中，音箱是必不可少的声音输出硬件，好的音箱可以给我们带来逼真的声音效果。本节介绍如何选择音箱。

1. 音箱的性能指标

音箱功率：它决定了音箱所能发出的最大声音强度。目前音箱功率的标注方式有额定功率和峰值功率两种。额定功率是指能够长时间正常工作的功率值，峰值功率则是指在瞬间能达到的最大值。虽说功率是越大越好，但也要适可而止，一般应根据房间的大小来选购，如 $20m^2$ 的房间，60W功率的音箱也就足够了。

音箱失真度：它直接影响到音质音色的还原程度，一般用百分数表示，越小越好。

音箱频率范围：它是指音箱最低有效回放频率与最高有效回放频率之间的范围，单位是赫兹（Hz）。一般来说，目前的音箱高频部分较高，低频则略逊一筹，如果用户对低音的要求比较高，建议配上低音炮。

音箱频率响应：它是指音箱产生的声压和相位与频率的相关联系变化，单位是分贝（dB）。分贝值越小，说明失真越小，性能越高。

音箱信噪比：同声卡一样，音箱的选购中信噪比也是一个非常重要的指标，信噪比过低噪音严重，会严重影响音质。一般来说，音箱的信噪比不能低于80分贝，低音炮的信噪比不能低于70分贝。

音响系统：音箱所支持的声道数是衡量音箱档次的重要指标之一，从单声道到最新的环绕立体声，常分为单声道、2.0声道、2.1声道、5.1声道。

2. 辨别音箱好坏的简单方法

（1）眼观。

选购音箱时一定要注意与自己的电脑显示屏搭配合适，颜色看上去协调。目前的电脑音箱很多已经摆脱了传统的长方体造型，而采用了一些外形独特、更加美观时尚的造型。选购时完全凭用户自己的个人所好。但是音箱的实质还是在于它的音质，如果音质不佳，则再漂亮的外观也是无济于事的。

（2）手摸。

用手摸音箱的做工。塑料音箱应该摸一下压模的接缝是否严密，打磨得是否光滑；如果是木质音箱，有许多不是木质的，而是采用的中密度板，应该摸一下表面的贴皮是否平整，接缝处是否有突起。这些虽然不会影响音箱的品质，但是却代表了厂商的态度和工艺水平。在挑选音箱时，掂分量是非常重要的一步。如果一台个头颇大的木质音箱很轻，那么它的性能一定也不会好到哪里去。扬声器单元口径（低音部分）一般在2～6英寸，在此范围内，口径越大灵敏度越高，低频响应效果越好。

（3）听音。

听音时不要将音量开到最大，基本上开到2/3处能够不失真就基本可以了。同时需要注意的是，采用不同的声卡，效果也有差异，因此在听音时还应该了解商家提供的是什么声卡，以便正确地定位。

2.10.2 摄像头的选购

电脑娱乐性的进一步加强和网络生活的进一步丰富，带动了国内互联网带宽和电脑视频软硬件的发展，摄像头已经成为许多用户必备的电脑配件。摄像头产品繁多，规格复杂，究竟应该怎样选择，才能买到一款效果令人满意的摄像头，避免使用劣质摄像头造成误会呢？

1. 适合自己最重要

现在市场上常见的大部分是免驱的摄像头，即只要将摄像头与电脑连接，不需要下载安装驱动程序就可以直接使用。这类摄像头的参数调节，可以在IM软件中设置。但是，有些摄像头具有的独有的特色功能，还需要下载安装软件才能实现。针对摄像头的使用范围，摄像头的支架发生了很大的变化，例如摆放在桌面上的高杆支架、可以夹在笔记本电脑和液晶显示器上的卡夹支架等。外形简单小巧、注重携带方便成为摄像头设计的重要元素，用户在购买时可以根据自己的实际需要进行选择。

2. 镜头

镜头是摄像头重要的组成部分之一，摄像头的感光元件一般分为CCD和CMOS两种。摄影摄像方面，对图像要求较高，因此多采用CCD设计。摄像头对图像要求没这么高，应用于较低影像的CMOS已经可以满足需要。而且CMOS很大的一个优点就是制造成本较CCD低，功耗也小很多。

除此之外，还可以注意镜头的大小，镜头大的成像质量会好些。

3. 灵敏度

在使用摄像头视频时会发现大幅度移动摄像头时，画面会出现模糊不清的状况，必须等稳定下来后画面才会逐渐清晰，这就是摄像头灵敏度低的表现。

4. 像素

像素值是影响摄像头质量和照片清晰度的重要指标，也是判断摄像头性能优劣的重要指标。现在市场上摄像头的像素值一般为500万或者800万以上。但是，像素越高并不代表摄像头就越好，因为像素值越高的产品，其要求更宽的带宽进行数据交换，因此还要根据自己的网络情况选择。一般500万像素的摄像头足够使用了，没有必要选择像素更高的产品。一方面是因为高像素就意味着高成本，另一方面是因为高像素必然意味着大量数据传输。

2.10.3 U盘的选购

U盘的选购技巧主要有以下5点。

1. 查看U盘的容量

目前U盘的常用容量有8GB、16GB、32GB、64GB及128GB以上，一般建议选择16GB或32GB容量。U盘容量是选购者考虑的首要条件之一，不少商家在U盘的外观上标注U盘的容量很大，但是实际容量却小得多。例如，32GB的U盘，实际容量只有29.3GB甚至更少。U盘容量可以通过电脑系统查看，电脑连接U盘之后，右击U盘，选择属性即可查看真实容量，要买接近标注容量的。

2. 查看U盘接口类型

U盘接口主要是USB接口类型，分为3.1接口、3.0接口和2.0接口，其中USB 3.1读写速度最快，USB 3.0接口次之，USB 2.0接口较慢，不过USB 3.1和USB 3.0需要适配相应的USB接口，才能发挥更好的读写性能。目前USB 3.1和USB 3.0接口的U盘已经成为主流，其前端芯片为蓝色。另外，U盘还有双接口、Type-c、Lightning接口类型的U盘，主要区别是支持插入包含OTG功能手机中进行读写使用。

3. 查看U盘传输速度

U盘的传输速度是衡量一个U盘好坏的标准之一，好的U盘传输数据的速度要快。一般U盘都会标明它的写入和读写速度。一般USB 3.1接口U盘的读写速度可以达到100MB/s左右，USB 3.0接口的U盘读写速度可以达到20MB/s。

4. 查看品牌与做工

劣质U盘外壳手感粗糙，耐用度较差。好的U盘外壳材料精致。最重要的是外壳能保护好里面的芯片，不要图便宜而选择较差产品。通常品牌U盘在这方面做得比较好，毕竟品牌注重的是口碑。推荐金士顿、闪迪、SSK飚王、威刚、联想、金邦科技等品牌U盘。

5. 要看售后服务

在选购U盘时，一定要询问清楚售后服务，例如保修、包换等问题。这也是衡量U盘好坏的一个重要指标。

2.10.4 移动硬盘的选购

移动硬盘的选购可参考U盘选购的几项选购技巧，另外还要注意以下两点。

1. 移动硬盘不一定是越薄越好

主流的移动硬盘售价越来越低，外形也越来越薄。但一味追求低成本和漂亮外观，使得很多产品不具备防震措施，有些甚至连最基本的防震填充物都没有，其存储数据的可靠性也就可想而知了。

一般来说，机身外壳越薄的移动硬盘抗震能力越差。为了防止意外摔落对移动硬盘的损坏，有一些厂商推出了超强抗震移动硬盘。其中不少厂商宣称自己的产品是2m防摔落，其实高度根本就不是应该关注的重点，而是应该关注这个产品是否通过了专业实验室不同角度数百次以上的摔落测试。通常移动硬盘意外摔落的高度为1m左右（即办公桌的高度，也是普通人的腰高），在选购产品时，可以让经销商给现场演示。

希捷 Backup Plus Slim 移动硬盘

2. 附加价值

不少品牌移动硬盘会免费赠送些杀毒软件、个人信息管理软件、一键备份软件、加密软件等，用户可根据自己的需求进行取舍。

西部数据 Elements 移动硬盘

2.10.5 路由器的选购

路由器对于绝大多数家庭已是必不可少的网络设备，尤其是家庭中拥有无线终端设备的，需要无线路由器的帮助接入网络。下面介绍如何选购路由器。

1. 关于型号认识

在购买路由器时，会发现标注有600M、1200M、1900M、2400M等，这里的M是Mbit/s（比特率）的简称，描述数据传输速率的一个单位。理论上，600Mbit/s的网速是75MB/s，1200Mbit/s的网速是150MB/s，用公式表示就是每秒传输字节=网速/8。根据目前网络带宽，1200M的路由器已经足够。

2. 网络接口

无线路由器网络接口一般分为千兆和百兆，不过目前运营商的网络带宽已经到达200MB/s以上，因此建议选择千兆网络接口。

3. 产品类型

按照用途，路由器主要分为家用路由器和企业级路由器两种。家用路由器一般发射频率较小，接入设备也有限，主要满足家庭需求；企业级路由器，由于用户较多，发射频率较大，支持更高的无线带宽和更多用户的使用，而且固件具备更多功能，如端口扫描、数据防毒、数据监控等，当然价格也较贵。如果是企业用户，建议选择企业级路由器，否则网络会受影响，如网速慢、不稳定、易掉线、设备死机等。

另外，路由器也分为普通路由器和智能路由器。两种路由器最主要的区别是，智能路由器拥有独立的操作系统，可以实现智能化管理，用户可以自行安装各种应用，自行控制带宽、自行控制在线人数、自行控制浏览网页、自行控制在线时间，而且拥有强大的USB共享功能。如华为、TP-Link、小米等推出的智能路由器，已经被普遍使用。

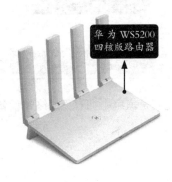

华为 WS5200 四核版路由器

华硕 AX3000 双频 3000M Wi-Fi6 电竞路由器

4. 单频、双频还是三频

路由器的单频、双频和三频，指的是一种无线网络通信协议。单频仅支持2.4GHz频段，目前已经逐渐淘汰；双频包含两个无线频段，一个是2.4GHz，一个是5GHz，在传输速度方面5GHz频段的传输速度更强，但是传输距离和穿墙性能不如2.4GHz；三频包括了1个2.4GHz和2个5GHz无线频段，比双频路由器多了一个5GHz频谱带宽，方便用户区分不同无线频段中的低速和高速设备，尤其是家中具备大量智能家居和无线设备时，拥有更高的网络承载力，不过价格较贵，一般用户选用双频路由器即可。

5. Wi-Fi 5还是Wi-Fi 6

Wi-Fi 5和Wi-Fi 6是Wi-Fi的协议，类似于移动网络的4G、5G，目前使用较为广泛的是Wi-Fi 5标准的路由器，Wi-Fi 6路由器已陆续推出，并覆盖高端、中端和低端三个档位。Wi-Fi 6与Wi-Fi 5路由器相比，最大支持160MHz频宽，速度比Wi-Fi 5路由器快3倍，另外支持更多的设备并发，对于家庭中有多智能终端的用户，是个不错的选择。

6. 安全性

由于路由器是网络中比较关键的设备，针对网络存在的各种安全隐患，路由器必须有可靠性与线路安全。选购时安全性能是参考的重要指标之一。

7. 控制软件

路由器的控制软件是路由器发挥功能的一个关键环节，从软件的安装、参数自动设置，到软件版本的升级都是必不可少的。软件安装、参数设置及调试越方便，用户使用就越容易掌握，就能更好地应用。如今，不少路由器已提供App支持，用户可以使用手机调试和管理路由器，对于初级用户也是很方便的。

高手支招

技巧1：认识CPU的盒装和散装

在购买CPU时，会发现部分型号中带有"盒"字样。下面介绍CPU的盒装和散装。

1. 是否带有散热器

CPU盒装和散装的最大区别是，盒装CPU带有原厂的CPU散热器，而散装CPU就没有配带散热器，需要单独购买。

2. 保修时长

盒装和散装CPU在质保时长上是有区别的。通常，盒装CPU的保修期为3年，而散装CPU保修期为一年。

3. 质量

虽然盒装CPU和散装CPU存在是否带散热器和保修时长问题，但是如果都是正品，则不存在质量差异。

4. 性能

在性能上，同型号CPU，盒装和散装不存在性能差异，是完全相同的。

出现盒装和散装的原因，主要是CPU供货方式不同，供应给零售市场主要是盒装产品，而给品牌机厂商主要是散装产品。另外，也有品牌机厂商外泄以及代理商的销售策略的原因。

对于用户，选择盒装和散装，主要根据自身需求。一般的用户，选择一个盒装CPU，配备原装CPU就可以满足使用要求，如果考虑价格，也可以选择散装CPU，自行购买一个散热器即可。对于部分发烧友，尤其是超频玩家，CPU发热量过大，就需要另行购买散热器，所以选择散装更划算。

技巧2：企业级的路由器选择方案

对于企业级路由器而言，由于终端用户数较多，因此不能选择普通家庭用路由器，否则会造成网速过慢，从而影响工作效率。企业级路由器选购时应注意以下几点。

1. 性能及冗余、稳定性

路由器的工作效率决定了它的性能，也决定了运行时的承载数据量及应用。此外，路由器的软件稳定性及硬件冗余性也是必须考虑的因素，一个完全冗余设计的路由器可以大大提高设备运行中的可靠性，同时软件系统的稳定也能确保用户应用的开展。

2. 接口

企业的网络建设必须考虑带宽、连续性和兼容性，核心路由器的接口必须考虑在一个设备中可以同时支持的接口类型，比如各种铜芯缆及光纤接口的百兆/千兆以太网、ATM接口和高速POS接口等。

3. 端口数量

选择一款适用的路由器必然要考虑路由的端口数，市场上的选择很多，可以从几个端口到数百个端口，用户必须根据自己的实际需求及将来的需求扩展等多方面来考虑。一般而言，对于中小企业来说，几十个端口即能满足需求；真正重要的是对大型企业端口数的选择，一般都要根据网段的数目先进行统计，并对企业网络一段时间后可能的发展进行预测，然后再进行选择，从几十到几百个端口，可以根据需求进行合理选择。

4. 路由器支持的标准协议及特性

在选择路由器时必须考虑路由器支持的各种开放标准协议，开放标准协议是设备互联的良好前提，所支持的协议则说明设计上的灵活与高效。比如查看其是否支持完全的组播路由协议、是否支持MPLS、是否支持冗余路由协议VRRP。此外，在考虑常规IP路由的同时，有些企业还会考虑路由器是否支持IPX、AppleTalk路由。

5. 确定管理方法的难易程度

目前路由器的主流配置有3种：第一种是傻瓜型路由器，它不需要配置，主要用户群是家庭或者SOHO；第二种是采用最简单Web配置界面的路由器，主要用户群是低端中小型企业，因为它面向的是普通非专业人士，所以它的配置不能太复杂；第三种方式是借助终端通过专用配置线联到路由器端口上做直接配置，这种路由器的用户群是大型企业及专业用户，所以它在设置上要比低端路由器复杂得多，而且现在的高端路由器都采用全英文的命令式配置，应该由经过专门培训的专业化人士来进行管理、配置。

6. 安全性

由于网络黑客和病毒的流行，网络设备本身的保护和抵御能力也是选择路由器的一个重要因素。路由器本身在使用RADIUS/TACACS+等认证的同时，会使用大量的访问控制列表（ACL）来屏蔽和隔离，用户在选择路由器时要注意ACL的控制。

第2篇
组装实战篇

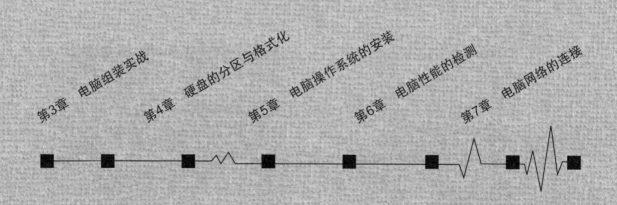

第**3**章

电脑组装实战

学习目标

　　了解电脑各部件的原理、性能，并进行相应的选购后，用户就可以对选购的电脑配件进行组装。本章主要介绍电脑装机流程，以方便广大电脑用户能够很快地掌握装机的基本技能。

学习效果

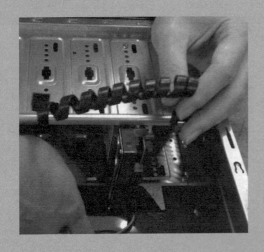

3.1 电脑装机前的准备

　　在组装电脑前需要提前做好准备，如装机工具、安装流程及注意事项等，当一切工作都准备并了解后，再组装电脑就轻松多了，具体准备工作如下。

3.1.1 制订组装的配置方案

　　不同的用户对电脑有不同的需求，如用于办公、娱乐、游戏等，因而它们的硬件也不尽相同。因此，在确定组装电脑之前，需要根据自己的需求及预算，自行制订一个组装的配置方案。下面介绍组装一台3000元家庭娱乐型的电脑。

　　商务办公对配置虽然没有过高的要求，但是对机器的稳定性有着较高的要求，否则极易影响办公，因此在电脑硬件选购上，应选择一些有较好口碑、性能稳定的配件进行搭配。那么，我们就可以根据其特性进行硬件的搭配了，可以设置如下的表格，填写硬件信息及价格（价格仅供读者参考，应以当地、当时的市场价为准），具体如下表所示。

名称	型号	数量	价格/元
CPU	AMD Ryzen 3 3200G	1	750
主板	七彩虹战斧B450M-HD 魔音版 V14	1	450
内存	金士顿骇客神条FURY 8GB DDR4 2400	2	250
硬盘	西部数据1TB 7200转 64MB SATA3 蓝盘	1	310
固态硬盘	金士顿A400（240GB）	1	280
电源	航嘉 冷静王 2.31	1	155
显卡/声卡/网卡	集成	—	—
机箱	金河田风爆Ⅲ	1	85
显示器	AOC 24B1XH	1	650
键鼠套装	双飞燕WKM-1000针光键鼠套装	1	70
合计			3000

　　同样，用户可以根据此方法，制订自己的电脑配置方案。

3.1.2 必备工具的准备

　　工欲善其事，必先利其器。在装机前一定要将需要用到的工具准备好，这样就可以轻松完成装机全过程。

1. 工作台

　　平稳、干净的工作台是必不可少的。需要准备一张桌面平整的桌子，在桌面铺上一张防静电的桌布，即可作为简单的工作台。

2. 十字螺丝刀

在电脑组装过程中，需要用螺丝将硬件设备固定在机箱内，十字螺丝刀自然是不可少的。建议最好准备带有磁性的十字螺丝刀，这样方便在螺丝掉入机箱内时，将其取出来。

如果螺丝刀没有磁性，可以在螺丝刀中下部绑缚一块磁铁，这样同样可以达到磁化螺丝刀的效果。

3. 尖嘴钳

尖嘴钳主要用来拆卸机箱后面材质较硬的各种挡板，如电源挡板、显卡挡板、声卡挡板等，也可以用来夹住一些较小的螺丝、跳线帽等零件。

4. 导热硅脂

导热硅脂就是俗说的散热膏，是一种高导热绝缘有机硅材料，也是安装CPU时不可缺少的材料。它主要用于填充CPU与散热器之间的空隙，起到较好的散热作用。

若风扇上带有散热膏，就不需要准备。

5. 绑扎带

绑扎带主要用来整理机箱内部各种数据线，使机箱更整洁、干净。

3.1.3 组装过程中的注意事项

电脑组装是一个细活，安装过程中容易出错，因此需要格外细致，并注意以下问题。

（1）检查硬件、工具是否齐全。

将准备的硬件、工具检查一遍，看其是否齐全，可按安装流程对硬件进行有顺序的排放，并仔细阅读主板及相关部件的说明书，看是否有特殊说明。另外，硬件一定要放在平整、安全的地方，防止发生不小心造成的硬件划伤，或从高处掉落等现象。

（2）防止静电损坏电子元器件。

在装机过程中，要防止人体所带静电对电子元器件造成损坏。在装机前需要消除人体所带的静电，可用流动的自来水洗手，双手可以触摸自来水管、暖气管等接地的金属物，当然也可以佩戴防静电手套、防静电腕带等。

（3）防止液体浸入电路上。

将水杯、饮料等含有液体的器皿拿开，远离工作台，以免液体进入主板，造成短路，尤其在夏天工作时，要防止汗水的滴落。另外，工作环境一定要是空气干燥、通风的地方，不可在潮湿的地方进行组装。

（4）轻拿轻放各配件。

电脑安装时，不可强行安装，要轻拿轻放各配件，以免造成配件的变形或折断。

3.1.4 电脑组装的流程

电脑组装时，要一步一步地进行操作，下面简单介绍电脑组装的主要流程，如下图所示。

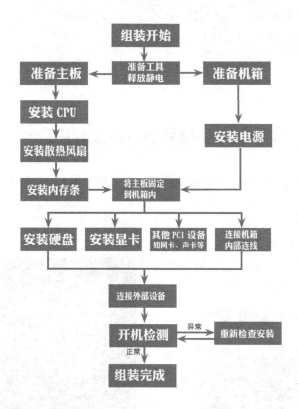

（1）准备好组装电脑所需的配件和工具，并释放身上的静电。

（2）主板及其组件的安装。依次在主板上安装CPU、散热风扇和内存，并将主板固定在机箱内。

（3）安装电源。将电源安装到机箱内。

（4）固定主板。将主板安装到机箱内。

（5）安装硬盘。将硬盘安装到机箱内，并连接它们的电源线和数据线。

（6）安装显卡。将显卡插入主板插槽，并固定在机箱上。

（7）板接线。将机箱控制面板前的电源开关控制线、硬盘指示灯控制线、USB连接线、音频线接到主板上。

（8）外部设备的连接。分别将键盘、鼠标、显示器、音箱接到电脑主机上。

（9）电脑组装后的检测。检查各硬件是否安装正确，然后插上电源，看显示器上是否出现自检信息，以验证装机的完成。

3.2　机箱内部硬件的组装

检查各组装部件全部齐全后，就可以进行机箱内部硬件的组装，在将各个硬件安装到机箱内部之前，需要打开机箱盖。

3.2.1　安装CPU（CPU、散热装置）和内存

在将主板安装到机箱内部之前，首先需要将CPU安装到主板上，然后安装散热器和内存。

1. 安装CPU和散热装置

在安装CPU时一定要掌握正确的安装步骤，使散热器与CPU结合紧密，以便于CPU散热。

步骤01 打开包装盒，即可看到CPU和散热装置，散热装置包含有CPU风扇和散热器。

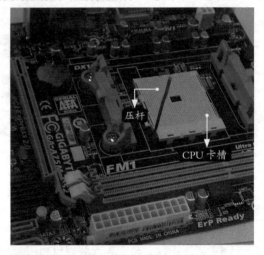

步骤03 拿起CPU，可以看到CPU有一个金三角标志和两个缺口标志，在安装时要与插槽上的三角标志和缺口标志相互对应。

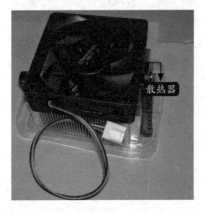

步骤02 将主板放在平稳处，在主板上用手按下CPU插槽的压杆，然后往外拉，扳开压杆。

步骤 04 将CPU放入插槽中，注意CPU的针脚要与插槽吻合。不能用力按压，以免造成CPU插槽上针脚的弯曲甚至断裂。

小提示

在向CPU插槽中放置CPU时，可以看到插槽的一角有一个小三角形，安装时要遵循三角对三角的原则，避免错误安装。

步骤 05 确认CPU安放好后，盖上屏蔽盖，压下压杆，当发出响声时，表示压杆已经回到原位，CPU已被固定在插槽上。

步骤 06 将CPU散热装置的支架与CPU插槽上的4个孔相对应，垂直向下安装，安装完成后使用扣具将散热装置固定。

步骤 07 将风扇的电源接头插到主板上供电的专用风扇电源插槽上。

步骤 08 电源插头安装完成之后就完成了CPU和散热装置的安装。

2. 安装内存

内存插槽位于CPU插槽的旁边。内存是CPU与其他硬件之间通信的桥梁。

步骤 01 找到主板上的内存插槽，将插槽两端的白色卡扣扳起。

步骤 02 将内存上的缺口与主板内存插槽上的缺口对应。

内存上的缺口与插槽上的缺口对应

步骤 03 缺口对齐之后，垂直向下将内存插入内存插槽中，并垂直用力在两端向下按压内存。

按压内存两端

步骤 04 当听到"咔"的声响时，表示内存插槽两端的卡扣已经将内存固定好。至此，完成了内存的安装。

白色卡扣会自动卡紧内存

小提示

主板上有多个内存插槽，可以插入多条内存。如需插入多条内存，只需要按照上面的方法将其他内存插入内存插槽中即可。

3.2.2 安装电源

在将主板安装至机箱内部之前，可以先将电源安装至机箱内。

步骤 01 将机箱平放在桌面上，可以看到机箱左上角就是安装电源的地方，然后将电源小心地放置到电源仓中，并调整电源的位置，使电源上的螺丝孔位与机箱上的固定螺孔相对应。

安放电源

步骤 02 对齐螺孔后，使用螺丝将电源固定至机箱上，然后拧紧螺丝。

固定电源

小提示

先将螺丝孔对齐，放入螺丝后再用螺丝刀将螺丝拧紧，使电源固定在机箱中。

3.2.3 安装主板

安装完成CPU、散热装置和内存之后就可以将主板安装到机箱内部了。

步骤 01 在安装主板之前，首先需要将机箱背部的接口挡板卸下，显示出接口。

卸下背部挡板

步骤 02 将主板放入机箱。

步骤 03 放入主板后，要使主板的接口与机箱背部留出的接口位置对应。

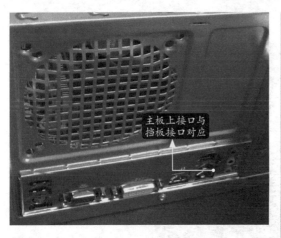

刀和螺丝将主板固定在机箱中。

步骤 04 确认主板与定位孔对齐之后，使用螺丝

3.2.4 安装显卡

安装显卡主要是指安装独立显卡。集成显卡不需要单独安装。

步骤 01 在主板上找到显卡插槽，将显卡金属条上的缺口与插槽上的插槽口相对应，轻压显卡，使显卡与插槽紧密结合。

步骤 02 安装显卡完毕，直接使用螺丝刀和螺丝将显卡固定在机箱上。

> **小提示**
>
> 如同显卡安装办法，将声卡和网卡的挡板去掉，把声卡和网卡分别放置到相应的位置，然后固定好声卡和网卡的挡板，使用螺丝刀和螺丝将挡板固定在机箱上，具体方法不再赘述。

3.2.5 安装硬盘

将主板和显卡安装到机箱内部后，就可以安装硬盘了。

步骤 01 将硬盘由里向外放入机箱的硬盘托架上，并适当地调整硬盘位置。

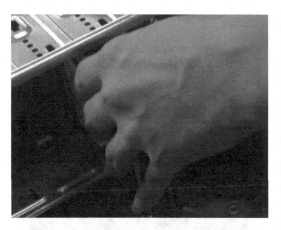

固定硬盘

现在光驱已经不是配备电脑的必要设备，在配置电脑时，可以选择安装光驱也可以选择不安装光驱。安装光驱时，需要先取下光驱的前挡板，然后将光驱从外向里沿着滑槽插入光驱托架，接着在其侧面将光驱固定在机箱上，最后使用光驱数据线连接光驱和主板上的IDE接口，并将光驱电源线连接至光驱即可。

步骤 02 对齐硬盘和硬盘托架上螺孔的位置，用螺丝将硬盘两个侧面（每个侧面有两个螺孔）固定。

3.2.6 连接机箱内部连线

机箱内部有很多各种颜色的连接线，连接着机箱上的各种控制开关和指示灯，在硬件设备安装完成之后，就可以连接这些连线。除此之外，硬盘、主板、显卡（部分显卡）、CPU等都需要与电源相连，连接完成后，所有设备才能成为一个整体。

1. 主板与机箱内的连接线相连

机箱中大多数的部件需要与主板相连接。

步骤 01 F_AUDIO连接线插口是连接HD Audio机箱前置面板连接接口的，选择该连接线。

步骤 02 将F_AUDIO插口与主板上的F_AUDIO插槽相连接。

步骤 03 USB连接线有两个，主板上也有两个USB接口，连接线上带有"USB"字样，选择该连接线。

USB 连接线

步骤 04 将USB连接线与主板上标记有 "USB1" 的接口相连。

步骤 05 电源开关控制线上标记有 "POWER SW"，复位开关控制线上标记有 "RESET SW"，硬盘指示灯控制线上标记有 "H.D.D LED"。

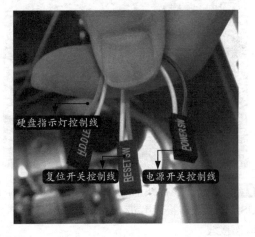

硬盘指示灯控制线

复位开关控制线

电源开关控制线

步骤 06 将标记有 "H.D.D LED" 的硬盘指示灯

控制线与主板上标记有 "-HD+" 的接口相连。

步骤 07 将标记有 "RESET SW" 的复位开关控制线与主板上标记有 "+RST-" 的接口相连。

步骤 08 将标记有 "POWER SW" 的电源开关控制线与主板上标记有 "-PW+" 的接口相连。

2. 主板、CPU与电源相连

主板和CPU等部件也需要与电源相连接。

步骤 01 主板电源的接口为24针接口，选择该连接线。

步骤 02 在主板上找到主板电源线插槽，将电源线接口连接至插槽中。

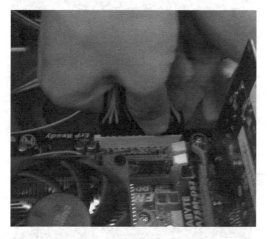

步骤 03 选择4口CPU辅助电源线（共两根）。

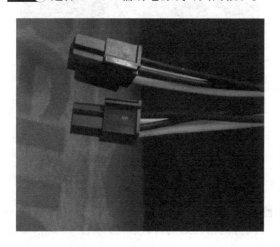

步骤 04 选择任意一根CPU辅助电源线，将其插入主板上的4口CPU辅助电源插槽中。

步骤 05 选择机箱上的电源指示灯线。

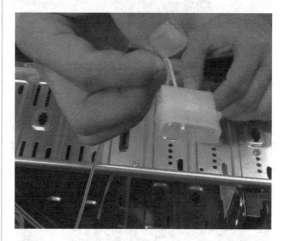

步骤 06 将其接口与电源线上对应的接口相连接。

如果主板和机箱都支持USB 3.0，那么需要在接线时，将机箱前端的USB 3.0数据线接入主板中，如下图所示。

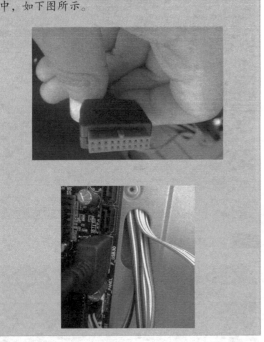

步骤 03 选择硬盘SATA数据线。

3. 硬盘线的连接

硬盘上线路的连接主要包括硬盘电源线的连接以及硬盘数据线与主板接口的连接。

步骤 01 找到硬盘的电源线。

步骤 02 找到硬盘上的电源接口，并将硬盘电源线连接至硬盘电源接口。

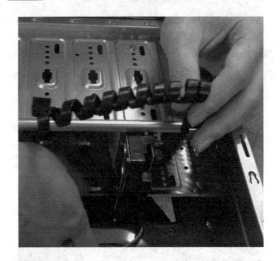

步骤 04 将其一端插入硬盘的SATA接口，另一端连接至主板上对应的SATA 0接口上。

步骤 05 连接好各种设备的电源线和数据线后，可以将机箱内部的各种线缆理顺，使其相互之

间不缠绕，增大机箱内部空间，以便于CPU散热。

步骤 06 将机箱后侧面板安装好并拧紧螺丝，就完成了机箱内部硬件的组装。

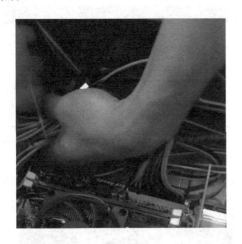

3.3 外部设备的连接

连接外部设备主要是指连接显示器、鼠标、键盘、网线、音响等基本的外部设备。外部设备的连接主要集中在主机后部面板上，如下图为主板外部接口图。

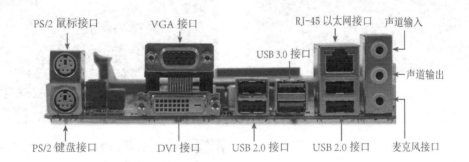

（1）PS/2接口，主要用于连接PS/2接口型的鼠标和键盘。不过，部分主板只保留了一个PS/2接口，仅支持接入一个鼠标或键盘，另外一个需要使用USB接口。

（2）VGA和DVI接口，都是连接显示器用，不过一般使用VGA接口。另外，如果电脑安装了独立显卡，则不使用这两个接口，一般直接接入独立显卡上的VGA接口。

（3）USB接口，可连接一切USB接口设备，如U盘、鼠标、键盘、打印机、扫描仪、音箱等。目前，不少主板有USB 2.0和USB 3.0接口，其外观区别是，USB 2.0多采用黑色接口，USB 3.0多采用蓝色接口。

（4）RJ-45以太网接口，就是连接网线的端口。

（5）音频接口，大部分主板包含3个插口，包括粉色麦克风接口、绿色声道输出接口和蓝色声道输入接口。另外，部分主板音频扩展接口还包含橙色、黑色和灰色6个插口，适应更多的音频设备，其接口用途如下表所示。

接口	2声道	4声道	6声道	8声道
粉色	麦克风输入	麦克风输入	麦克风输入	麦克风输入
绿色	声道输出	前置扬声器输出	前置扬声器输出	前置扬声器输出
蓝色	声道输入	声道输入	声道输入	声道输入
橙色			中置和重低音	中置和重低音
黑色		后置扬声器输出	后置扬声器输出	后置扬声器输出
灰色				侧置扬声器输出

了解各接口的作用后，下面具体介绍连接显示器、鼠标、键盘、网线、音箱等外置设备的步骤。

3.3.1 连接显示器

机箱内部连接后，可以连接显示器。连接显示器的具体操作步骤如下。

步骤01 找到显示器信号线，将一头插到显示器上，并且拧紧两边的螺丝。

步骤03 取出电源线，将电源线的一端插入显示器的电源接口。

步骤02 将显示器信号线插入显卡输入接口，拧紧两边的螺丝，防止接触不好而导致画面不稳。

步骤04 将显示器的另一端连接到外部电源上，完成显示器的连接。

3.3.2 连接鼠标和键盘

连接好显示器和电源线后，可以开始连接鼠标和键盘。如果鼠标和键盘均为PS/2接口，可采用以下步骤连接。

步骤01 将键盘紫色的接口插入机箱后的PS/2紫色插槽口。

步骤 02 使用同样方法将绿色的鼠标接口插入机箱后的绿色PS/2插槽口。

小提示

　　USB接口的鼠标和键盘连接方法更为简单，可直接接入主机后端的USB端口。

3.3.3 连接网线、音箱

　　连接网线、音箱的具体操作步骤如下。

步骤 01 将网线的一端插入网槽中，另一端插入与之相连的交换机插槽上。

步骤 02 将音箱对应的音频输出插头对准主机后I/O接口的音频输出插孔处，然后轻轻插入。

3.3.4 连接主机

　　连接主机的具体操作步骤如下。

步骤 01 取出电源线，将机箱电源线的楔形端与机箱电源接口相连接。

步骤 02 将电源线的另一端插入外部电源上。

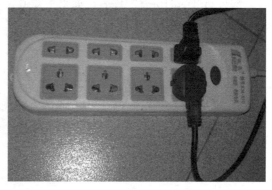

3.4 电脑组装后的检测

组装完成之后可以启动电脑，检查电脑是否可以正常运行。

步骤 01 按下电源开机键可以看到电源灯（绿灯）一直亮着，硬盘灯（红灯）不停地闪烁。

步骤 02 开机后，如果电脑可以进行主板、内存、硬盘等检测，则说明电脑安装正常。

小提示

如果开机后，屏幕没有显示自检字样，且出现黑屏现象，应检查电源是否连接好，然后看内存是否插好，再进行开机。如果不能检测到硬盘，则需要检查硬盘是否插紧。

高手支招

技巧1：电脑各部件在机箱中的位置图

购买到电脑的所有配件后，如果不知道如何布局，可参考各个配件在机箱中的相对位置，如右图所示。

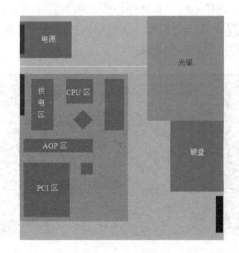

技巧2：在线模拟攒机

随着电脑技术的更新迭代，电脑硬件市场也越来越透明，用户可以在网络中查询到各类硬件的价格，同时也可以通过IT专业网站模拟攒机，如中关村在线、太平洋网等，不仅可以了解配置的情况，而且可以初步估算整机的价格。

下面以中关村在线为例简单介绍如何在线模拟攒机。

步骤01 打开浏览器，输入"ZOL模拟攒机"网址并进入该网站。在该页面中，如单击【CPU】按钮，右侧即可筛选不同品牌、型号的CPU。

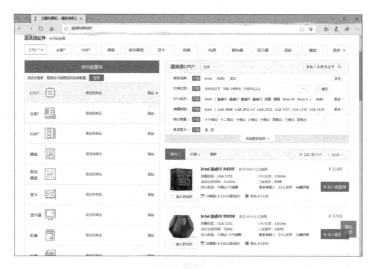

步骤02 在右侧下拉列表框中对CPU的筛选条件进行选择，如下图所示。在找到的符合条件的CPU后面，单击【加入配置单】按钮。

步骤 03 此时，选用的硬件即可被添加到配置单中，如下图所示。

步骤 04 使用同样方法，对主板、内存、硬盘等硬件逐一进行添加，最终即可看到详细的硬件配置单和整机价格，如下图所示。

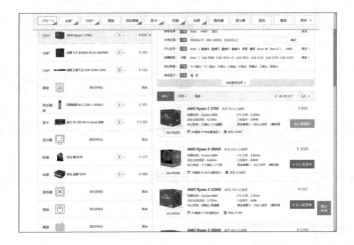

第4章

硬盘的分区与格式化

新购买的硬盘是没有分区的，在安装操作系统时可以对硬盘进行分区，但整台电脑只有一个C盘，这不利于电脑性能的发挥，也不利于对磁盘文件的管理。因此，必须合理地划分硬盘空间。

4.1 认识磁盘分区

对硬盘进行分区实质上就是对硬盘的一种格式化，当创建分区时，就已经设置好了硬盘的各项物理参数，指定了硬盘主引导记录和备份引导记录的存放位置。下面详细介绍如何对硬盘进行分区、分区的原则以及如何根据需要对硬盘进行分区。

4.1.1 硬盘存储的单位及换算

电脑中存储单位主要有bit、B、KB、MB、GB、TB、PB等，数据传输的最小单位是位（bit），基本单位为字节（Byte）。在操作系统中主要采用二进制表示，换算单位为2的10次方（1024），简单说每级是前一级的1024倍，如1KB=1024B，1MB=1024KB=1024×1024B或2^{20}B。

常见的数据存储单位及换算关系如下表所示。

单位	含义	换算关系
KB(Kilobyte)	千字节	1KB=1024B=2^{10}B
MB(Megabyte)	兆字节	1MB=1024KB=2^{20}B
GB(Gigabyte)	吉字节	1GB=1024MB=2^{30}B
TB(Trillionbyte)	万亿字节，或太字节	1TB=1024GB=2^{40}B
PB（Petabyte）	千万亿字节，或拍字节	1PB=1024TB=2^{50}B
EB（Exabyte）	百亿亿字节，或艾字节	1EB=1024PB=2^{60}B
ZB(Zettabyte)	十万亿亿字节，或泽字节	1ZB=1024EB=2^{70}B
YB(Yottabyte)	一亿亿亿字节，或尧字节	1YB=1024ZB=2^{80}B
BB(Brontobyte)	一千亿亿亿字节	1BB=1024YB=2^{90}B
NB(NonaByte)	一百万亿亿亿字节	1NB=1024BB=2^{100}B
DB(DoggaByte)	十亿亿亿亿字节	1DB=1024NB=2^{110}B

硬盘厂商，在生产过程中主要采用十进制的计算，如1MB=1000KB=1000000B，所以会发现电脑看到的硬盘容量比实际容量要小。

如500GB的硬盘，其实际容量=500×1000×1000×1000÷（1024×1024×1024）≈456.66GB，以此类推1000GB的实际容量为1000×1000^3÷（1024^3）≈931.32GB。

另外，硬盘实际容量结果会有误差，上下误差应该在10%内，如果大于10%，则表明硬盘有质量问题。

4.1.2 硬盘分区原则

给新买的硬盘进行分区也许大多数人都会，但是如何将硬盘的分区分到最佳、最好使，并不是所有人都会。因此掌握一些硬盘分区的原则，可以让用户在以后的使用中更加得心应手。

总的来说，用户只能创建两个分区，一个是主分区，一个是扩展分区，而扩展分区可以进一步划分为最多25个分区。由于一个硬盘上只能有一个扩展分区，因此，在对硬盘进行分区时，如果用户没有建立非DOS分区的需要，则一般就将主分区之外的空间部分都分配给扩展分区，然后在扩展分区上划分逻辑分区。

（1）主分区。

也称为主磁盘分区，与扩展分区、逻辑分区一样，是一种分区类型。主分区中不能再划分其他类型的分区，因此每个主分区都相当于一个逻辑磁盘，在这一点上主分区和逻辑分区很相似，但主分区是直接在硬盘上划分的，逻辑分区则必须建立于扩展分区中。

（2）扩展分区。

一块硬盘可以有一个主分区、一个扩展分区，也可以只有一个主分区而没有扩展分区。逻辑分区可以有若干。主分区是硬盘的启动分区，是独立的，也是硬盘的第一个分区，正常分的话就是C区。分出主分区后，剩下的部分可以分成扩展分区，一般是剩下的部分全部分成扩展分区，也可以不全分。扩展分区是不能直接用的，它是以逻辑分区的方式来使用的，因此，可以将扩展分区分成若干逻辑分区。其关系是包含的关系，也就是说，所有的逻辑分区都是扩展分区的一部分。

（3）逻辑分区。

逻辑分区是硬盘上一块连续的区域，不同之处在于，每个主分区只能分成一个驱动器，每个主分区都有各自独立的引导块，可以用FDISK设定为启动区。一个硬盘上最多可以有4个主分区，而扩展分区上可以划分出多个逻辑驱动器。这些逻辑驱动器没有独立的引导块，不能用FDISK设定为启动区。主分区和扩展分区都是DOS分区。各分区之间的关系如下图所示。

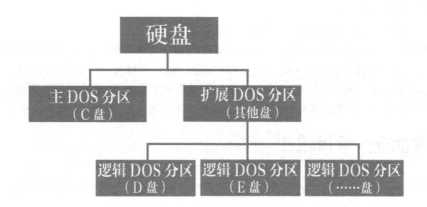

① 分区原则一：C盘不宜太大。

C盘是系统盘，硬盘的读写比较多，产生错误和磁盘碎片的概率也较大，扫描磁盘和整理碎片是日常工作，而这两项工作的时间与磁盘的容量密切相关。C盘除安装操作系统外，很容易因为安装软件造成空间不足，从而影响工作效率，建议C盘容量在50~80GB比较合适。

② 分区原则二：尽量使用NTFS分区。

NTFS文件系统是一个基于安全性及可靠性的文件系统，除兼容性之外，其他性能远远优于FAT32。它不但可以支持达2TB大小的分区，而且支持对分区、文件夹和文件的压缩，可以更有效地管理磁盘空间。对局域网用户来说，在NTFS分区上可以为共享资源、文件夹以及文件设置访问许可权限，安全性要比FAT32高得多。

③ 分区原则三：双系统乃至多系统好处多多。

如今木马、病毒、广告软件、流氓软件横行，系统缓慢、无法上网、系统无法启动都是很常见的事情。一旦出现这种情况，重装、杀毒要消耗很多时间，往往耽误工作。有些顽固的开机加载的木马和病毒甚至无法在原系统中删除。此时如果有一个备份的系统，事情就会简单得多，启动到另外一个系统，可以从容杀毒、删除木马、修复另外一个系统，乃至用镜像把原系统恢复。即使不进行处理，也可以用另外一个系统展开工作，不会因为电脑问题耽误事情。

因此，双系统乃至多系统好处多多，分区中除了C盘外，再保留一个或两个备用的系统分区很有必要，该备份系统分区还可同时用作安装一些软件程序，容量大概20GB即可。

④ 分区原则四：系统、程序、资料分离。

Windows有个很不好的习惯，就是把【我的文档】等一些个人数据资料都默认放到系统分区中。这样一来，一旦要格式化系统盘来彻底杀灭病毒和木马，而又没有备份资料的话，数据安全就很成问题。

正确的做法是，将需要在系统文件夹注册表中复制文件和写入数据的程序都安装到系统分区里面；将那些可以绿色安装，仅仅靠安装文件夹的文件就可以运行的程序放置到程序分区之中；各种文本、表格、文档等本身不含有可执行文件，需要其他程序才能打开的资料，都放置到资料分区之中。这样一来，即使系统瘫痪，不得不重装的时候，可用的程序和资料一点不缺，很快就可以恢复工作，而不必为了重新找程序恢复数据而头疼。

⑤ 分区原则五：保留至少一个巨型分区。

随着硬盘容量的增长，文件和程序的体积也是越来越大。例如，以前一部压缩电影不过几百兆字节，而如今的一部HDTV就要接近20GB。假如按照平均原则对硬盘进行分区，那么这些巨型文件的存储就将会遇到麻烦。因此，对于海量硬盘而言，非常有必要分出一个容量在100GB以上的分区用于巨型文件的存储。

⑥ 分区原则六：给迅雷或者百度云盘在磁盘末尾留一个分区。

迅雷和百度云盘这类点对点的传输软件对磁盘的读写比较频繁，长期使用可能会对硬盘造成一定的损伤，严重时甚至造成坏道。对于磁盘坏道，通常用修复的办法解决，但是一旦修复不了，就要用PQMaigc这类软件进行屏蔽。此时，就会发现放在磁盘末尾的分区调整大小和屏蔽坏道的操作要方便得多，因此，给BT或者迅雷在磁盘末尾保留一个分区使用起来会更加方便。

4.1.3 硬盘分区常用软件

常用的硬盘分区软件有很多种，根据不同的需求，用户可以选择适合自己的分区软件。

1. DiskGenius

DiskGenius是一款磁盘分区及数据恢复软件，支持对GPT磁盘（使用GUID分区表）的分区操作，除具备基本的分区建立、删除、格式化等磁盘管理功能外，还提供了强大的已丢失分区搜索功能、误删除文件恢复功能、误格式化及分区被破坏后的文件恢复功能、分区镜像备份与还原功能、分区复制功能、硬盘复制功能、快速分区功能、整数分区功能、分区表错误检查与修复功能、坏道检测与修复功能，提供基于磁盘扇区的文件读写功能，支持VMWare虚拟硬盘格式、IDE、SCSI、SATA等各种类型的硬盘和支持U盘、USB硬盘、存储

卡(闪存卡)，同时也支持FAT32、NTFS、EXT4文件系统。

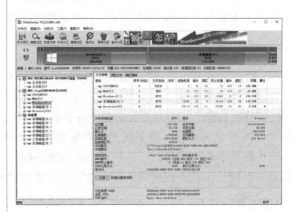

2. PartitionMagic

PartitionMagic是一款功能非常强大的分区软件，在不损坏数据的前提下，可以对硬盘分区的大小进行调整。然而此软件的操作有些复杂，操作过程中需要注意的事项也比较多，一旦用户误操作，将带来严重的后果。

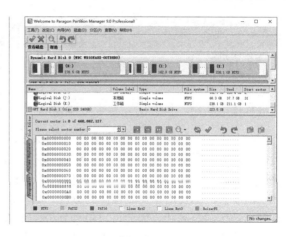

3. 系统自带的磁盘管理工具

Windows系统自带的磁盘管理工具，虽然不如第三方磁盘分区管理软件易于上手，但是不需要再次安装软件，而且安全性和伸缩性强，得到了不少用户的青睐。

4.2 硬盘的分区方案

在对硬盘分区时，很多用户会产生诸多疑问，如系统盘分区多大、硬盘分区是否越多越好。其实，合理的硬盘分区，可以减少很多麻烦和风险。

4.2.1 机械硬盘的分区方案

目前，机械硬盘的主流配置是500GB、1TB、1.5TB或2TB以上的大容量。下面推荐几个硬盘分区的方案。

方案	系统盘	程序盘	文件盘	备份/下载盘	娱乐盘
综合家用型		100GB	100GB		
商务办公型	70GB	100GB	200GB	100GB	剩余空间
电影娱乐型		100GB	100GB		
游戏达人型		200GB	100GB		

在上述分区方案中，系统盘推荐划分70GB，只有系统盘有足够的空间，保证操作系统的正常运行，才能发挥电脑的总体性能。另外，在安装操作系统创建主分区时，会产生几百兆字节的系统保留分区，它是BitLocker分区加密信息存储区。

程序盘，主要用于安装程序的分区。将应用程序安装在系统盘，会带来频繁的读写操作，且容易产生磁盘碎片，因此可以单独划分一个程序盘以满足常用程序的安装。另外，随着应用程序的体积越来越大，部分游戏客户端就可占用10GB以上，因此建议根据实际需求划分该分区大小。

文件盘，主要用于存放和备份资料文档，如照片、工作文档、媒体文件等，单独划分一个磁盘，可以方便管理。文件盘的容量，可以根据个人情况进行自由调整。

备份/下载盘，主要可以用于备份和下载一些文件。之所以将下载盘单独划分，主要因为这个分区是磁盘读写操作较为频繁的一个区，如果磁盘划分太大，磁盘整理速度会降低；太小则无法满足文件的下载需求。因此，推荐划分出100GB的容量。

小提示

如迅雷、百度网盘、浏览器等，在安装后，启动相应程序，将默认的下载路径修改为该分区，否则就失去单独划分一个区的意义了。

娱乐盘，主要用于存放音乐、电影、游戏等娱乐文件。如今高清电影、无损音乐等体积越来越大，因此建议该磁盘要分区大一些。

4.2.2 固态硬盘的分区方案

随着固态硬盘的普及，越来越多的用户使用或升级为固态硬盘。与机械硬盘相比，固态硬盘价格较贵，一般主要选择120GB或240GB容量，因此并不能像机械硬盘划分较多分区，推荐以下方案。

容量	系统盘	程序盘	文件盘	备份盘
120GB固态硬盘	60GB	剩余容量	——	——
240GB固态硬盘			50GB	50GB

小提示

根据硬盘存储单位的换算规则，120GB容量的硬盘实际可分配容量为111GB左右，240GB可分配容量为223GB左右。

在上述方案中，如果固态硬盘的容量为120GB，建议划分为两个分区，系统盘主要用于安装操作系统，程序盘主要用于安装应用程序和存放重要文档。

如果固态硬盘的容量为240GB，建议划分为3~4个分区，除系统盘外，可根据需要划分出程序盘、文件盘和备份盘等。

如果同时采用了机械硬盘和固态硬盘，建议固态硬盘主要用于安装系统和应用程序使用，机械硬盘作为文件或备份盘，以充分发挥它们的作用。

4.3 使用系统安装盘进行分区

Windows系统安装程序自带有分区格式化功能，用户可以在安装系统时对硬盘进行分区。Windows 7、Windows 8.1和Windows 10的分区方法基本相同，下面以Windows 10为例简单介绍分区的方法。

步骤 01 将Windows 10操作系统的安装光盘放入光驱中，启动计算机，进入系统安装程序，根据系统提示，进入"你想执行哪种类型的安装？"对话框，这里选择"自定义：仅安装Windows（高级）"选项。

步骤 02 进入"你想将Windows安装在哪里？"界面，如下图所示，显示了未分配的硬盘情况。下面以120GB的硬盘为例，对该盘进行分区。

步骤 03 单击【新建】链接，即可在对话框的下方显示用于设置分区大小的参数，这时在【大小】文本框中输入"60000"，并单击【应用】按钮。

小提示

1GB=1024MB，如上要划分出60GB，可以按照60×1000的公式进行粗略计算。

步骤 04 将打开信息提示框，提示用户若要确保Windows的所有功能都能正常使用，Windows可能要为系统文件创建额外的分区。单击【确定】按钮，即可增加一个未分配的空间。

步骤05 此时，即可创建系统保留分区1及分区2。用户可以选择已创建的分区，对其进行删除、格式化和扩展等操作。

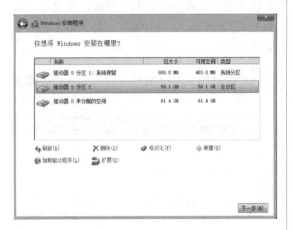

小提示

单击【刷新】链接，则刷新当前显示；单击【删除】链接，则删除所选分区，并叠加到未分配的空间；单击【格式化】链接，将格式化当前所选分区的磁盘内容；单击【加载驱动程序】链接，用于手动添加磁盘中的驱动程序，分区时一般不进行该操作；单击【扩展】链接，则可调大当前已分区空间大小。

步骤06 选择未分配的空间，单击【新建】链接，并输入分区大小，单击【应用】按钮，继续创建分区。这里分配两个分区，因此其中参数为剩余容量值，可直接单击【应用】按钮。

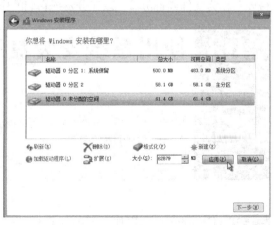

小提示

使用同样办法，可以根据自己的磁盘情况创建更多的分区。

步骤07 创建分区完毕后，选择要安装操作系统的分区，单击【下一步】按钮即可。

另外，如果安装Windows系统时，没有对硬盘进行任何分区，则Windows安装程序将自动把硬盘分为一个分区，格式为NTFS。

4.4 使用DiskGenius对硬盘分区

硬盘工具管理软件DiskGenius软件采用全中文界面，除继承并增强了DOS版的大部分功能外，还增加了许多新功能，如已删除文件恢复、分区复制、分区备份、硬盘复制等功能，此外还增加了对VMWare虚拟硬盘的支持。

4.4.1 快速分区硬盘

快速分区功能用于快速为磁盘重新分区，适用于为新硬盘分区，或为已存在分区的硬盘完全重新分区。执行时会删除所有现存分区，然后按指定要求对磁盘进行分区，分区后立即快速格式化所有分区。用户可指定各分区大小、类型、卷标等内容。只需几个简单的操作就可以完成分区及格式化。下面介绍如何对硬盘进行快速分区。

步骤 01 使用PE系统盘启动电脑，进入PE系统盘的主界面，在菜单中使用【↓】【↑】按键进行菜单选择，也可以单击对应的数字直接进入菜单。如这里按【6】数字键，即可执行"运行最新版DiskGenius分区工具"的操作。

步骤 02 进入如下加载界面，无须任何操作。

步骤 03 片刻后，进入DOS工具菜单界面，在下方输入字母"d"，并按【Enter】键，即可启动DiskGenius分区工具。

步骤 04 DiskGenius DOS版程序界面，如下图所示。

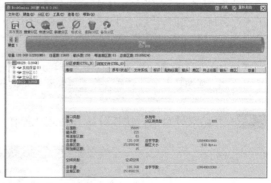

步骤 05 若要执行【快速分区】命令，选择要分区的磁盘，按【F6】键或单击功能区的【快

速分区】按钮，弹出【快速分区】对话框。在【分区表类型】区域中，单击【MBR】单选项；在【分区数目】区域中，选择分区数量；在【高级设置】区域中，设置各分区大小。设置完毕后，单击【确定】按钮。

小提示

【分区表类型】：MBR是传统的硬盘分区模式，无法支持超过2TB容量的磁盘，如3TB的硬盘以MBR分区方案分区，超过2TB的部分容量则无法识别。而GUID就是新兴的GPT方式，支持磁盘容量和主分区数量都没有限制。另外，如果主板较老只支持BIOS，就选MBR；如果是新主板，支持UEFI，就可以选GUID。

【分区数目】：直接按下"3""4""5""6"即可快速选择分区个数，也可以通过鼠标单击选择。选择后，对话框右半部分立即显示相应个数的分区列表。

【重建主引导记录(MBR)】：这是默认选项，如果磁盘上存在基于MBR的引导管理程序，且仍然需要保留它，则不要勾选此选项。

【分区类型】：快速分区功能仅提供NTFS和FAT32两种类型供选择。

【分区大小】：默认的分区大小按如下规则设置：首先按照指定的分区个数计算，如果平均每个分区小于15GB，则平均分配分区大小。其次如果平均容量大于(或等于)15GB，则第一个分区的大小按磁盘总容量的1/20计算，但不小于25GB，如果小于25GB则固定为25GB。其他分区平均分配剩下的容量。这是考虑到第一个分区一般用于安装系统及软件，太小了可能装不下，太大了又浪费。

在容量输入编辑框前面有一个"锁"状图标。当用户改变某分区的容量后，这个分区的大小就被"锁定"，改变其他分区的容量时，这个分区的容量不会被程序自动调整。图标显示为"锁定"状态。用户也可以通过点击图标自由变更锁定状态；初始化时或更改分区个数后，第一个分区是锁定的，其他分区均为解锁状态；当使用者改变了某个分区的容量后，其他未被"锁定"的分区将会自动平分"剩余"的容量；如果除了正在被更改的分区以外的其他所有分区都处于锁定状态，则只调整首尾两个分区的大小。最终调整哪一个则由它们最后更改的顺序决定。如果最后更改的是首分区，就自动调整尾分区，反之调整首分区。被调整的分区自动解锁。

【默认大小】：软件会按照默认规则重置分区大小。

【卷标】：软件为每个分区都设置了默认的卷标，用户可以自行选择或更改，也可以通过单击【清空所有卷标】按钮将所有分区的卷标清空。

【主分区】：可以选择分区是主分区还是逻辑分区。通过勾选进行设置。需要说明的是，一个磁盘最多只能有4个主分区，多于4个分区时，必须设置为逻辑分区。扩展分区也是一个主分区。软件会根据用户的选择自动调整该选项的可用状态。如果选择GUID分区表，则没有逻辑分区的概念，此设置对GPT磁盘分区时无效。

【对齐分区到此扇区的整倍数】：对于某些采用了大物理扇区的硬盘，比如4KB物理扇区的西部数据"高级格式化"硬盘，其分区应该对齐到物理扇区个数的整数倍，否则读写效率会下降。此时，应该勾选"对齐到下列扇区数的整数倍"并选择需要对齐的扇区数目。

步骤 06 开始对硬盘进行快速分区和格式化操作。

步骤 07 分区完成后，即可查看分区效果。

4.4.2 手动创建分区

手动分区可以使用新建分区命令逐步创建分区，操作更具灵活性。具体操作方法如下。

步骤 01 进入DiskGenius DOS版程序界面，选择要分区的磁盘，并单击【新建分区】命令。

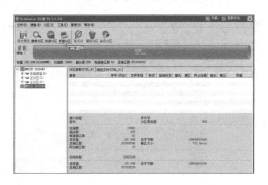

步骤 02 弹出【建立新分区】对话框，选择【主磁盘分区】单选项，选择文件系统类型为【NTFS】，输入新分区大小，并勾选【对齐到下列扇区数的整倍数】复选框，然后单击【确定】按钮。

> **小提示**
>
> 如果需要设置新分区的更多参数，可单击【详细参数】按钮，以展开对话框进行详细参数设置。

步骤 03 创建一个未格式化的分区，如下图所示。

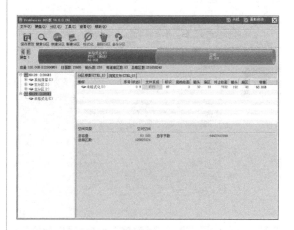

> **小提示**
>
> 新分区建立后并不会立即保存到硬盘，而是仅在内存中建立。执行"保存分区表"命令后才能在"我的电脑"中看到新分区。这样做的目的是防止因误操作造成数据破坏。要使用新分区，还需要在保存分区表后对其进行格式化。

步骤 04 选择"空闲"空间，在功能区中单击【新建分区】按钮。弹出【建立新分区】对话框，选中【扩展磁盘分区】单选项，输入分区大小，并单击【确定】按钮。

步骤 05 在硬盘中创建扩展分区，如下图所示。

小提示

扩展分区是不能够存储数据的，它用于划分逻辑分区。

步骤 06 选择扩展分区的空闲区域，单击【新建分区】按钮，弹出【建立新分区】对话框，选择【逻辑分区】单选项，选择文件系统类型为【NTFS】，输入新分区大小，并勾选【对齐到下列扇区数的整倍数】复选框，然后单击【确定】按钮。

步骤 07 逻辑分区创建完成后，即可看到创建的未格式化分区，然后单击【保存更改】按钮。

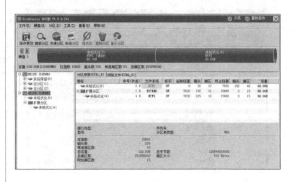

步骤 08 弹出提示信息框，单击【是】按钮。

步骤 09 弹出如下图所示提示，单击【是】按钮。

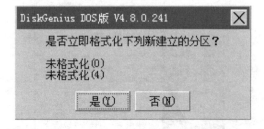

步骤 10 软件开始对建立的分区进行格式化。格式化完成即可看到分区后的效果。

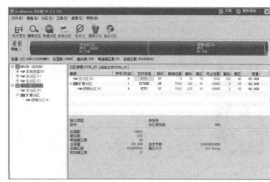

4.4.3 拆分分区

有时，我们需要把一个分区拆分成多个分区。使用DiskGenius的操作方法如下。

步骤 01 选择要拆分的区域，单击鼠标右键，在弹出的快捷菜单中，单击【建立新分区】命令。

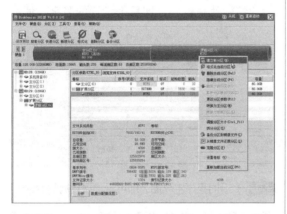

步骤 02 弹出【调整分区容量】对话框，软件会默认将原分区空闲空间的一半作为新拆分出来的分区的大小，如下图所示。

步骤 03 将鼠标放在逻辑分区和建立新分区中

间，向左或向右拖曳鼠标，可调整容量分配情况，也可以直接在文本框中输入分区前后的数据，如这里将【逻辑分区】调整为"40GB"，新分区为"20GB"，单击【开始】按钮。

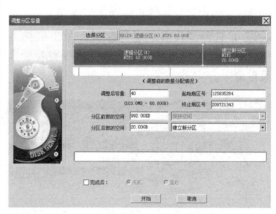

步骤 04 弹出信息提示框，单击【是】按钮。

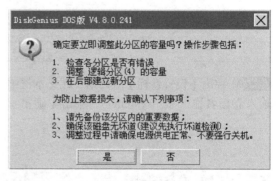

步骤 05 软件进入调整操作，调整完毕后，单击【完成】按钮。

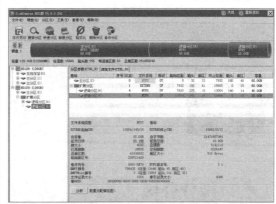

区情况。

步骤 06 返回程序主界面，即可查看拆分后的分

4.4.4 设置卷标

卷标是磁盘的一个标识，在磁盘分区时格式化生成或人为地设定。默认情况下，磁盘分区叫本地磁盘（C:）、本地磁盘（D:）等，此时叫作无卷标，如果重新设置卷标，例如改成系统（C:）、软件（D:）等，这时C的卷标就是系统，D的卷标就是软件，即后来设置的名字。使用DiskGenius设置卷标的具体操作步骤如下。

步骤 01 选择要设置的卷标区域，单击鼠标右键，在弹出的快捷菜单中，选择【设置卷标】菜单命令。

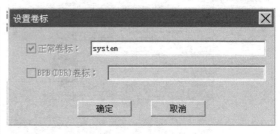

步骤 03 返回程序主界面，即可看到设置后的卷标。

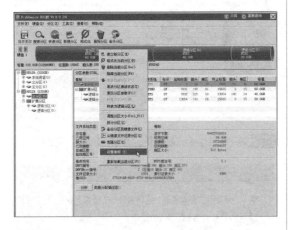

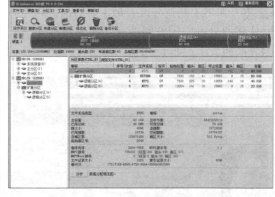

步骤 02 弹出【设置卷标】对话框，在文本框中输入卷标名称，如"system"，单击【确定】按钮。

4.4.5 格式化分区

分区建立后，必须经过格式化才能使用。另外，分区后，可以更改磁盘分区的文件系统、簇大小、卷标、扫描坏扇区等，具体操作步骤如下。

步骤 01 选择要格式化的分区，单击功能区的【格式化】按钮。

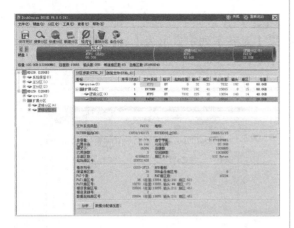

步骤 02 弹出【格式化分区】对话框，设置【文件系统】类型为"NTFS"，【簇大小】为"4096"，卷标为"work"，单击【格式化】按钮。

小提示

【扫描坏扇区】：在格式化时扫描坏扇区。要注意的是，扫描坏扇区是一项很耗时的工作。多数硬盘尤其是新硬盘不必扫描。如果在扫描过程中发现坏扇区，格式化程序会对坏扇区做标记，建立文件时将不会使用这些扇区。

【启用压缩】：对于NTFS文件系统，可以勾选"启用压缩"复选框，以启用NTFS的磁盘压缩特性。

【建立DOS系统】：如果是主分区，并且选择了FAT32/FAT16/FAT12文件系统，"建立DOS系统"复选框会成为可用状态。如果勾选它，格式化完成后程序会在这个分区中建立DOS系统。可用于启动电脑。

步骤 03 弹出如下提示框，单击【是】按钮。

步骤 04 程序即可对该分区进行格式化操作，如下图所示。

4.4.6　4K对齐检查

　　"4K对齐"是一种"高级格式化"分区方式，"高级格式化"是国际硬盘设备与材料协会为新型数据结构格式所采用的名称，主要是鉴于目前的硬盘容量不断扩展，使得早期定义的每个扇区512B不再是那么合理，于是将每个扇区512B改为每个扇区4096B，也就是常说的"4K扇区"。目前，NTFS成为了标准的硬盘文件系统，其默认分配大小（簇）是4096B，为了使簇和扇区相对应，即物理硬盘分区与计算机使用的逻辑分区对齐，保证硬盘读写速率，因此就有了"4K对齐"。

　　早期传统硬盘的每个扇区固定为512B，新标准的"4K扇区"硬盘为了保证与操作系统的兼容性，将扇区模拟成512B扇区，这时会有4K扇区和4K簇不对齐的情况，因此需要将硬盘模拟扇区对齐成"4K扇区"。"4K对齐"就是将硬盘扇区对齐到8的整数倍模拟扇区，即$512B \times 8=4096B=4KB$。

　　如4.4.1小节中，步骤5操作时，软件默认是将硬盘扇区对齐到2048个扇区的整数倍，即$512B \times 2048=1048576B=1024KB$，即1M对齐，满足4K对齐，因此，只要该值满足4096B的整数倍就是4K对齐。

用户自己查看磁盘分区是否满足4K对齐的具体操作步骤如下。

步骤 01 选择要检查的磁盘，单击菜单栏中的【工具】命令，在弹出的快捷菜单中单击【分区4KB扇区对齐检测】命令。

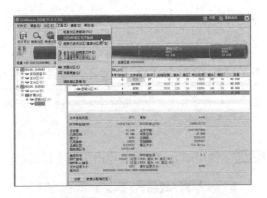

步骤 02 弹出如下对话框，显示检测结果。如果【对齐】列中显示为【Y】则对齐，显示为【N】为不对齐。如果不对齐，格式化当前分区即可。

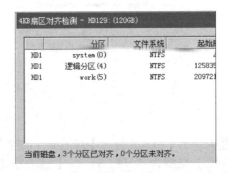

4.4.7 删除分区

如果希望对整个磁盘或某个磁盘分区进行删除操作，可以采用以下方法。

1. 删除分区

使用"删除命令"可以删除所选分区，具体操作步骤如下。

步骤 01 选择要删除的分区，单击【删除分区】按钮。

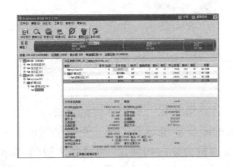

步骤 02 弹出如下提示框。在确认当前分区中没有重要文件或重要文件已备份后，单击【是】按钮，即可删除该分区。

步骤 03 返回程序主界面，即可看到显示的"空闲"区域。此时单击【保存更改】按钮，即可完成删除操作。

步骤 04 如果要撤消删除操作，则不要单击【保存更改】按钮，单击【文件】菜单下的【重新加载当前硬盘】命令，即可看到取消删除操作后的分区情况。

2. 删除所有分区

DiskGenius软件可以对当前硬盘执行一次性删除所有分区的操作，具体操作步骤如下。

步骤01 选择要删除所有分区的磁盘，单击菜单栏中的【硬盘】命令，在弹出的快捷菜单中选择【删除所有分区】命令。

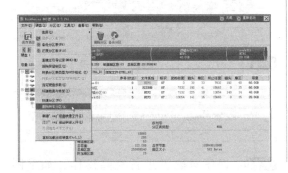

步骤02 弹出如下提示框。在确认当前磁盘没有重要文件或重要文件已备份后，单击【是】按钮，即可删除所有分区。

4.5 克隆硬盘数据

克隆硬盘，是指将一个硬盘的所有分区及分区内的文件和其他数据复制到另一个硬盘中。本节将介绍如何克隆硬盘。

步骤01 进入DiskGenius DOS版程序界面，单击【工具】菜单下的【克隆硬盘】命令。

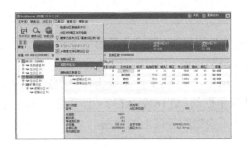

步骤02 弹出【选择源硬盘】对话框，选择要克隆的源硬盘，单击【确定】按钮。

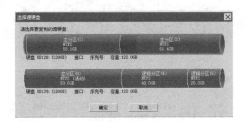

步骤03 弹出【选择目标硬盘】对话框，选择目标硬盘，单击【确定】按钮。

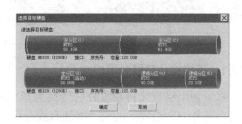

小提示

在选择目标硬盘时，目标硬盘容量要等于或大于源硬盘。

步骤04 弹出【克隆硬盘】对话框，选择【按文件系统结构原样复制】单选项，并单击【开始】按钮。

【复制所有扇区】：将源硬盘的所有扇区按从头到尾的顺序复制到目标硬盘，而不判断要复制的扇区中是否存在有效数据。此方式会复制大量的无用数据，要复制的数据量较大，因此复制速度较慢。但这是最完整的复制方式，会将源硬盘数据"不折不扣"地复制到目标硬盘。

【按文件系统结构原样复制】：按每一个源分区的数据组织结构将数据"原样"复制到目标硬盘的对应分区。复制后目标分区中的数据组织结构与源分区完全相同。复制时会排除掉无效扇区。因为只复制有效扇区，所以这种方式复制硬盘速度最快。

【按文件复制】：通过分析源硬盘中每一个分区的文件数据组织结构，将源硬盘分区中的所有文件复制到目标硬盘的对应分区。复制时会将目标分区中的文件按文件系统结构的要求重新组织。使用这种方式复制硬盘后，目标分区将没有文件碎片，复制速度也比较快。

步骤 05 弹出如下提示框，在确认目标硬盘上没有重要数据或重要数据已做好备份后，单击

【确定】按钮。

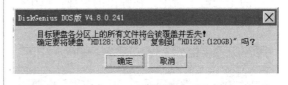

步骤 06 弹出如下提示框，单击【是】按钮。

步骤 07 程序对磁盘进行克隆操作，如下图所示。

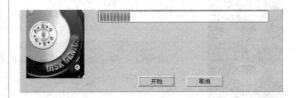

 高手支招

技巧1：不格式化转换分区格式

除了利用格式化将硬盘分区转换为指定的类型外，还可以在不格式化的前提下将分区的格式转换为另外一种格式。例如，将硬盘或分区转换为NTFS格式。

与Windows的某些早期版本中使用的FAT文件系统相比，NTFS文件系统为硬盘和分区或卷上的数据提供的性能更好，安全性更高。如果有分区使用早期的FAT16或FAT32文件系统，则可以使用convert命令将其转换为NTFS格式。转换为NTFS格式不会影响分区上的数据。

将分区转换为 NTFS 后，无法再将其转换回来。如果要在该分区上重新使用 FAT 文件系统，则需要重新格式化该分区，这样会擦除其上的所有数据。早期的某些Windows 版本无法读取本地 NTFS 分区上的数据。如果需要使用早期版本的Windows访问计算机上的分区，则不宜将其转换为 NTFS。

将硬盘或分区转换为NTFS格式的具体操作步骤如下。

步骤 01 关闭要转换的分区或逻辑驱动器上所有正在运行的程序。按【Windows+R】组合键，在弹出的运行对话框中输入"cmd"，并按【Enter】键确认。

步骤 02 在命令提示符下输入 "convert drive_letter: /fs:ntfs"，其中drive_letter是要转换的驱动器号，然后按【Enter】键。例如，输入 "convert H:/fs:ntfs"命令会将驱动器H转换为NTFS格式。

步骤 03 即刻执行命令，如下图所示。

步骤 04 当执行转换文件系统完毕后，可查看磁盘分区的文件系统类型。

另外，如果要转换的分区包含系统文件（如果要转换装有操作系统的硬盘，则会出现此种情况），则需要重新启动计算机才能进行转换。如果磁盘几乎已满，则转换过程可能会失败。如果出现错误，应删除不必要的文件或将文件备份到其他位置，以释放磁盘空间。

FAT或FAT32格式的分区无法进行压缩。对于采用这两种磁盘格式的分区，可先在命令行提示符窗口中执行 "Convert 盘符 /FS:NTFS"命令，将该分区转换为NTFS磁盘格式后再对其进行压缩。

技巧2：解决U盘无法存放4GB以上大小文件的问题

在使用U盘中，当向U盘中复制4GB以上大文件时，会提示"文件过大"，如下图所示。

出现上述情况，主要是由于U盘的分区格式采用FAT32，该格式无法存放单个4GB以上文件，而NTFS和exFAT格式则没有限制，因此只需将其转换成这两种格式之一即可，具体操作步骤如下。

步骤 01 在【此电脑】窗口中，将U盘中的重要文件备份好后，右键单击U盘，在弹出的快捷菜单中，选择【格式化】命令。

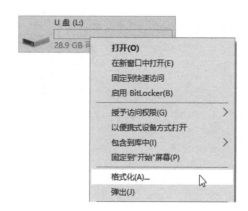

步骤 02 在弹出的【格式化U盘(L:)】界面中，选择【文件系列】列表中的【NTFS】选项，然后单击【开始】按钮。

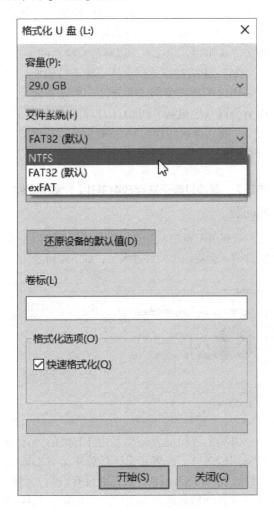

步骤 03 在弹出的提示框中，单击【确定】按钮。

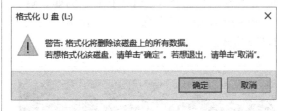

步骤 04 弹出"格式化完毕"提示框，单击【确定】按钮。

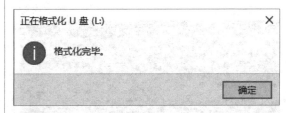

步骤 05 此时，向U盘中发送4GB以上文件即可正常复制，如下图所示。

第**5**章

电脑操作系统的安装

学习目标————

对电脑分区完成后，就可以安装操作系统了。目前，比较流行的操作系统主要有Windows 7、Windows 8.1、Windows 10、Windows Server 2008、Windows Server 2012、Mac OS以及Linux等，本章主要介绍如何安装操作系统。

学习效果————

5.1 操作系统安装前的准备

操作系统是管理电脑全部硬件资源、软件资源、数据资源，控制程序运行并为用户提供操作界面的系统软件集合。通常的操作系统具有文件管理、设备管理和存储器管理等功能。

5.1.1 认识操作系统32位和64位

在选择系统时，会发现Windows 10 32位或Windows 10 64位等，那么32和64位有什么区别呢？选择哪种系统更好呢？本节简单介绍操作系统32位和64位，以帮助读者选择合适的操作系统。

位数是用来衡量计算机性能的重要标准之一，位数在很大程度上决定着计算机内存的最大容量，文件的最大长度，数据在计算机内部的传输速度、处理速度和精度等性能指标。

1. 32位和64位区别

在选择安装系统时，x86代表32位操作系统，x64代表64位操作系统，那它们之间具体有什么区别呢？

（1）设计初衷不同。64位操作系统的设计初衷是：满足机械设计和分析、三维动画、视频编辑和创作，以及科学计算和高性能计算应用程序等领域中需要大量内存和浮点性能的客户需求。换句简明的话说就是：它们是高科技人员使用本行业特殊软件的运行平台。而32位操作系统是为普通用户设计的。

（2）要求配置不同。64位操作系统只能安装在64位电脑上(CPU必须是64位的)。同时需要安装64位常用软件以发挥64位（x64）的最佳性能。32位操作系统则可以安装在32位(32位CPU)或64位(64位CPU)电脑上。当然，32位操作系统安装在64位电脑上，其硬件恰似"大牛拉小车"，64位效能会大打折扣。

（3）运算速度不同。64位CPU GPRs(General-Purpose Registers，通用寄存器)的数据宽度为64位，64位指令集可以运行64位数据指令，也就是说处理器一次可提取64位数据(只要两个指令，一次提取8B的数据)，比32位(需要4个指令，一次提取4B的数据)提高了1倍，理论上性能会相应提升1倍。

（4）寻址能力不同。64位处理器的优势还体现在系统对内存的控制上。由于地址使用的是特殊的整数，因此一个ALU（算术逻辑运算器）和寄存器可以处理更大的整数，也就是更大的地址。比如，Windows Vista x64 Edition支持多达128 GB的内存和多达16 TB的虚拟内存，而32位CPU和操作系统最大只可支持4GB的内存。

2. 选择32位还是64位

对于如何选择32位和64位操作系统，用户可以从以下几点考虑。

（1）兼容性及内存。

与64位系统相比，32位系统普及性好，有大量的软件支持，兼容性也较强。另外，64位内存占用较大，如果无特殊要求，配置较低，建议选择32位系统。

（2）电脑内存。

目前，市面上的处理器基本都是64位处理器，完全可以满足安装64位操作系统，这点用户一般不需要考虑是否满足安装条件。由于32位最大也只支持3.25GB的内存，如果电脑安装的是4GB、8GB的内存，为了最大化利用资源，建议选择64位系统。

（3）工作需求。

如果从事机械设计和分析、三维动画、视频编辑和创作，可以发现新版本的软件仅支持64位，如Matlab，因此就需要选择64位系统。

用户可以根据上述的几点考虑，选择最适合自己计算机的操作系统。不过，随着硬件与软件快速发展，64位是未来的主流。

5.1.2 操作系统安装的方法

一般安装操作系统时，经常会涉及从光盘或使用Ghost镜像还原等方式安装操作系统。常用的安装操作系统的方式有如下几种。

1. 全新安装

全新安装就是指在硬盘中没有任何操作系统的情况下安装操作系统，在新组装的电脑中安装操作系统就属于全新安装。如果电脑中安装有操作系统，但是安装时将系统盘进行了格式化，然后重新安装操作系统，这种情况也属于全新安装。

2. 升级安装

升级安装是指用较高版本的操作系统覆盖电脑中较低版本的操作系统。该安装方式的优点是原有程序、数据以及设置都不会发生变化，硬件兼容性方面的问题也比较少。缺点是升级容易、恢复难。

3. 覆盖安装

覆盖安装与升级安装比较相似，不同之处在于升级安装是在原有操作系统的基础上使用升级版的操作系统进行升级安装，覆盖安装则是同级进行安装，即在原有操作系统的基础上用同一个版本的操作系统进行安装，这种安装方式适用于所有Windows操作系统。

4. 利用Ghost镜像安装

Ghost不仅是一个备份还原系统的工具，利用Ghost还可以把一个磁盘上的全部内容复制到另一个磁盘上，以及将一个磁盘上的全部内容复制为一个磁盘的镜像文件，可以最大限度地减少每次安装操作系统的时间。

5.2 安装Windows 10操作系统

Windows 10主要有专业版、加强版，用户根据需要选择版本后，可以根据以下的方法进行系统安装。

5.2.1 设置电脑BIOS

使用光盘或U盘安装Windows 10操作系统之前，需要将电脑的第一启动设置为光驱启动。可以通过设置BIOS，将电脑的第一启动顺序设置为光驱启动。设置电脑BIOS的具体操作步骤如下。

步骤 01 按主机箱的开机键，在首界面按【Del】键，进入BIOS设置界面。选择【BIOS功能】选项，在下方【选择启动有限顺序】列表中单击【启动优先权 #1】后面的 SCSIDIS... 按钮。

步骤 02 弹出【启动优先权 #1】对话框，在列表中选择要优先启动的介质。这里选择【TSSTcorpCDDVDW SN-208AB LA02】选项，设置DVD光驱为第一启动。

> **小提示**
>
> 如果是DVD光盘，则设置DVD光驱为第一启动；如果是U盘，则设置U盘为第一启动。选项中包含"DVD"字样，则是DVD光驱；选项中包含U盘的名称，则是U盘项。

步骤 03 设置完毕后，按【F10】键，弹出【储存并离开BIOS设定】对话框，选择【是】按钮，完成BIOS设置，此时就完成了将光驱设置为第一启动的操作，再次启动电脑时将从光驱启动。

5.2.2 启动安装程序

设置BIOS启动项之后，就可以开始使用光驱安装Windows 10操作系统。

步骤01 将Windows 10操作系统的安装光盘放入光驱中，重新启动计算机，出现"Press any key to boot from CD or DVD..."提示后，按任意键开始从光盘启动安装。

> **小提示**
>
> 如果是U盘安装介质，将U盘插入电脑USB接口，并设置U盘为第一启动后，打开电脑电源键，屏幕中出现"Start booting from USB device..."提示，并自动加载安装程序。

步骤02 开始加载Windows 10安装程序，加载进入启动界面，此时用户不需要进行任何操作。

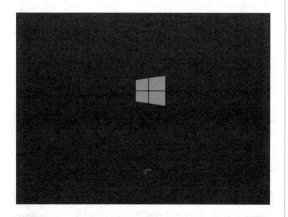

步骤03 启动完成，弹出【Windows 安装程序】界面，单击【下一步】按钮。

步骤04 显示【现在安装】按钮。如果要立即安装Windows 10，则单击【现在安装】按钮；如果要修复系统错误，则单击【修复计算机】选项。这里单击【现在安装】按钮。

步骤05 进入【激活Windows】界面，输入购买Windows 10系统时微软公司提供的密钥，单击【下一步】按钮。

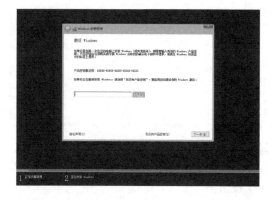

小提示

密钥一般在产品包装背面或者电子邮件中。

步骤 06 进入【许可条款】界面，单击选中【我接受许可条款】复选项，单击【下一步】按钮。

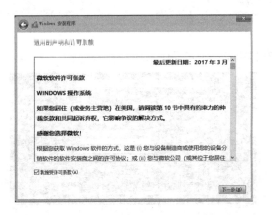

步骤 07 进入【你想执行哪种类型的安装？】界面。如果要采用升级的方式安装Windows系统，可以单击【升级】选项。这里单击【自定义：仅安装Windows（高级）】选项。

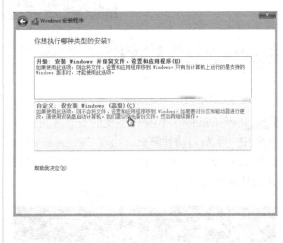

5.2.3 磁盘分区

在安装Windows 10系统的过程中通常需要选择安装位置，默认情况下系统是安装在C盘中的，当然，用户也可以自定义安装到其他盘符中。如果其他盘中有其他文件，还需要将分区格式化处理。如果是没有分区的硬盘，则首先需要将硬盘分区，然后选择操作系统要安装的盘符。

步骤 01 进入【你想将Windows安装在哪里？】界面，此时的硬盘是没有分区的新硬盘，首先要进行分区操作。如果是已经分区的硬盘，只需选择要安装的硬盘分区，单击【下一步】按钮即可。这里单击【新建】按钮。

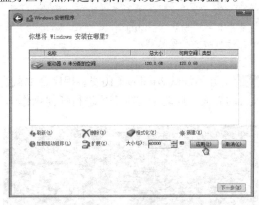

小提示

安装Windows 10操作系统时，建议系统盘容量在50GB以上。

步骤 03 打开信息提示框，提示用户"若要确保Windows的所有功能都能正常使用，Windows可能要为系统文件创建额外的分区"。这里单击【确定】按钮。

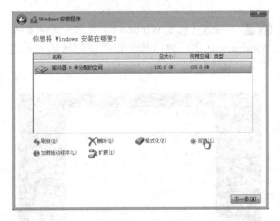

步骤 02 在下方显示用于设置分区大小的参数，在【大小】文本框中输入"60000"，单击【应用】按钮。

步骤 04 可看到新建的分区,选中需要安装系统的分区"分区 2",单击【下一步】按钮。

5.2.4 安装设置

选择系统安装位置后,就可以开始安装Windows 10系统。安装完成,还需要进行系统的设置才能进入Windows 10桌面。

步骤 01 接5.2.3小节操作,单击【下一步】按钮之后,即可打开【正在安装Windows】界面,自动开始执行复制Windows文件、准备要安装的文件、安装功能、安装更新、完成等操作。此时,用户只需等待自动安装即可。

步骤 02 安装完毕后,将弹出【Windows需要重启才能继续】界面,可以单击【立即启动】按钮或者等待系统10秒后自动重启。

步骤 03 电脑重启后,需要等待系统进一步安装设置。此时,也不需要用户执行任何操作。

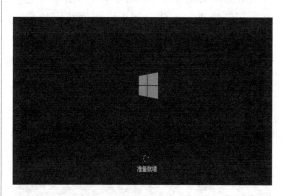

步骤 04 准备就绪后将显示【快速上手】界面,系统提示用户可进行的自定义设置。可以单击【自定义设置】按钮,了解详细信息,也可以单击【使用快速设置】按钮。这里单击【使用快速设置】按钮。

步骤 05 此时，系统会自动获取关键更新，用户不需要任何操作。打开【谁是这台电脑的所有者？】界面，选择【我拥有它】选项，并单击【下一步】按钮。

步骤 06 进入【个性化设置】界面，用户可以输入Microsoft账户，如果没有可单击【创建一个】超链接进行创建，如果没有网络可以单击【跳过此步骤】链接。这里单击【跳过此步骤】链接。

步骤 07 进入【为这台电脑创建一个账户】界面，输入要创建的用户名、密码和提示内容，单击【下一步】。

步骤 08 进入Windows 10桌面，并显示【网络】窗口，提示用户是否启用网络发现协议，单击【是】按钮。

步骤 09 完成安装后设置。至此，就完成了使用光驱安装Windows 10操作系统的操作，即可显示Windows 10系统桌面。

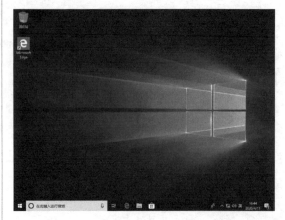

5.3 使用GHO镜像文件安装系统

　　GHO文件全称是"GHOST"文件，是Ghost工具软件的镜像文件存放扩展名。GHO文件中是使用Ghost软件备份的硬盘分区或整个硬盘的所有文件信息。

　　*.gho文件可以直接安装系统，并不需要解压，如下图为GHO文件。

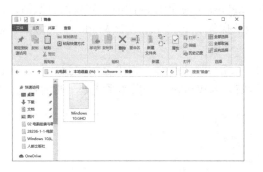

　　使用Ghost工具备份系统都会产生GHO镜像文件，除了使用Ghost恢复系统外，还可以手动安装GHO镜像文件，它在系统安装时是极为方便的，也是最为常见的安装方法。

　　如果电脑可以正常运行，我们可以使用一些安装工具，如Ghost安装器、OneKey等，它们体积小，无须安装，操作方便。下面以OneKey为例，介绍具体步骤如下。

步骤 01 下载并打开OneKey软件，在其界面中单击【打开】按钮。

步骤 02 在弹出的打开对话框中，选择GHO文件

所在的位置，选择后单击【打开】按钮。

> **小提示**
>
> 　　在GHO存放路径时，需要注意不能放在要将系统安装的盘符中，也不能放在中文命名的文件夹中，因为安装器不支持中文路径，应使用英文、拼音来命名。

步骤 03 返回OneKey界面，选择要安装的盘符，并单击【确定】按钮，系统会自动重启并安装系统，用户不需要进行任何操作。

5.4 Windows 10安装后的工作

升级或安装Windows 10操作系统后，可以查看Windows 10的激活状态，如果不希望使用Windows 10系统，还可以回退到升级前的系统。本节介绍安装Windows 10系统后的操作。

5.4.1 查看Windows 10的激活状态

升级或安装Windows 10操作系统后，可以查看Windows 10是否已经激活，如果没有激活，将影响操作系统的正常使用，需要用户根据提示进行激活操作。下面介绍查看Windows 10激活状态的具体操作步骤。

步骤 01 按【Windows+I】组合键，打开【设置】面板，单击【更新和安全】选项。

作系统的激活状态。如果显示"激活"，则表示安装的Windows 10操作系统处于激活状态。

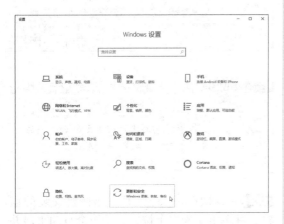

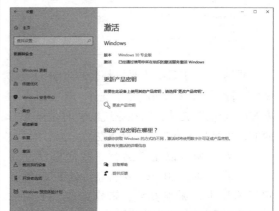

步骤 02 进入【设置-更新和安全】面板，单击【激活】选项，即可在右侧显示Windows 10操

5.4.2 查看系统的版本信息

Windows 10包含了很多版本，如创意者更新版、秋季版、四月正式版等。查看版本信号，既可以了解当前系统的版本号，也可以方便以后选择是否升级最新的版本。

步骤 01 使用桌面的【此电脑】图标或者【Windows+E】组合键进入【文件资源管理器】窗口。

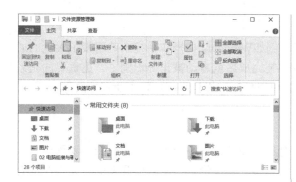

步骤 02 单击【文件】选项卡，在弹出的列表中选择【帮助】➤【关于Windows】命令。

另外，也可以在【设置】面板中查看版本号信息。打开【设置-系统】面板，单击【关于】选项卡，在右侧【Windows规格】区域即可看到版本信息。

步骤 03 弹出如下对话框，可以看到显示的当前版本为1803。

5.5 安装驱动与补丁

安装驱动程序可以使电脑正常工作，而为系统打补丁，可以防止木马病毒通过Windows的系统漏洞来攻击电脑。

5.5.1 如何获取驱动程序

驱动程序是一种可以使电脑和设备通信的特殊程序，可以说相当于硬件的接口。每一款硬件设备的版本与型号都不同，所需要的驱动程序也是各不相同的，这是针对不同版本的操作系统出现的。所以一定要根据操作系统的版本和硬件设备的型号来选择不同的驱动程序。获取驱动程序的方式通常有以下4种。

1. 操作系统自带驱动

有些操作系统中附带有大量的通用操作程序，例如Windows 10操作系统中就附带了大量的通用驱动程序，用户电脑上的许多硬件在操作系统安装完成后就自动被正确识别了，更重要的是系统自带的驱动程序都通过了微软WHQL数字认证，可以保证与操作系统不发生兼容性故障。

2. 硬件出厂自带驱动

一般来说，各种硬件设备的生产厂商都会针对自己硬件设备的特点开发专门的驱动程序，并采用光盘等形式在销售硬件设备的同时免费提供给用户。这些设备厂商直接开发的驱动程序都有较强的针对性，它们的性能比Windows附带的驱动程序更高一些。

3. 通过驱动软件下载

驱动软件是驱动程序专业管理软件，它可以自动检测电脑中安装的硬盘，并搜索相应的驱动程序，供用户下载并安装，使用驱动软件不用刻意区分硬件并搜索驱动，也不用到各个网站分别下载不同硬件的驱动，通过其中的一键安装方式便可轻松实现驱动程序的安装，十分方便。下图所示为"驱动精灵"的驱动管理界面。

4. 通过网络下载

通过网络下载获取驱动程序，是目前获取驱动最常用的方法之一。因为很多硬件厂商为了方便用户，除赠送免费的驱动程序光盘外，还把相关驱动程序放到网上，供用户下载。这些驱动程序大多是硬件厂商最新推出的升级版本，它们的性能以及稳定性都会比以前的版本更高。

5.5.2 自动安装驱动程序

自动安装驱动程序是指设备生产厂商将驱动程序做成一种可执行的安装程序，用户只需要将驱动安装盘放到电脑光驱中，双击Setup.exe程序，程序运行之后就可以安装驱动程序。这个过程基本上不需要用户进行相关的操作，是现在主流的安装方式。

5.5.3 使用驱动精灵安装驱动程序

如果电脑可以连接网络，也可以使用驱动精灵安装驱动程序。使用驱动精灵安装驱动程序的方法很简单，具体操作步骤如下。

步骤 01 下载并安装驱动精灵程序，进入程序界面后，单击【驱动程序】选项，程序会自动检查驱动程序并显示需要安装或更新的驱动，勾选要安装的驱动，单击【一键安装】按钮。

步骤 02 系统会自动下载与安装，待安装完毕后，会提示"本机驱动均已安装完成"，驱动安装后关闭软件界面即可。

5.5.4 修补系统漏洞

Windows系统漏洞问题是与时间紧密相关的。一个Windows系统从发布的那一天起，随着用户的深入使用，系统中存在的漏洞便会被不断暴露出来，这些早先被发现的漏洞也会不断被系统供应商微软公司发布的补丁软件修补，或在以后发布的新版系统中得以纠正。同时，新版系统在纠正了旧版本中具有的漏洞的同时，也会引入一些新的漏洞和错误。例如目前比较流行的ani鼠标漏洞，它是利用了Windows系统对鼠标图标处理的缺陷，由此木马作者制造畸形图标文件从而溢出，木马就可以在用户毫不知情的情况下执行恶意代码。

因而随着时间的推移，旧的系统漏洞会不断消失，新的系统漏洞会不断出现，系统漏洞问题也会长期存在，这就是为什么要及时为系统打补丁的原因。

修复系统漏洞除了可以使用Windows系统自带的Windows 更新功能外，也可以使用第三方工具修复系统漏洞，如360安全卫士、腾讯电脑管家等。

1. 使用Windows Update

Windows Update是一个基于网络的Microsoft Windows操作系统的软件更新服务，它会自动更新，确保用户的电脑更加安全且顺畅运行。用户也可以手动检查更新。

按【Windows+I】组合键打开【设置】界面，单击【更新和安全】➤【Windows更新】选项，即可检查并更新。

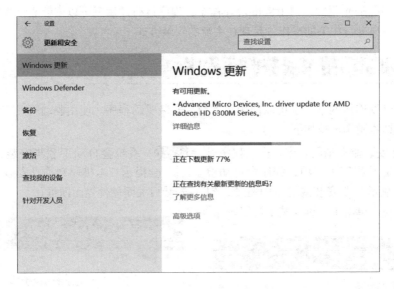

2. 使用第三方工具

360安全卫士和腾讯电脑管家使用简单，是装机必备软件，使用它们修补漏洞极其方便。下面以腾讯电脑管家为例，介绍系统漏洞修补步骤。

步骤 01 下载并安装腾讯电脑管家，启动软件，在软件主界面，单击【病毒查杀】➤【修复漏洞】选项。

步骤 03 此时，即可下载选中的漏洞补丁。

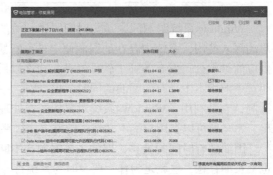

步骤 02 软件会自动扫描并显示电脑中的漏洞，勾选要修复的漏洞，单击【一键修复】按钮。

步骤 04 在系统补丁下载完毕后，即可自动进行补丁安装。在漏洞补丁安装完成后，将提示成功修复全部漏洞信息。

 高手支招

技巧1：删除Windows.old文件夹

如果重新安装系统，系统盘下会产生一个"Windows.old"文件夹，占用大量系统盘容量，无法直接删除，需要使用磁盘工具进行清除，具体步骤如下。

步骤 01 打开【此电脑】窗口，右键单击系统盘，在弹出的快捷菜单中，选择【属性】菜单命令。

步骤 02 弹出该盘的【属性】对话框，单击【常规】选项卡下的【磁盘清理】按钮。

步骤 03 系统扫描后，弹出【磁盘清理】对话框，单击【清理系统文件】按钮。

步骤 04 系统扫描后，在【要删除的文件】列表中勾选【以前的Windows安装】选项，并单击【确定】按钮，在弹出的【磁盘清理】提示框中，单击【确定】按钮，即可进行清理。

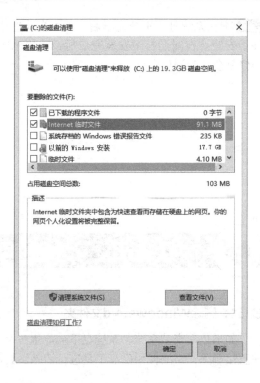

技巧2：制作U盘系统安装盘

当确认需要使用U盘安装系统时，首先必须在能正常启动的计算机上制作U盘系统安装盘。下面以UltraISO（软碟通）为例，具体介绍如何制作U盘系统安装盘。

步骤 01 下载并启动UltraISO软件后，在安装程序文件夹中双击程序图标，启动该程序，然后在工具栏中单击【文件】▶【打开】菜单命令。

步骤 02 弹出【打开ISO文件】对话框，选择要使用的ISO映像文件，单击【打开】按钮。

步骤 03 将U盘插入电脑USB接口中，单击【启动】➤【写入硬盘映像】菜单命令。

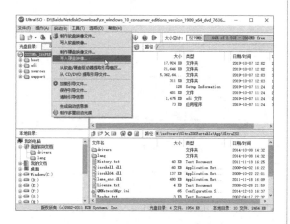

小提示

如果制作Windows 10操作系统启动盘，建议准备一个8GB以上容量的U盘。

步骤 04 弹出【写入硬盘映像】对话框，在【硬盘驱动器】下拉列表中选择要使用的U盘，保持默认的写入方式，单击【写入】按钮。

步骤 05 弹出【提示】对话框，如果确认U盘中数据已备份，单击【是】按钮。

步骤 06 UltraISO进入数据写入状态，如下图所示。

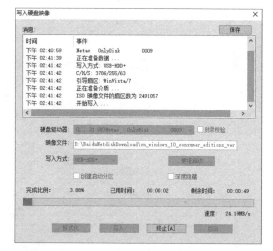

步骤 07 待消息文本框显示"刻录成功！"后，单击对话框右上角的【关闭】按钮即可完成启动U盘制作。

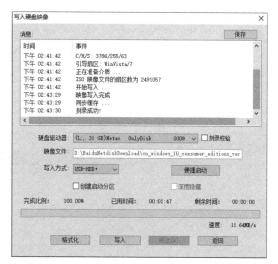

步骤 08 打开【此电脑】窗口，可以看到U盘的图标发生变化，已安装了系统，此时该U盘既

可作为启动盘安装系统，也可以在当前系统下安装写入U盘的系统。双击即可查看写入的内容。

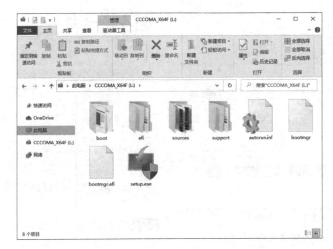

第 **6** 章

电脑性能的检测

电脑组装并调试完成后，用户可以对新买的电脑进行性能测试，如对CPU、显卡、内存等进行测试，分析电脑的性能，简单地判断电脑能否满足使用需求。本章主要介绍通过专业检测软件测试电脑性能的方法，以帮助用户了解自己的电脑。

6.1 电脑性能检测的基本方法

对电脑性能测试，一般可以通过运行常用软件，来检测电脑有没有什么问题，以简单判断电脑的性能是否满足使用需求。测试的方法主要分为游戏性能测试、播放电影测试、图片处理测试、文件复制测试、压缩测试及网络性能测试等。本节主要介绍电脑性能测试的基本方法。

1. 游戏性能测试

在电脑使用中，有不少用户是用来玩游戏的，而游戏可以说是对电脑性能的综合测试，包括对CPU、内存、显卡、主板、显示器、键盘鼠标、音箱等的测试，因此，判断电脑性能是否强劲，可以通过游戏进行测试。为了更好地测试电脑性能，可以选择一些常见的游戏进行测试，如极品飞车、使命召唤、刺客信条、孤岛危机、英雄联盟、魔兽世界等。游戏性能方面的测试主要以Fraps为主，这个软件主要用于游戏运行过程中的实时帧速测试，并可以记录测试过程中的平均、最高以及最低帧速，帮助用户考量本身配置的性能。如下图即是极品飞车的游戏画面及帧数，界面左上角测试显示30帧，通过运行和试玩游戏，观察和体验游戏的安装速度、游戏运行速度、游戏画质、游戏音质及是否有掉帧的现象。

当然，不同配置的电脑可以选择不同的游戏进行测试，配置高的可以选择一些大型游戏测试，配置低一些的可以选择中小型游戏测试。

在游戏测试时，用户可以更改显示器设置、显卡设置、BIOS设置、系统设置、游戏设置来感受不同设置条件下的表现。例如，改变显示器的亮度和对比度、改变游戏的分辨率、改变显卡的频率、改变内存的延时、改变CPU频率、改变系统硬件加速比例、改变系统缓存设置等。需要注意的是，在测试以前最好把所有的补丁程序安装齐全，改变设置测试完成以后要把设置改回来(或者改到最佳状态)。当然，有条件的用户可以与配置相近的电脑进行对比，感受电脑的性能。下图为游戏的设置界面。

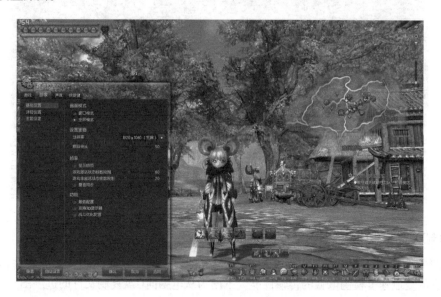

2. 视频播放测试

如今，视频的清晰度及容量都变得更高，对电脑的硬件解码能力要求更高，因此，建议选择自己常用的播放器和比较熟悉的电影，与其他电脑对比，来测试其性能。

在视频播放测试时，要注意播放有没有异常、画面的鲜艳程度、调整显示器亮度后的画面变化情况、电影画面的清晰程度等。下图是使用迅雷影音播放器测试电影的播放性能的画面。

3. 图片处理能力测试

如果要测试电脑的图片处理能力，可以使用常用的图形处理软件测试，如Photoshop、AutoCAD、3ds MAX、Dreamweaver等，通过运行这些软件，测试打开图片文件、编辑图片等测试电脑的处理速度及画面显示情况。下页图为Photoshop打开图片的画面。

4. 文件复制测试

文件复制主要用于测试系统和硬盘的传输能力，建议选择一些体积较大的文件，跨分区复制，通过它的复制速度检测电脑的传输性能。下图为从电脑向U盘复制文件的进度图。

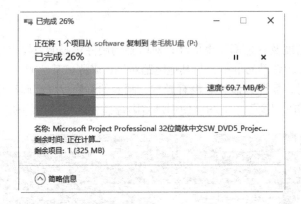

5. 网络性能测试

网络性能测试主要测试网络连接是否正常、网速连接速度等情况。用户可以通过软件或者在线测试的方法进行测试。下图为使用腾讯电脑管家进行网络性能测试的测试图。

除上述5种方法外，用户还可以使用一些专业测试软件，如鲁大师、AIDA64、3DMark等，下面具体介绍这些软件的使用方法。

6.2 电脑整机性能评测

了解了电脑性能检测和查看硬件配置信息的方法后，本节介绍使用专业软件测试电脑整机的性能及综合评分情况。

6.2.1 使用鲁大师测试

鲁大师通过算法对电脑硬件进行测试，可以一键了解处理器、显卡、内存及硬盘性能情况，并给出综合评分，是一种较为简单的测试方法。具体操作步骤如下。

步骤01 启动"鲁大师"软件，单击顶部的【性能测试】图标。

步骤02 进入"性能测试"页面，默认情况下勾选了"处理器性能""显卡性能""内存性能"及"磁盘性能"4个测试项，单击【开始评测】按钮。

步骤03 软件分别对测试项进行评估，此时需要

稍等片刻。

步骤04 在对显卡性能测试时，会进入一个动画测试场景，如下图所示，此时不需要进行任何操作。

步骤05 各项测试完毕后，即可得出电脑综合性能得分，如下页图所示。

脑的配置情况。下图即为本机的处理器排名情况。

步骤06 同时，用户还可以单击【综合性能排行榜】【处理器排行榜】及【显卡排行榜】选项卡，查看各选项的排名，以帮助自己了解电

6.2.2 使用AIDA64测试

AIDA64是一款测试软硬件系统信息的工具，它可以详细地显示PC每一个方面的信息。AIDA64不仅提供了诸如协助超频、硬件侦错、压力测试和传感器监测等多种功能，而且可以对处理器、系统内存和磁盘驱动器的性能进行全面评估。

本节以AIDA64 Extreme版为例，分别介绍检测硬件的详细信息、生成硬件报告和测试硬件。

1. 检测硬件的详细信息

使用AIDA64检测硬件详细信息的步骤如下。

步骤01 下载并安装AIDA64软件，启动该软件，对电脑设备进行扫描。

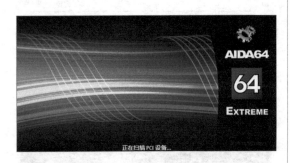

步骤02 扫描结束后，进入程序窗口，展开【计算机】选项，在子目录中选择【系统概述】选项，可以看到电脑的主要信息。

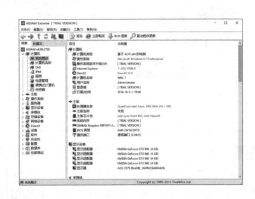

步骤03 例如，单击【传感器】子菜单，在右侧窗格中可以看到电脑的传感器、温度、冷却风扇及电压等参数信息。

步骤 04 单击【主板】下的【SPD】（配置串行探测）子菜单，在右侧窗格中可以查看内存模块、内存计时、内存模块特性等参数信息。

步骤 05 单击【存储设备】下的【Windows存储】子菜单，显示了当期电脑主机上连接的存储设备，如单击选择一个硬盘，在下方窗格即可看到硬盘的详细信息。

步骤 06 单击【逻辑驱动器】菜单，还可以查看电脑的硬盘分区情况。

步骤 07 单击【性能测试】菜单，在右侧窗格

中罗列了可测试项目，如单击【内存读取】项目。

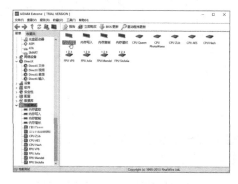

步骤 08 窗口即可弹出性能测试对话框，如下图所示。

步骤 09 测试完成后，在右侧窗格中可查看与相关型号的CPU、主板及内存的对比情况，如下图所示。

2. 生成本地硬件报告

用户可以使用AIDA64将电脑的硬件参数生成报告，并保存到电脑中，具体操作步骤如下。

步骤 01 在AIDA64界面中，单击工具栏中的【报告】按钮。

步骤02 弹出【本地报告-AIDA64】对话框，单击【下一步】按钮。

步骤03 进入【报告配置文件】界面，选择报告配置文件的内容，如这里选择"硬件相关内容"单选项，单击【下一步】按钮。

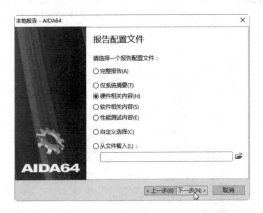

步骤04 进入【报告格式】界面，选择报告的格式，如这里选择"HTML"单选项，并单击【完成】按钮。

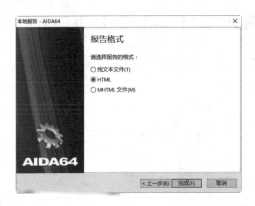

步骤05 弹出【报告-AIDA64】窗口，可以查看生成的报告文件内容。单击顶部的导航，也可以选择查看的内容。单击【保存为文件】按钮。

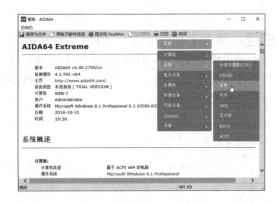

步骤06 弹出【保存报告】对话框，选择要保存的路径，并单击【保存】按钮。

步骤07 弹出【成功】信息提示框，单击【确定】按钮。

步骤 08 打开报告文件的保存位置，双击报告文件，可在浏览器中预览该报告，并可查看详细的信息。

3. 使用AIDA64测试硬件

AIDA64集合了多种测试工具，可以用来测试磁盘、内存、图形处理器、显示器等，下面介绍测试工具的使用方法。

（1）磁盘测试。

磁盘测试的具体步骤如下。

步骤 01 单击【工具】➤【磁盘测试】命令。

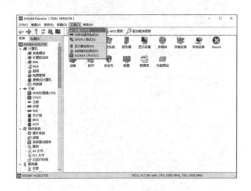

步骤 02 弹出如下图界面，选择测试的项目，如这里选择【Linera Read】(线性读取速度)，并选择测试的硬盘。

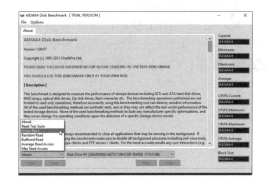

步骤 03 选择后，单击【Start】按钮。

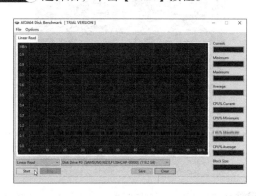

步骤 04 此时，工具开始测试硬盘的读取速度，并以曲线显示速度测试情况，右侧则显示了Current(当前)速度、Minimum（最低）速度、Maxmum（最高）速度及Average(平均)速度，如下图所示。

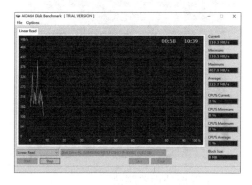

（2）内存与缓存测试。

内存与缓存测试具体步骤如下。

步骤 01 单击【工具】➤【内存与缓存测试】命令。

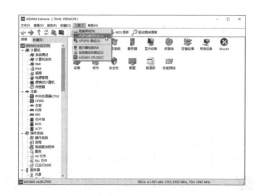

步骤 02 打开内存与缓存测试界面，单击【Start Benchmark】(开始基准)按钮。

步骤 03 测试并显示测试结果，包括显示内存及缓存的读、写、拷贝和延长的速度，如下图所示。

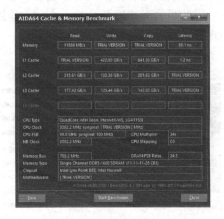

（3）图形处理器测试。

GPGPU指通用计算图形处理器，其测试具体步骤如下。

步骤 01 单击【工具】➤【GPGPU测试】命令。

步骤 02 弹出图形处理器基准窗口，默认勾选GPU和CPU复选框，单击【Start Benchmark】按钮。

步骤 03 测试并显示测试结果，包括显示GPU和CPU在内存读、写、拷贝、单精度的浮点运算、双精度的浮点运算等信息，如下图所示。

（4）显示器的检测。

显示器的检测主要测试显示器是否有坏点、色彩是否正常等，其测试具体步骤如下。

步骤 01 单击【工具】➤【显示器检测】命令。

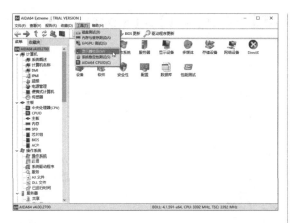

步骤 02 在显示器检测对话框单击【Select】（设置）➤【Tests for LCD Monitors】（测试液晶显示器）命令，并单击【Run Selected Tests】（运行选定的测试）按钮。

步骤 03 弹出如下测试页，用户可观察测试情况，单击【Close】按钮可停止测试。

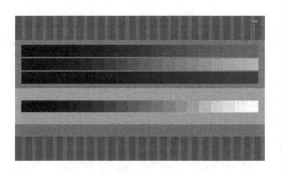

（5）系统稳定性测试。

系统稳定性测试的具体步骤如下。

步骤 01 单击【工具】➤【系统稳定性测试】

命令，打开测试程序窗口，下方有整型、浮点FPU、缓存、内存、硬盘、显卡GPU共6个测试项目，下方显示了CPU的实时状况动态图表。系统默认勾选前4项，单击【Strat】按钮。

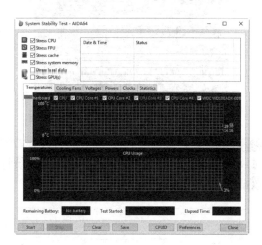

步骤 02 测试开始后，软件会给CPU 100%的负载，持续若干分钟，若CPU温度能一直稳定在一个小范围，且该温度不超过80℃，则表示电脑散热情况较佳。

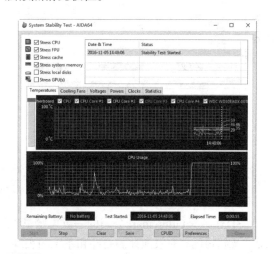

步骤 03 单击图表上方的【Clocks】选项卡，可以查看CPU实时频率记录，如能一直保持最高频率不降，表示电脑稳定性较好，因为有些机器尤其笔记本，CPU温度超过一个临界温度就会强制降频，测试完成及时点击下方的【Stop】按钮停止。

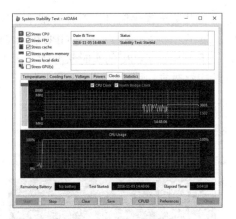

步骤04 单击【Statistics】选项卡，可以查看实时风扇转速记录、电压记录、功耗记录及统计数据等。

（6）处理器测试。
系统稳定性测试的具体步骤如下。

步骤01 单击【工具】▶【AIDA64 CPUID(C)】命令。

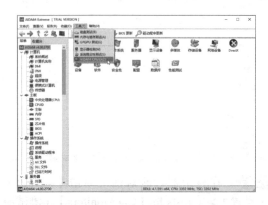

步骤02 弹出【AIDA64 CPUID】对话框，显示CPU的型号、信息处理器、高速缓存、时钟速度和制造厂商等。

6.2.3 使用3DMark测试

3DMark是Futuremark公司的一款电脑基准测试与电脑性能测试软件，可以让电脑用户、游戏玩家及超频玩家有效地评测硬件和系统的表现，具体操作步骤如下。

步骤01 启动3DMark软件，在Basic（基础版）界面，主要提供最通用的测试模式以及测试方式，包含了3种测试等级，分别为入门级(Entry，E)、性能级(Performance，P)和极限级(Extreme，X)，用户可以根据自己的电脑配置情况选择测试等级，如这里选择"Extreme"级别，并单击【运行 3DMark 11】按钮。

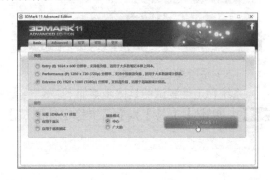

步骤 02 选择【Advanced】（高级版）选项卡，包含了众多的细节设置，可以设置测试的参数，如图形测试、物理测试、演示、分辨率、播放模式等，单击【运行Extreme】按钮即可测试。

步骤 04 测试完后后，即可查看评测分数，下图即为GTX 960测试的得分情况。如本机测试分数，其中X代表级别，分数为3347，已表明较为高端的配置分数。另外，单击【在3DMark.com上查看结果】按钮，可以在3DMark.com网上查看结果详情。

步骤 03 测试中包含4个图形测试、1个物理设置以及1个综合测试，可以全面衡量GPU和CPU的性能。其中，3DMark11的场景分为两种，分别是Deep Sea（深海）场景以及High Temple（神庙）场景，右上方图即为深海测试场景。

6.2.4 使用PCMark测试

PCMark和3DMark同属于Futuremark公司出品的测试软件，其中3DMark主要是针对PC端的图形效能来测试的，而PCMark则主要用来测试PC的综合表现。本节介绍PCMark的使用方法。

步骤 01 启动PCMark软件，在【Benchmark】（基准）页面下，默认勾选【Overall performance】（整机性能）下的【PCMark suite】(PCmark套件)复选框，其中测试项目包括视频播放与转码、图像处理、网络浏览和解密、图形、Windows Defender、导入图片和游戏7个部分，单击【Run benchmark】按钮。

步骤 02 软件运行测试基准，如下图所示。

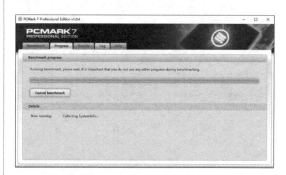

步骤 03 在测试中，首先弹出视频播放窗口，如下页图所示。

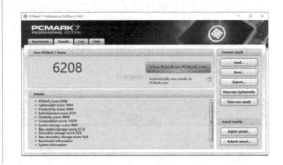

会显示最后的综合评分，如下图所示。

步骤 04 同样，测试其他项目，测试完成后，即

6.3 CPU性能测试

除对电脑整机性能评测外，用户还可以使用专门的软件对某个硬件进行测试，本节讲述使用CPU-Z对CPU的性能进行测试。CPU-Z是检测CPU使用程度最高的一款软件，可以查看CPU 名称、厂商、内核进程、内部和外部时钟、局部时钟监测等参数。

步骤 01 启动CPU-Z软件，会自动检测电脑的基本信息，在【处理器】页面中，可以查看CPU的各项参数，如下图所示。

存、二级缓存和三级缓存的大小。

步骤 03 单击【主板】选项卡，可以查看主板、BIOS及图形接口信息。

步骤 02 单击【缓存】选项卡，可以查看一级缓

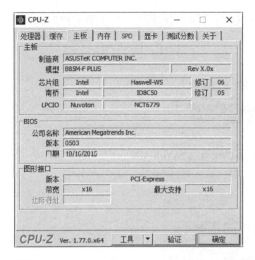

步骤 04 单击【内存】选项卡，可以查看内存的类型、通道数、大小、频率和时序等。

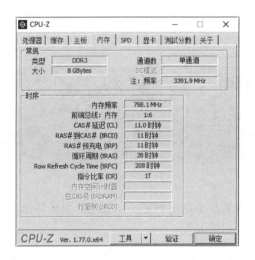

步骤 05 单击【SPD】选项卡，可以选择内存插槽，查看内存模块大小、最大带宽、制造商、型号和时序表等。

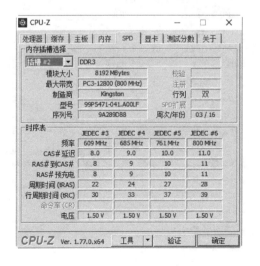

步骤 06 单击【显卡】选项卡，可以查看显卡名称、显存大小等。

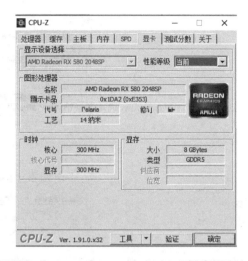

步骤 07 单击【测试分数】选项卡，单击【测试处理器分数】按钮。

步骤 08 显示处理器的分数，如下图所示。

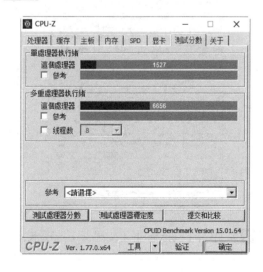

步骤 09 在【参考】项中，选择参考的CPU，可以对比处理器的得分情况，以帮助用户判断CPU的评分情况。

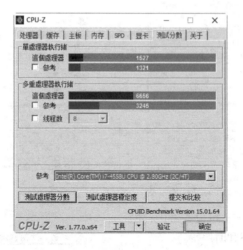

6.4 显卡性能测试

测试显卡可以了解显卡的档次，本节介绍GPU-Z的使用方法。GPU-Z是一款GPU识别工具，运行后即可显示GPU核心以及运行频率、带宽等详细参数。

 步骤 01 启动GPU-Z软件，会自动检测显卡的基本信息，在【Graphics Card】（显卡）界面，可以查看显卡名称、制作工艺、显存位宽、显存大小等信息。

以查看显卡的时钟频率、温度、风扇转速、内存使用情况等。

步骤 02 单击【Sensors】（传感器）选项卡，可

6.5 硬盘性能测试

硬盘性能测试主要用于测试硬盘的读写速度是否符合厂商的标称值、硬盘的健康状况及是否有坏道等。下面介绍两款常用的硬盘测试软件的使用方法。

6.5.1 使用HD Tune测试硬盘性能

HD Tune软件是一款经典且小巧易用的磁盘测试工具软件，主要功能有硬盘传输速率检测、健康状态检测、温度检测及磁盘表面扫描等。另外，还能检测出硬盘的固件版本、序列号、容量、缓存、大小以及当前的Ultra DMA模式等。

步骤01 启动HD Tune软件，在程序界面上方显示了当前硬盘的型号和温度，用户也可以在下拉列表选择其他硬盘。单击【基准】选项卡，单击【开始】按钮，即可对硬盘进行基准测试。

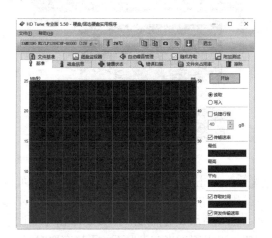

小提示

在基准测试时，请勿执行【写入】，否则将破坏硬盘的引导区。

步骤02 以动态图表的形式，显示硬盘的写入速度情况。其中，纵坐标轴表示读取速度，曲线表示读取速度变化，右侧显示测试的数值。

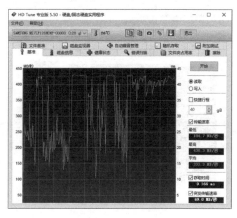

步骤03 单击【硬盘信息】选项卡，可以显示硬盘的分区信息及支持特性等。

步骤04 单击【健康状况】选项卡，可以显示检测的健康状态。在项目上单击，可以查看更加详细的参数信息，如果有健康问题，则以红色或黄色显示。

步骤 05 单击【错误扫描】选项卡，单击【开始】按钮，开始扫描硬盘的坏道情况。如果出现红色格子，表示硬盘存在坏道；如果要停止扫描，可单击【停止】按钮。

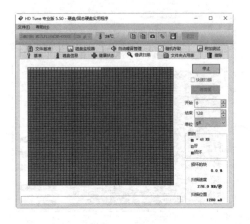

■ 小提示

在扫描硬盘坏道时，不建议使用快速扫描，否则扫描不易彻底。

步骤 06 单击【擦除】选项卡，单击【开始】按钮，可以格式化当前硬盘数据。

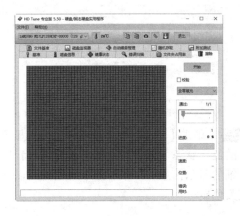

步骤 07 单击【文件基准】选项卡，可以测试硬盘在不同文件长度大小情况下的传输速率，如设置驱动器为"D："，文件长度为"500MB"，并单击【开始】按钮，即可测试。

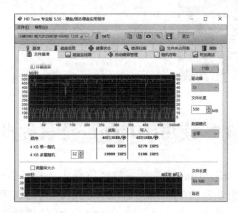

步骤 08 单击【硬盘监视器】选项卡，单击【开始】按钮，可以对硬盘的读取和写入速度进行实时监测。

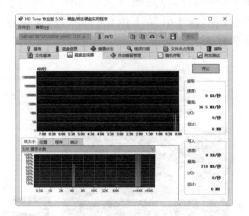

步骤 09 单击【自动噪音管理】选项卡，可以调整硬盘的噪声。用户可以勾选【启用】复选框，拖曳滑块调整性能。另外，单击【测试】按钮，可以测试当前设置下的平均存取时间。

步骤⑩ 单击【随机存取】选项卡，可以测试硬盘的真实寻道以及寻道后读/写操作的时间。每秒的操作数越高，平均存取时间越小越好。

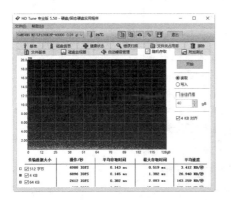

另外，如果单击【附加测试】选项卡，可以测试硬盘的各项传输性能。单击【开始】按钮，即可开始测试。

6.5.2 使用AS SSD Benchmark测试固态硬盘性能

AS SSD Benchmark是一款专门用于测试SSD固态硬盘性能的工具，可以测试连续读写、4K对齐、4KB随机读写和响应时间的表现，并给出一个综合评分。连续读写等的性能，可以评估这个固态硬盘的传输速度好与不好。

步骤① 启动AS SSD Benchmark软件，选择测试的固态硬盘及写入量，单击【Start】按钮。

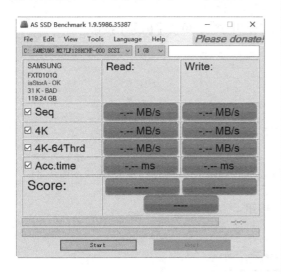

小提示

Seq（连续读写）：即持续测试，AS SSD会先以16MB的尺寸为单位，持续向受测分区写入，生成1个达到1GB大小的文件，然后再以同样的单位尺寸读取这个文件，最后计算出平均成绩，给出结果。测试完毕会立刻删除测试文件。

4K（4K单队列深度）：即随机单队列深度测试，测试软件以512KB的单位尺寸，生成1GB大小的测试文件，然后在其地址范围（LBA）内进行随机4KB单位尺寸进行写入和读取测试，直到跑遍这个范围为止，最后计算平均成绩给出结果。由于有生成步骤，本测试对硬盘会产生一共2GB的数据写入量，测试完毕之后文件会暂时保留。

4K-64Thrd（4K 64队列深度）：即随机64队列深度测试，软件会生成64个16MB大小的测试文件（共计1GB），然后以4KB的单位尺寸，同时在这64个文件中进行写入和读取，最后以平均成绩为结果，产生2GB的数据写入量。测试完毕之后会立刻删除测试的文件。

Acc.time（访问时间）：即数据存取时间测试，以4KB为单位尺寸随机读取全盘地址范围（LBA），以512B为写入单位尺寸，随机写入保留的1GB地址范围内，最后以平均成绩给出测试结果。

步骤 02 片刻后，即可看到硬盘的读写速度测试结果及评分。

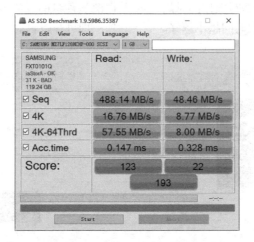

6.6 内存检测与性能测试

内存测试主要是测试内存的稳定性，检测出电脑内存的型号和容量等详细信息，帮助用户检测并判断内存是否出现问题。本节介绍MemTest检测内存。

步骤 01 启动MemTest软件，弹出提示信息框，显示了使用方法，单击【确定】按钮。

步骤 02 弹出MemTest测试窗口，单击【开始测试】按钮。

步骤 03 弹出"内存检测"提示框，可以查看可测试的内存大小，单击【确定】按钮。

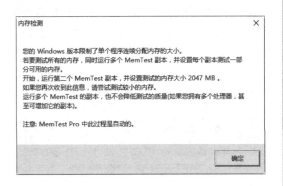

步骤 04 在窗口中，输入要测试的内存大小，并单击【开始测试】按钮。

步骤 05 弹出如下提示框，单击【确定】按钮。

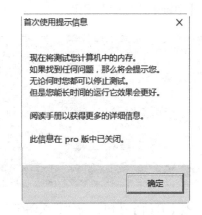

步骤 06 开始检测内存。此时，用户还可以再次运行第二个MemTest，测试另一部分内存。

高手支招

技巧：键盘的性能检测

使用软件可以测试键盘的反应基准、多键冲突、单键键程反应和多键反应等。本技巧以"键盘DIY大师"为例，介绍如何评测键盘。

步骤 01 启动键盘DIY大师软件，单击【键盘评测】按钮。

步骤 02 进入如下界面，选择要测试的项目，首先选择【单键响应速度】按钮。

步骤 03 按【开始】按钮，当"猫头图像"变红时，迅速按键盘任一键，测试单键响应速度，测量按键键程的长短和开关反应的速度。注意，个人的反应速度会影响结果。

步骤 04 进入"多键响应评测"界面，单击【开始】按钮，当"猫头"图像变红时，以最快的速度输入"QWER"，测量多键送出的效率。

步骤 05 单击【键盘无冲评测】按钮，可以对键盘进行无冲评测，测量键盘冲突的键数、接口组数、单键系统响应时间（系统收到按键的时间）、按键响应的方式（是否支持长按，还是按下常闪）。

步骤 06 进入【键盘对比测试】界面，在一台电脑上连接两个键盘，通过对比两个键盘，查看键盘之间的键程和按键响应速度、响应先后的时间间隔。

第 **7** 章

电脑网络的连接

学习目标

　　网络影响着人们的生活和工作的方式，通过上网，我们可以和万里之外的人交流信息。而上网的方式也是多种多样的，如拨号上网、ADSL宽带上网、小区宽带上网、无线上网等。这些方式带来的效果也是有差异的，用户可以根据自己的实际情况选择不同的上网方式。

学习效果

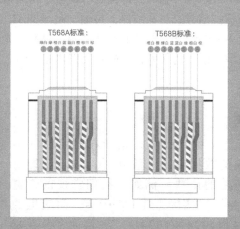

7.1 网络连接的常见名词

 在接触网络连接时，我们总会碰到许多英文缩写或不太容易理解的名词，如ADSL、5G、Wi-Fi、光纤猫等。

1. ADSL

ADSL（Asymmetric Digital Subscriber Line，非对称数字用户环路）是一种使用较为广泛的数据传输方式，它采用频分复用技术，实现了边打电话边上网的功能，并且不影响上网速率和通话质量。

2. 4G

4G（第四代移动通信技术），顾名思义，与3G都属于无线通信的范畴，但4G采用的技术和传输速度更胜一筹。第四代通信系统可以达到100Mbit/s，是3G传输速度的50倍，能给人们的沟通带来更好的效果。

3. 5G

5G是第五代移动通信技术，理论传输速度可达10Gbit/s，比4G网络传输速度快百倍，这意味着用户可以在不到1秒的时间就完成一部超高画质电影的下载。5G网络的推出，不但给用户带来超高的带宽，而且以其较低延迟的优势，将在今后广泛应用于物联网、远程驾驶、自动驾驶汽车、远程医疗手术及工业智能控制等方面。目前，我国已进行了大规模试验组网，2019年10月31日5G商用正式启动，到2020年将全面启动，届时我们将可享受高速率的5G网络。

4. 光猫

Modem俗称"猫"，即调制解调器，在网络连接中，它扮演着信号翻译员的角色，将数字信号转成模拟信号，可在线路上传输，是早期ADSL联网的必备设备。随着宽带升级，调制设备为了适应更高的带宽，推出了光Modem，也就是光调制解调器，常称为"光猫"，承担着将光信号转换成数字信号的任务，转换后我们才能上网。因此，对于安装光纤宽带的家庭，光猫是必备的设备。

5. 带宽

带宽又称为频宽，是指在固定时间内可传输的数据量，一般以bit/s表示，即每秒可传输的位数。例如，我们常说的带宽是"1M"，实际上是1Mbit/s，而这里的Mbit是指1024×1024位，转换为字节就是（1024×1024）/8=131072字节（Byte）=128Kbit/s，而128Kbit/s是指在Internet连接中，最高速率为128Kbit/s；如果是200Mbit带宽，实际下载速率就是200×128=25600Kbit/s≈25Mbit/s。

6. WLAN和Wi-Fi

常常有人把这两个名词混淆，以为是一个意思，其实二者是有区别的。WLAN（Wireless Local Area Networks，无线局域网络）是利用射频技术进行数据传输的，可弥补有线局域网的不足，达到网络延伸的目的。Wi-Fi（Wireless Fidelity，无线保真）技术是一个基于IEEE 802.11系列标准的无线网路通信技术的品牌，目的是改善基于IEEE 802.11标准的无线网络产品之间的互通性。简单来说就是，通过无线电波实现无线联网的目的。

二者的联系是Wi-Fi包含于WLAN中，只是发射的信号和覆盖的范围不同。一般Wi-Fi的覆盖半径仅90m左右，而WLAN的最大覆盖半径可达5000m。

7. IEEE 802.11

关于802.11，最为常见的有802.11b/g、802.11n等，出现在路由器、笔记本电脑中，它们都属于无线网络标准协议的范畴。目前，比较流行的WLAN协议是802.11n，是在802.11g和802.11a之上发展起来的一项技术，其最大的特点是速率提升，理论速率可达600Mbit/s，目前世界主流为300Mbit/s，可工作在2.4GHz和5GHz两个频段。802.11ac是新的WLAN协议，是在802.11n标准之上建立起来的，包括将使用802.11n的5GHz频段。802.11ac每个通道的工作频宽将由802.11n的40MHz提升到80MHz，甚至是160MHz，再加上大约10%的实际频率调制效率提升，最终理论传输速率将由802.11n最高的600Mbit/s跃升至1Gbit/s。

随着802.11ax通信标准的推出，无线速度将进一步提升。802.11ax，也称"Wi-Fi 6"，可以通过5GHz频段进行传输，是802.11ac的升级版，不仅传输速率将大大提升，而且支持更多的联网设备的接入，对于人口密集环境，如大学校园、商场、公司、体育场等的使用具有较大意义。目前，支持802.11ax的无线终端设备在不断推新，在2020年将大大规模普及，价格也将大幅度下降，覆盖手机、无线路由器、智能设备终端等。

IEEE 802.11协议	工作频段	最大传输速率
IEEE 802.11a	5GHz频段	54Mbit/s
IEEE 802.11b	2.4GHz频段	11Mbit/s
IEEE 802.11g	2.4GHz频段	54Mbit/s和108Mbit/s
IEEE 802.11n	2.4GHz或5GHz频段	600Mbit/s
IEEE 802.11ac	2.4GHz或5GHz频段	1Gbit/s
IEEE 802.11ad	2.4GHz、5GHz和60GHz频段	7Gbit/s
IEEE 802.11ax	2.4GHz或5GHz频段	10Gbit/s

7.2 电脑连接上网的方式及配置

上网的方式多种多样，主要的上网方式包括ADSL宽带上网、小区宽带上网、PLC上网等，不同的上网方式所带来的网络体验是不尽相同的。本节主要讲述有线网络的设置。

7.2.1 ADSL宽带上网

ADSL是一种数据传输方式，它采用频分复用技术把普通的电话线分成电话、上行和下行3个相对独立的信道，从而避免了相互之间的干扰。即使边打电话边上网，也不会发生上网速率和通话质量下降的情况。通常ADSL在不影响正常电话通信的情况下可以提供最高3.5Mbit/s的上行速度和最高24Mbit/s的下行速度，ADSL的速率比N-ISDN、Cable Modem的速率要快得多。

1. 开通业务

常见的宽带服务商为电信、联通和移动，申请开通宽带上网一般可以通过两条途径实现。一种是携带有效证件（个人用户携带电话机主身份证，单位用户携带公章），直接到受理ADSL业务的当地宽带服务商申请；另一种是登录当地宽带服务商推出的办理ADSL业务的网站进行在线申请。申请ADSL服务后，当地服务提供商的员工会主动上门安装ADSL Modem并做好上网设置，进而安装网络拨号程序，并设置上网客户端。ADSL的拨号软件有很多，但使用最多的还是Windows系统自带的拨号程序。

小提示

用户申请后会获得一组上网账号和密码。有的宽带服务商会提供ADSL Modem；有的则不提供，用户需要自行购买。

2. 设备的安装与设置

开通ADSL后，用户还需要连接ADSL Modem，这需要准备一根电话线和一根网线。

ADSL安装包括局端线路调整和用户端设备安装。在局端方面，由服务商将用户原有的电话线串接入ADSL局端设备。用户端的ADSL安装也非常简易方便，只要将电话线与ADSL Modem之间用一条两芯电话线连上，然后将电源线和网线插入ADSL Modem对应接口中，即可完成硬件安装，具体接入方法见下图。

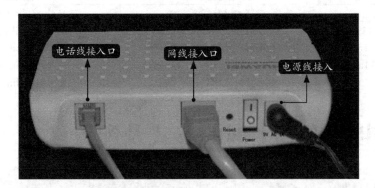

（1）将ADSL Modem的电源线插入上图右侧的接口中，另一端插到电源插座上。

（2）取一根电话线将一端插入上图左侧的插口中，另一端与室内端口相连。

（3）将网线的一端插入ADSL Modem中间的接口中，另一端与主机的网卡接口相连。

小提示

电源插座通电情况下，按下ADSL Modem的电源开关，如果开关旁边的指示灯亮，表示ADSL Modem可以正常工作。

3. 电脑端配置

电脑的设置步骤如下。

步骤01 单击状态栏的【网络】按钮，在弹出的界面选择【宽带连接】选项。

步骤02 弹出【网络和INTERNET】设置窗口，选择【拨号】选项，在右侧区域选择【宽带连接】选项，并单击【连接】按钮。

步骤03 在弹出的【登录】对话框的【用户名】和【密码】文本框中，输入服务商提供的用户名和密码，单击【确定】按钮。

步骤04 可以看到正在连接的提示，连接完成即可看到已连接的状态。

7.2.2 小区宽带上网

小区宽带一般指的是光纤到小区，也就是LAN宽带，使用大型交换机，分配网线给各户，不需要使用ADSL Modem设备，配有网卡的电脑即可连接上网。整个小区共享一根光纤。在用户不多的时候，速度非常快。这是大中城市目前较普遍的一种宽带接入方式，有多家企业提供此类宽带接入方式，如联通、电信和长城宽带等。

1. 开通业务

小区宽带上网的申请比较简单，用户只需携带自己的有效证件和本机的物理地址到负责小区宽带的服务商申请即可。

2. 设备的安装与设置

小区宽带申请开通业务后，服务商会安排工作人员上门安装。另外，不同的服务商会提供不同的上网信息，有的会提供上网的账号和密码，有的会提供IP地址、子网掩码以及DNS服务器，还有的会提供MAC地址。

3. 电脑端配置

不同的小区宽带上网方式，其设置也不尽相同。下面讲述不同小区宽带上网方式。

（1）使用账户和密码。

如果服务商提供用户名和密码，用户只需将服务商接入的网线连接到电脑上，在【登录】对话框中输入用户名和密码，即可连接上网。

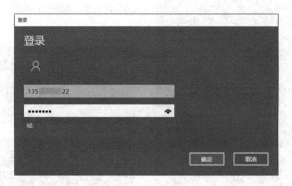

（2）使用IP地址上网。

如果服务商提供IP地址、子网掩码以及DNS服务器，用户需要在本地连接中设置Internet（TCP/IP）协议，具体步骤如下。

步骤 01 用网线将电脑的以太网接口和小区的网络接口连接起来，然后在【网络】图标上单击鼠标右键，在弹出的快捷菜单中选择【属性】命令，打开【网络和共享中心】窗口，单击【以太网】超链接。

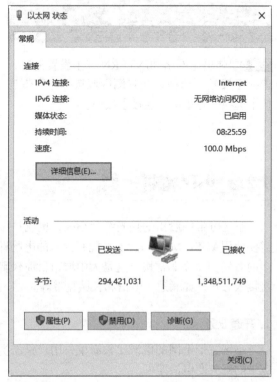

步骤 02 弹出【以太网 状态】对话框，单击【属性】按钮。

步骤 03 单击选中【Internet协议版本4（TCP/IPv4）】选项，单击【属性】按钮。

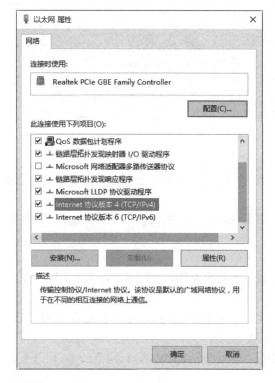

步骤 04 在弹出的对话框中，单击选中【使用下面的IP地址】单选项，然后在下面的文本框中填写服务商提供的IP地址和DNS服务器地址，再单击【确定】按钮即可连接。

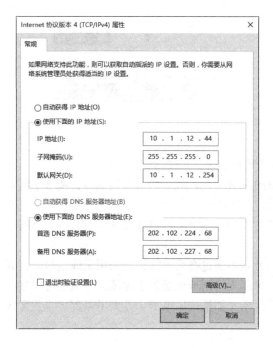

（3）使用MAC地址。

如果小区或单位提供MAC地址，用户可以按照以下步骤进行设置。

步骤 01 打开【以太网 属性】对话框，单击【配置】按钮。

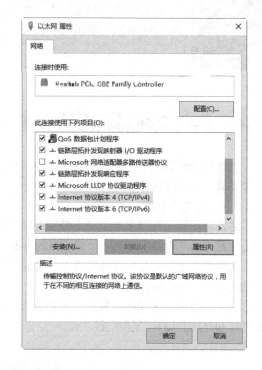

步骤 02 在弹出属性对话框中，单击【高级】选项卡，在属性列表中选择【Network Address】选项，在右侧【值】文本框中，输入12位MAC地址，单击【确定】按钮即可连接网络。

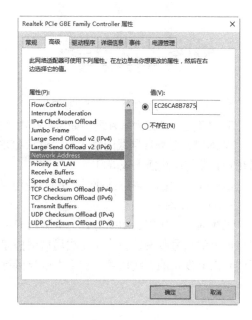

7.3 组建无线局域网攻略

随着笔记本电脑、手机、平板电脑等便携式电子设备的日益普及和发展，有线连接已不能满足工作和生活需要。无线局域网不需要布置网线就可以将几台设备连接在一起。无线局域网以高速的传输能力、方便性及灵活性，得到广泛应用。组建无线局域网的具体操作步骤如下。

7.3.1 组建无线局域网的准备

无线局域网目前应用最多的是无线电波传播，覆盖范围广，应用也较广泛。在组建中最重要的设备就是无线路由器和无线网卡。

（1）无线路由器。

路由器是用于连接多个逻辑上分开的网络的设备，简单来说就是，用来连接多个电脑实现共同上网且将这些电脑连接为一个局域网的设备。

无线路由器是指带有无线覆盖功能的路由器，主要应用于无线上网，也可将宽带网络信号转发给周围的无线设备使用，如笔记本电脑、手机、平板电脑等。

如下图所示，无线路由器的背面由若干端口构成，通常包括1个WAN口、4个LAN口、1个电源接口和1个RESET（复位）键。

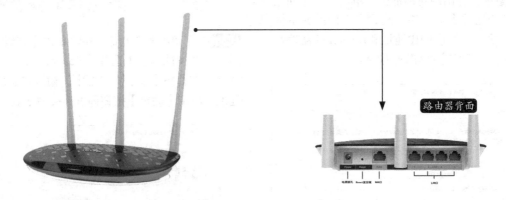

电源接口，是路由器连接电源的插口。

RESET键，又称为重置键。如需将路由器重置为出厂设置，可长按该键恢复。

WAN口，是外部网线的接入口，将从ADSL Modem连出的网线直接插入该端口，或者小区宽带用户直接将网线插入该端口。

LAN口，为用来连接局域网的端口。使用网线将端口与电脑网络端口互联，即可实现电脑上网。

（2）无线网卡。

无线网卡的作用、功能与普通电脑网卡一样，就是不通过有线连接，而采用无线信号连接到局域网上的信号收发装备。在无线局域网搭建时，采用无线网卡就是为了保证台式电脑可以接收无线路由器发送的无线信号，如果电脑自带有无线网卡（如笔记本电脑），则不需要再添置无线网卡。

目前，无线网卡较为常用的是PCI和USB接口两种，如下图所示。

PCI接口无线网卡主要适用于台式电脑，将该网卡插入主板上的网卡槽内即可。PCI接口的网卡信号接收和传输范围广，传输速度快，使用寿命长，稳定性好。

USB接口无线网卡适用于台式电脑和笔记本电脑，即插即用，使用方便，价格便宜。

在选择上，如果考虑到便捷性，可以选择USB接口的无线网卡；如果考虑到使用效果和稳定性、使用寿命等，建议选择PCI接口无线网卡。

（3）网线。

网线是连接局域网的重要传输媒介，在局域网中常见的网线有双绞线、同轴电缆、光缆三种，其中使用最为广泛的是双绞线。

双绞线是由一对或多对绝缘铜导线组成的，为了减少信号传输中串扰及电磁干扰影响的程度，通常将这些线按一定的密度互相缠绕在一起。双绞线可传输模拟信号和数字信号，价格便宜，并且安装简单，所以得到广泛的使用。另外，在选择网线时有超五类网线、六类网线、七类网线，对于日常家用或办公，建议选择六类千兆网线，足以满足需求。

一般使用方法就是与RJ45水晶头相连，然后接入电脑、路由器、交换机等设备中的RJ45接口。

小提示

RJ45接口也就是我们说的网卡接口，常见的RJ45接口有两类：用于以太网网卡、路由器以太网接口等的DTE类型，用于交换机等的DCE类型。DTE可以称作"数据终端设备"，DCE可以称作"数据通信设备"。从某种意义来说，DTE设备是"主动通信设备"，DCE设备是"被动通信设备"。

通常，判定双绞线是否通路主要使用万用表和网线测试仪测试，其中使用网线测试仪是最方便、最普遍的方法。

双绞线的测试，是将网线两端的水晶头分别插入主机和分机的RJ45接口，然后将开关调节到

"ON"位置（"ON"为快速测试，"S"为慢速测试，一般使用快速测试即可），观察亮灯的顺序。如果主机和分机的指示灯1~8逐个对应闪亮，则表明网线正常。

7.3.2 制作标准网线

将绝缘皮剥掉后，可以看到有8根导线，两两顺时针缠绕，4根颜色较深的为橙色、蓝色、绿色和棕色，与之缠绕的白色线，为对应的白橙、白蓝、白绿和白棕，如下图所示。在制作网线时，8种颜色如何排序也有一定的标准，本节主要介绍如何制作标准网线。

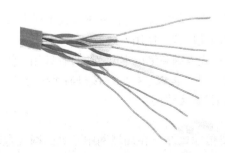

网线的布局标准规定了两种双绞线的线序T568A和T568B，其线序如下表所示。

线序	1	2	3	4	5	6	7	8
T568A	白绿	绿	白橙	蓝	白蓝	橙	白棕	棕
T568B	白橙	橙	白绿	蓝	白蓝	绿	白棕	棕

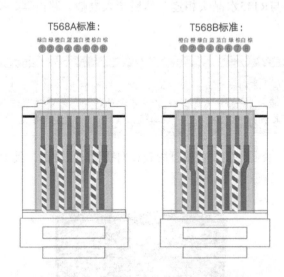

根据网线的制作分类，网线分为交叉网线和直连网线。交叉网线是一端遵循T568A标准，另一端遵循T568B标准；直连网线两端都遵循T568A标准或遵循T568B标准。交叉网线和直连网线的连接情况如下表所示。

采用线型	直连网线				交叉网线				
设备A	计算机	计算机	集线器	交换机	电脑1	集线器1	集线器	交换机1	路由器1
设备B	集线器	交换机	路由器	路由器	电脑2	集线器2	交换机	交换机2	路由器2

制作一根标准网线的具体步骤如下。

步骤 01 准备好网线、网线钳和水晶头后，将网线放入网线钳的剥线孔中，剥线长度建议控制在1.5~2.5cm，不宜过短或过长，过短会影响排线，过长则浪费。慢慢转动网线和网线钳，将网线的绝缘皮割开。

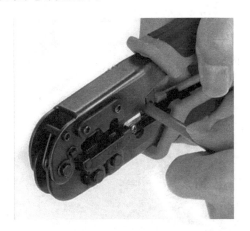

小提示

一般左手拿网线，右侧握网线钳。在转动网线钳时应注意力度，过轻不易割断绝缘皮，过重则易割断网线。

步骤 02 确定好是采用T568A还是T568B标准的排序，然后对8根金属线进行排线，并将过长或参差不齐的导线剪整齐，一般建议保留1~1.5cm。

小提示

在剪线时，要干脆果断，避免剪失败。另外，要注意安全。

步骤 03 剪线完成后，左手捏住导线，确保排序正确。右手拿起准备后的水晶头。将正面朝向自己（有金属导片的一面），将网线慢慢放入水晶头内，并确保每根导线对应一个根脚，用力推导线，直至接触到水晶头末端。将有水晶头的一端放到网头压槽，注意一定要把水晶头放置到位（钳子的突出压片会正好对准每个铜片位置），然后右手压握网线钳，听到"咔"一声即表示卡口已经压接下去，前面的铜片也会同时压接下去。

步骤 04 压线完成后，慢慢退出水晶头，检查是否压制好。然后根据上述方法压制另一端即可。

7.3.3 使用测线仪测试网线是否通路

判定双绞线是否通路，主要使用万用表、网线测试仪测试，也可以连接电脑进行测试，其中使用网线测试仪是最方便、最普遍的方法。

打开测试仪的电源开关，将网线两端的水晶头分别插入主测试仪和远程分机的RJ45接口，然后将开关调节到"ON"位置（"ON"为快速测试，"S"为慢速测试，一般使用快速测试即可，

"M"为手动挡），观察亮灯的顺序。

1. 交叉网线的测试

如果主测试仪和远程分机的指示灯按照1-3、2-6、3-1、4-4、5-5、6-2、7-7、8-8、G-G顺序逐个闪亮，则表明网线正常。

2. 直连网线的测试

如果主测试仪和远程分机指示灯从1至G顺序逐个闪亮，则表明网线正常。

RJ45接口

RJ45接口

主机　　　　　　　　远程分机

在以下情况时，表示接线不正常。

（1）当有一根网线断路，如2号线，则主测试仪和远程分机的3号指示灯都不亮。

（2）当有几根线不通，则几根线都不亮。如果网线少于两根连通时，指示灯都不亮。

（3）当有两根网线短路时，则主测试仪指示灯不亮，而远程分机显示短路的两根线的指示灯微亮；若有3根以上网线短路，则所有短路的网线对应的指示灯都不亮。

（4）当两头网线乱序，例如2号和4号线，则主测试仪和远程分机指示灯显示顺序如下。

主测试仪不变：1-2-3-4-5-6-7-8-G。

远程分机变为：1-4-3-2-5-6-7-8-G。

7.3.4 组建无线局域网

随着笔记本电脑、手机、平板电脑等便携式电子设备的日益普及和发展，有线连接已不能满足工作和家庭需要，无线局域网不需要布置网线就可以将几台设备连接在一起。无线局域网以高速的传输能力、方便性及灵活性，得到广泛应用。组建无线局域网的具体操作步骤如下。

1. 硬件搭建

在组建无线局域网之前，要将硬件设备搭建好。

首先，通过网线将电脑与路由器相连接，将网线一端接入电脑主机后的网孔内，另一端接入路由器的任意一个LAN口内。

其次，通过网线将ADSL Modem与路由器相连接，将网线一端接入ADSL Modem的LAN口，另一端接入路由器的WAN口内。

最后，将路由器自带的电源插头连接电源。此时即完成了硬件搭建工作。

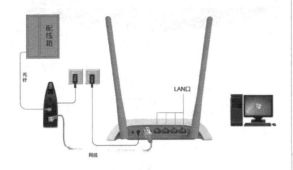

小提示

如果电脑支持无线功能或希望使用手机配置网络，只需执行上面的前两步连接工作即可，不需要使用网线再连接路由器和电脑。

2. 路由器设置

路由器设置主要指在电脑或便携设备端，为路由器配置上网账号、设置无线网络名称、密码等信息。

（1）将路由器与电脑连通。

如果电脑支持无线网络，可以采用以下的方法连接路由器，不需要连接网线即可配置。

步骤01 确保电脑的无线网络功能开启，单击任务栏中的 ，在弹出的列表中选择要接入路由器的网络，并单击【连接】按钮。

小提示

一般新路由器或恢复出厂设置的路由器，在接入电源后，无线网初始状态都是无密码开放的，可以方便用户接入并设置网络。

另外，在无线网列表中，如果显示有"开放"字样的网络名称，表示没有密码，但应谨慎连接；如果显示有"安全"字样的网络名称，表示网络加密，需要输入密码才能访问。

步骤02 网络连接成功后，即表示电脑或无线设备已经接入路由器中。

如果电脑是台式机，只需使用网线将电脑和路由器连接即可，然后进入下面操作步骤。

（2）设置路由器。

步骤01 将电脑接入路由器后，打开IE 浏览器，输入路由器的后台管理地址"192.168.3.1"，按【Enter】键打开路由器的登录窗口，单击【马上体验】按钮。

不同路由器的配置地址不同，可以在路由器的背面或说明书中找到对应的配置地址、用户名和密码。部分路由器输入配置地址后，弹出对话框，要求输入用户名和密码，此时，可以在路由器的背面或说明书中找到，输入即可。

另外，用户名和密码可以在路由器设置界面的【系统工具】➤【修改登录口令】中设置。如果忘记，可以在路由器开启的状态下，长按【RESET】键恢复出厂设置，登录账户名和密码恢复为原始密码。

步骤 02 进入设置向导页面，选择上网方式，一般路由器会根据所处的上网环境，推荐上网方式，如这里选择【拨号上网】，并在下方文本框中输入宽带账号和密码，单击【下一步】按钮。

拨号上网，也称PPPoe，是一种上网协议，如常见的联通、电信、移动等都属于拨号上网，运营商会提供用户名和密码，输入即可；自动获取IP，也称动态IP，每连接一次网络，就会自动分配一个IP地址，在设置时，无须输入任何内容；静态IP，也称固定IP上网，运营商会给一个固定IP，设置时，用户输入IP地址和子网掩码；Wi-Fi中继，也称无线中继模式，即是无线AP在网络连接中起到中继的作用，能实现信号的中继和放大，从而延伸无线网络的覆盖范围，在设置时，连接Wi-Fi网络，输入无线网密码即可。

步骤 03 进入Wi-Fi设置页面，设置无线网名称和密码，单击【下一步】按钮。

目前大部分路由器支持双频模式，可以同时工作在2.4GHz和5.0GHz频段的无线路由器，用户可以设置两个频段的无线网络。

步骤 04 选择【Wi-Fi功率模式】，这里默认选择【Wi-Fi穿墙模式】，单击【下一步】按钮。

步骤 05 配置完成后，会自动重启路由器生效。

至此，路由器无线网络配置完成。

7.3.5 将电脑接入 Wi-Fi

无线网络开启并设置成功后，其他电脑需要搜索设置的无线网络名称，然后输入密码，连接该网络即可。一般笔记本电脑具有无线接入功能，但是大部分台式电脑没有无线网络功能，要接入无线网，需要购买无线网卡，一般价格在几十元，即可实现台式电脑无线上网。本节介绍如何将电脑接入无线网，具体的操作步骤如下。

步骤 01 打开电脑的WLAN功能，单击任务栏中的■按钮，在弹出的可连接无线网列表中，选择要连接的无线网名称，并单击【连接】按钮。

步骤 02 在弹出的【输入网络安全密钥】文本框中输入设置的无线网密码，单击【下一步】按钮。

步骤 03 此时，电脑会尝试连接该网络，并对密码进行验证，如下图所示。

步骤 04 若显示"已连接"，则表示已连接成功，此时可以打开网页或软件，进行联网测试。

7.3.6 将手机接入 Wi-Fi

无线局域网配置完成后，用户可以将手机接入Wi-Fi，从而实现无线上网。手机接入Wi-Fi的操作步骤如下。

步骤01 在手机中，打开WLAN列表，单击选择要连接的无线网络名称。

步骤02 在弹出【密码】对话框中，输入网络密码，并单击【连接】按钮即可连接。

7.4 组建有线局域网攻略

通过将多台电脑和路由器连接起来，组建一个小的局域网，可以实现多台电脑同时共享上网。本节以组建有线局域网为例，介绍多台电脑同时上网的方法。

7.4.1 组建有线局域网的准备

组建有线局域网和无线局域网最大的差别是无线信号收发设备，组建有线局域网的主要设备是交换机或路由器。下面介绍组建有线局域网所需的设备。

（1）交换机。

交换机是用于电信号转发的设备，可以简单地理解为把若干台电脑连接在一起组成一个局域网。一般情况下，家庭、办公室常用的交换机属于局域网交换机，小区、一幢大楼等使用的多为企业级的以太网交换机。

如上图所示，交换机和路由器外观并无太大差异，路由器上有单独一个WAN口，而交换机上全部是LAN口。另外，路由器一般只有4个LAN口，而交换机上有4～32个LAN口，其实这只是外观的对比，二者在本质上是有明显区别的。

① 交换机是通过一根网线上网，如果几台电脑上网，是分别拨号，各自使用自己的带宽，互不影响。而路由器自带了虚拟拨号功能，是几台电脑通过一个路由器、一个宽带账号上网，几台电脑之间上网相互影响。

② 交换机工作是在中继层（数据链路层），是利用MAC地址寻找转发数据的目的地址，MAC地址是硬件自带的，是不可更改的，工作原理相对比较简单；而路由器工作是在网络层（第三层），是利用IP地址寻找转发数据的目的地址，可以获取更多的协议信息，以做出更多的转发决策。通俗地讲，交换机的工作方式相当于要找一个人，知道这个人的电话号码（类似于MAC地址），于是通过拨打电话与这个人建立连接；而路由器的工作方式是，知道这个人的具体住址××省××市××区××街道××号××单元××户（类似于IP地址），然后根据这个地址，确定最佳的到达路径，然后到这个地方找到这个人。

③ 交换机负责配送网络，而路由器负责入网。交换机可以使连接它的多台电脑组建成局域网，但是不能自动识别数据包发送和到达地址的功能，而路由器则为这些数据包发送和到达的地址指明方向和进行分配。简单说就是，交换机负责开门，路由器负责给用户找路上网。

④ 路由器具有防火墙功能，不传送不支持路由协议的数据包和未知目标网络的数据包，仅支持转发特定地址的数据包，可以防止网络风暴。

⑤ 路由器也是交换机，如果要使用路由器的交换机功能，把宽带线插到LAN口上，把WAN空置起来即可。

（2）路由器。

组建有线局域网时，可不必要求为无线路由器，一般路由器即可使用，主要差别就是无线路由器带有无线信号收发功能，但价格较贵。

7.4.2 组建有线局域网

在日常生活和工作中，组建有线局域网的常用方法是使用路由器搭建和交换机搭建，也可以使用双网卡网络共享的方法搭建。本节主要介绍使用路由器组建有线局域网的方法。

使用路由器组建有线局域网，其中硬件搭建和路由器设置与组件无线局域网基本一致，如果电脑数量比较多，可以接入交换机，如下图连接方式。

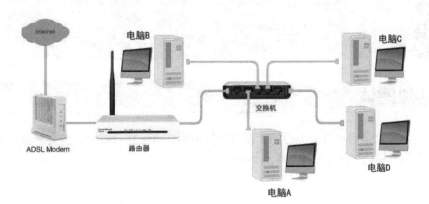

　　如果一台交换机和路由器的接口还不能够满足电脑的使用，可以在交换机中接出一根线，连接到第二台交换机，利用第二台交换机的其余接口，连接其他电脑接口。以此类推，根据电脑数量增加交换机的布控。

　　路由器端的设置和无线网的设置方法一样，这里就不再赘述。为了避免所有电脑不在一个IP区域段中，可以执行下面操作，以确保所有电脑之间的连接。

步骤01 在【网络】图标上单击鼠标右键，在弹出的快捷菜单中选择【打开网络和共享中心】命令，打开【网络和共享中心】窗口，单击【以太网】超链接。

步骤02 弹出【以太网状态】对话框，单击【属性】按钮，在弹出的对话框列表中选择【Internet协议版本4（TCP/IPv4）】选项，并单击【属性】按钮。在弹出的对话框中，单击选中【自动获得IP地址】和【自动获得DNS服

务器地址】单选项，然后单击【确定】按钮即可。

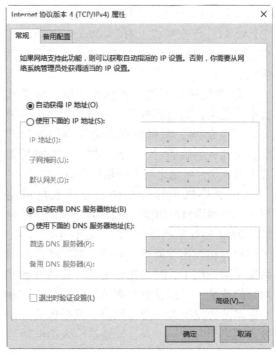

7.5　管理无线网

　　局域网搭建完成后，如网速情况、无线网密码和名称、带宽控制等都可能需要进行管理，以满足企业的使用。本节主要介绍一些常用的局域网管理内容。

7.5.1　网速测试

　　网速的快慢一直是用户较为关心的，在日常使用中，可以自行对带宽进行测试。本节主要介绍如何使用电脑管家的"测试网速"工具进行测试。

步骤 01 打开电脑管家，单击主界面上的【工具箱】➤【测试网速】图标。

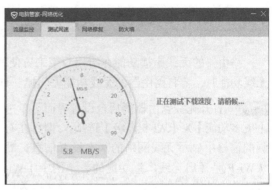

步骤 03 测试完毕后，软件会显示网络的接入速度。用户还可以依次测试长途网络速度、网页打开速度等。

小提示

如果软件主界面上无该图标，可单击【更多】超链接，进入【全部工具】界面下载。

步骤 02 打开【电脑管家-网络优化】窗口，软件自动进行宽带测速，如右上图所示。

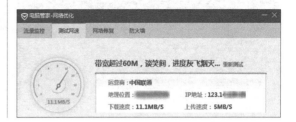

小提示

如果个别宽带服务商采用域名劫持、下载缓存等技术方法，测试值可能高于实际网速。

7.5.2 修改Wi-Fi名称和密码

Wi-Fi的名称通常是指路由器当中SSID号的名称，该名称可以根据用户自己的需要进行修改，具体的操作步骤如下。

步骤 01 打开路由器的后台设置界面，单击【我的Wi-Fi】图标选项。

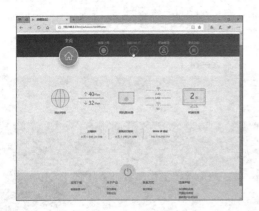

步骤 02 在Wi-Fi名称文本框中输入新的名称，在Wi-Fi密码文本框中输入要设置的密码，单击

【保存】按钮即可保存。此时，会重启路由器。

小提示

用户也可以单独设置名称或密码。

7.5.3 防蹭网设置：关闭无线广播

路由器的无线广播功能在给用户带来方便的同时，也给用户带来了安全隐患，因此，在不用无线功能时，要将路由器的无线功能关闭掉。具体的操作步骤如下。

步骤01 打开无线路由器的后台设置界面，单击【更多功能】➤【Wi-Fi高级】选项，即可在右侧的窗格中显示无线网络的基本设置信息，默认Wi-Fi是开启无线广播功能的，下图中【Wi-Fi隐身】功能是默认关闭的，也表示开启着广播功能。

步骤02 将每个频段的【Wi-Fi隐身】功能设置为【开启】，并单击【保存】按钮，即可生效。

▌**小提示**

部分路由器默认勾选"开启SSID广播"，撤销勾选即可。

1. 使用电脑连接

使用电脑连接关闭无线广播后的网络，具体操作步骤如下。

步骤01 单击电脑任务栏中的█按钮，在弹出识别的无线网络列表中，选择【隐藏的网络】名称，并单击显示的【连接】按钮。

步骤02 输入网络的名称，并单击【下一步】按钮。

步骤 03 在弹出的提示框中，单击【是】按钮。

步骤 04 连接成功后，会显示"已连接"，如下图所示。

2. 使用手机连接

使用手机与电脑的连接方法基本相同，也是输入网络名称和密码进行连接，具体操作步骤如下。

步骤 01 打开手机WLAN功能，在识别的无线网列表中，单击【其他...】选项。

步骤 02 进入【手动添加网络】页面，输入网络名称，并将【安全性】设置为"WPA/WPA2 PSK"，然后输入网络密码，单击右上角的 ✓ 按钮即可添加。

7.5.4 控制上网设备的上网速度

在局域网中所有的终端设备都是通过路由器上网的，为了更好地管理各个终端设备的上网情况，管理员可以通过路由器控制上网设备的上网速度，具体的操作步骤如下。

步骤01 打开路由器的后台设置界面，单击【终端管理】图标，在要控制上网设备的后方，将【网络限速】按钮设置为"开"。

步骤02 单击【编辑】按钮，在限速调整框中输入限速数值。

步骤03 设置完成后，可看到限速的情况，如下图所示。

如果要关闭限速，将【网络限速】开关设置为即可。

7.6 电脑与手机的网络共享

无线网络已成为人们生活、工作中必不可少的一部分，在没有路由器的情况下，可以通过电脑或手机快速创建一个无线热点分享给他人，也可以解决自己的电脑或手机不能上网的燃眉之急。下面介绍如何实现电脑与手机、手机与手机之间的网络共享。

7.6.1 将电脑变成一个Wi-Fi热点

如果电脑可以正常实现有线上网，且支持连接无线网络功能，则可以借助第三方软件创建一个Wi-Fi热点，分享给其他无线终端使用，如手机、平板电脑等，具体操作步骤如下。

步骤 01 打开360安全卫士，进入【功能大全】界面，单击【我的工具】区域下的【免费WiFi】图标，如果电脑中没有安装该工具，首次使用会自动安装。

步骤 02 打开360免费Wi-Fi工作界面，即可在【WiFi信息】页面看到默认的名称和密码。

步骤 03 用户可以根据需要设置名称和密码，修改后，单击【保存】按钮完成设置。

步骤 04 打开手机的WLAN搜索功能，可以看到搜索出来的Wi-Fi名称，如这里是"360ceshi"。

步骤 05 在打开的Wi-Fi连接界面，输入密码，并单击【连接】按钮。

步骤 06 连接成功后，在【360 免费WiFi】的工作界面中选择【已经连接的手机】选项卡，则可以在打开的界面中查看通过此电脑上网的手机信息。手机就可以通过电脑发射出来的Wi-Fi信号进行上网了。

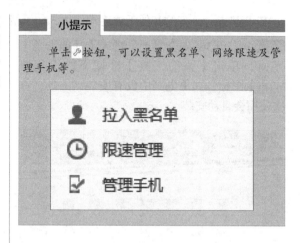

小提示

单击 🔧 按钮，可以设置黑名单、网络限速及管理手机等。

7.6.2 将手机变成一个Wi-Fi热点

无论是iPhone，还是华为、小米、OPPO等手机，均支持"个人热点"功能，可以将自己手机的4G/5G网络创建一个便携的WLAN热点，供其他手机、电脑等无线智能设备接入。不过需要注意的是，如果自己的手机上网流量有限，则不要在该网络下下载大型文件或观看电影等。

步骤 01 打开手机的设置界面，单击【个人热点】选项。

步骤 03 设置WLAN热点，可以设置网络名称、安全性、密码及AP频段等，设置完成后，单击 ✓ 按钮。

步骤 02 将【便携式WLAN热点】功能开启，并单击【设置WLAN热点】选项。

步骤 04 返回电脑界面，单击右下角的无线连接图标，在打开的界面中显示有电脑自动搜索的无线设备和信号，这里可以看到手机的无线网络信息"pceshi"，选择该网络并单击【连接】按钮。

步骤 05 输入网络密码，并单击【下一步】按钮。

步骤 06 连接成功后，即显示"已连接"信息。

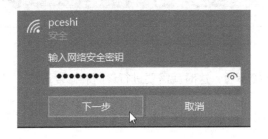

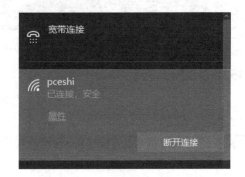

7.6.3 将4G/5G数据流量共享给台式电脑

如果电脑不支持无线功能，则不能通过上传的办法，将手机的数据流量共享给电脑上网，此时可以通过手机数据线将手机与电脑相连，通过USB连接，实现移动数据流量共享给台式电脑上网。具体操作步骤如下。

步骤 01 使用手机数据线，将手机和电脑相连。在设置之前，可以看到当前网络状态为"未连接-连接不可用"。

步骤 02 打开手机【设置】界面，进入【连接与共享】界面，将【USB网络共享】功能打开，此时电脑即可自动接入网络。

小提示

不同品牌的手机，设置有所区别，如果是安卓系统手机，可以参照以上方法，部分手机可能在【无线和网络】▶【移动网络共享】界面。如果不能找到，可以在设置界面搜索该功能。如果设备是iPhone，使用数据线与电脑相连，将【个人热点】功能打开即可。

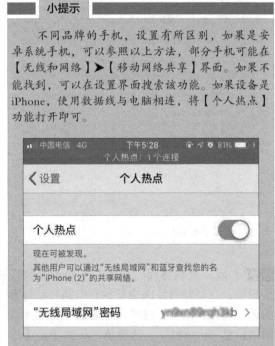

 高手支招

技巧1：诊断和修复网络不通问题

当自己的电脑不能上网时，说明电脑与网络连接不通，这时就需要进行诊断和修复网络，具体的操作步骤如下。

步骤 01 打开【网络连接】窗口，右击需要诊断的网络图标，在弹出的快捷菜单中选择【诊断】选项。

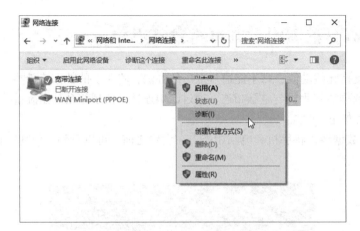

步骤 02 弹出【Windows 网络诊断】窗口，并显示网络诊断的进度。

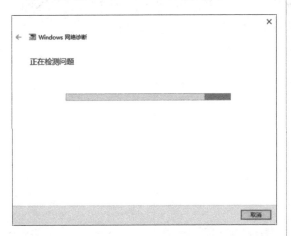

步骤 03 诊断完成后，将在下方的窗格中显示诊断的结果。

步骤 04 单击【尝试以管理员身份进行这些修复】连接，即可开始对诊断出的问题进行修复。

步骤 05 修复完毕后，会给出修复的结果，提示用户疑难解答已经完成，并在下方显示已修复信息提示。

技巧2：升级路由器的软件版本

定期升级路由器的软件版本，可以修补当前版本中存在的漏洞，也可以提高路由器的使用性能，具体升级步骤如下。

步骤 01 进入路由器后台管理页面，在【升级管理】页面，可以看到可升级信息，单击【一键升级】按钮。

部分路由器如果不支持一键升级，则可以进入路由器官网，查找对应的型号，下载最新的固件版本，下载到电脑本地位置，通过本地升级。

步骤 02 路由器即可自动升级，如下图所示。

步骤 03 在线下载软件版本后，即会安装，此时切勿拔掉电源，等待升级即可。

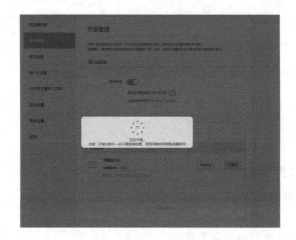

第3篇
电脑维护篇

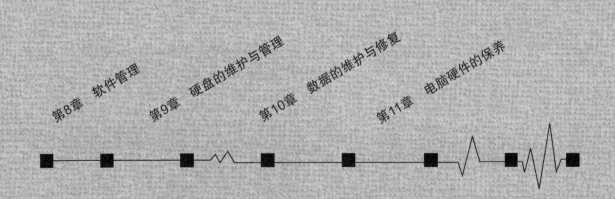

第8章

软件管理

学习目标——

　　一台完整的电脑包括硬件和软件。软件是电脑的管家，用户要借助软件来完成各项工作。在安装完操作系统后，用户首先要考虑的就是安装软件，以满足使用电脑工作和娱乐的需求。卸载不常用的软件则可以让电脑轻松工作。

学习效果——

8.1 认识常用软件

软件是多种多样的，渗透到了各个领域，分类也极为丰富，包括的主要种类有视频音乐、聊天互动、游戏娱乐、系统工具、安全防护、办公软件、教育学习图形图像、编程开发、手机数码等，下面介绍常用的软件。

1. 文件处理类

电脑办公离不开文件的处理。常见的文件处理软件有Office、WPS、Adobe Acrobat等。

（1）Office电脑办公软件。

Office是最常用的办公软件之一，使用人群较广。Office办公软件包含Word、Excel、PowerPoint、Outlook、Access、Publisher和OneNote等组件，其中最常用的4大办公组件是Word、Excel、PowerPoint和Outlook。

（2）WPS Office。

WPS（Word Processing System），中文意为文字编辑系统，是金山软件公司的一种办公软件，可以实现办公软件最常用的文字、表格、演示等多种功能，而且软件完全免费。WPS目前的最新版为WPS Office 2019。

2. 文字输入类

输入法软件有搜狗拼音输入法、QQ拼音输入法、微软拼音输入法、智能拼音输入法、全拼输入法、五笔字型输入法等。下面介绍几种常用的输入法。

（1）搜狗输入法。

搜狗输入法是国内主流的汉字拼音输入法之一，其最大特点是实现了输入法和互联网的结合。搜狗拼音输入法是基于搜索引擎技术的输入法产品，用户可以通过互联网备份自己的个性化词库和配置信息。下图所示为搜狗拼音输入法的状态栏。

（2）QQ拼音输入法。

QQ输入法是腾讯旗下的一款拼音输入法，与大多数拼音输入法一样，QQ拼音输入法支持全拼、简拼、双拼3种基本的拼音输入模式。在输入方式上，QQ拼音输入法支持单字、词组、整句的输入方式。目前，QQ拼音输入法由腾讯公司提供的客户端软件，与搜狗输入法无太大区别。

3. 沟通交流类

常见的办公文件中便于沟通交流的软件有飞鸽、QQ、微信等。

（1）飞鸽传书。

飞鸽传书（FreeEIM）是一款优秀的企业即时通信工具，具有体积小、速度快、运行稳定、半自动化等特点，被公认为是目前企业即时通信软件中比较优秀的一款。

（2）QQ。

腾讯QQ有在线聊天、视频电话、点对点续传文件、共享文件等多种功能，是在办公中使用率较高的一款软件。

（3）微信。

微信是腾讯公司推出的一款即时聊天工具，可以通过网络发送语音、视频、图片和文字等，主要在手机中使用得最为普遍。

4. 网络应用类

在办公中，有时需要查找资料或是下载资料，使用网络可快速完成这些工作。常见的网络应用软件有浏览器、下载工具等。

浏览器是指可以显示网页服务器或者文件系统的HTML文件内容，并让用户与这些文件交互的一种软件。常见的浏览器有如Microsoft Edge浏览器、搜狗浏览器、360安全浏览器等。

5. 安全防护类

在电脑办公的过程中，有时会出现电脑死机、黑屏、重新启动以及电脑反应速度很慢或者中毒等现象，使工作成果丢失。为防止这些现象的发生，防护措施一定要做好。常用的免费安全防护类软件有360安全卫士、腾讯电脑管家等。

360安全卫士是一款由奇虎360推出的功能强、效果好、受用户欢迎的上网安全软件。360安全卫士拥有查杀木马、清理插件、修复漏洞、电脑体检、保护隐私等多种功能，并独创了"木马防火墙"功能。360安全卫士使用极其方便实用，用户口碑极佳，用户较多。

电脑管家是腾讯公司出品的一款免费专业安全软件，集合"专业病毒查杀、智能软件管理、系统安全防护"于一身，同时融合了清理垃圾、电脑加速、修复漏洞、软件管理、电脑诊所等一系列辅助电脑管理功能，可以满足用户杀毒防护和安全管理的双重需求。

度较大。

6. 影音图像类

在办公中，有时需要作图或播放影音等，这时就需要使用影音图像工具。常见的影音图像工具有Photoshop、暴风影音、会声会影等。

Adobe Photoshop，简称"PS"，主要处理以像素构成的数字图像。使用其众多的编修与绘图工具，可以更有效地进行图片编辑工作，PS是比较专业的图形处理软件，使用难

会声会影，是一个功能强大的"视频编辑"软件，具有图像抓取和编修功能，可以抓取并提供有超过100种的编制功能与效果，可导出多种常见的视频格式，甚至可以直接制作成DVD光盘。支持各类编码，包括音频和视频编码。会声会影是最简单好用的DV、HDV影片剪辑软件。

8.2 软件的获取方法

安装软件的前提是需要有软件安装程序，一般是EXE程序文件，基本上是以setup.exe命名的，还有不常用的MSI格式的大型安装文件和RAR、ZIP格式的绿色软件，这些文件的获取方法也是多种多样的，主要有以下几种途径。

8.2.1 安装光盘

如购买的电脑、打印机、扫描仪等设备，都会有一张随机光盘，里面包含有相关驱动程序，用户可以将光盘放入电脑光驱中，读取里面的驱动安装程序并进行安装。

另外，也可以购买安装光盘，市面上普遍销售的是一些杀毒软件、常用工具软件的合集光盘，用户可以根据需要进行购买。

8.2.2 官网中下载

官方网站是指一些企业或个人，建立的最具权威、最有公信力或唯一指定网站，以达到介绍和宣传产品的目的。下面以"美图秀秀"软件介绍为例。

步骤01 在Internet浏览器地址栏中输入软件下载网址后按【Enter】键，进入官方网站，单击【立即下载】按钮下载该软件。

步骤 02 页面底部弹出操作框，提示"运行"还是"保存"，这里单击【保存】按钮的下拉按钮，在弹出的下拉列表中选择【另存为】选项。

小提示

选择【保存】选项，将自动保存至默认的文件夹中。
选择【另存为】选项，可以自定义软件保存位置。
选择【保存并运行】选项，在软件下载完成之后将自动运行安装文件。

步骤 03 弹出【另存为】对话框，选择文件存储的位置。

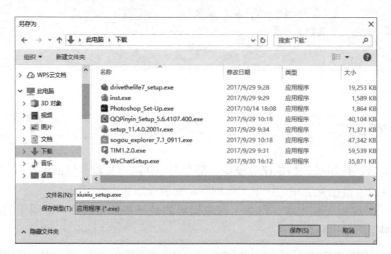

步骤 04 单击【保存】按钮，即可开始下载软件。提示下载完成后，单击【运行】按钮，可打开该软件安装界面；单击【打开文件夹】按钮，可以打开保存软件的文件夹。

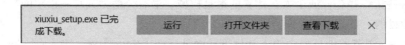

8.2.3 电脑管理软件下载

通过电脑管理软件，也可以使用自带的软件管理工具下载和安装软件，常用的有360安全卫士、电脑管家等。下图为360安全卫士的360软件管家界面。

8.3 软件安装的方法

使用安装光盘或者从官网下载软件后，需要使用安装文件的EXE文件进行安装；在电脑管理软件中选择要安装的软件后，系统会自动进行下载安装。下面以安装下载的美图秀秀软件为例介绍安装软件的具体操作步骤。

步骤 01 打开8.2节下载美图秀秀软件时保存的文件夹，即可看到下载后的美图秀秀安装文件。双击名称为"XiuXiu_setup.exe"的文件。

步骤 02 弹出美图秀秀的安装界面，单击【一键安装】按钮。

小提示

可以看到安装文件的后缀名为".exe"，说明该文件为可执行文件。

小提示

也可以单击【自定义安装】选项，自定义安装位置及启动项设置等。

步骤 **03** 软件即可开始安装，如下图所示。

步骤 **04** 提示安装完成后，单击【立即体验】按

钮，即可运行该软件。如不需要运行该软件，单击【安装完成】按钮即可。

8.4 软件的更新/升级

软件不是一成不变的，而是一直处于升级和更新状态，特别是杀毒软件的病毒库，必须不断升级。软件升级主要分为自动检测升级和使用第三方软件升级两种方法。

8.4.1 自动检测升级

这里以"360安全卫士"为例介绍自动检测升级的方法。

步骤 **01** 右键单击电脑桌面右下角"360安全卫士"图标，在弹出的界面中选择【升级】▶【程序升级】命令。

步骤 **02** 弹出【获取新版本中】对话框，如下图所示。

步骤 03 获取完毕后弹出【发现新版本】对话框，选择要升级的版本选项，单击【确定】按钮。

步骤 04 弹出【正在下载新版本件】对话框，显示下载的进度。下载完成后，单击安装即可将软件更新到最新版本。

8.4.2 使用第三方软件升级

用户可以通过第三方软件升级软件，如360安全卫士和QQ电脑管家等。下面以360软件管家为例简单介绍如何使用第三方软件升级软件。

打开360软件管家界面，选择【软件升级】选项卡，在界面中即可显示可以升级的软件，单击【升级】按钮或【一键升级】按钮即可。

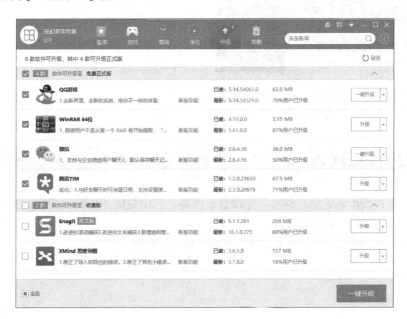

8.5 软件的卸载

软件的卸载主要有以下几种方法。

8.5.1 使用自带的卸载组件

软件安装完成后，会自动添加在【开始】菜单中，如果需要卸载软件，可以在【开始】菜单中查找是否有自带的卸载组件。下面以卸载"迅雷游戏盒子"软件为例讲解。

步骤01 打开"开始"菜单，在常用程序列表或所有应用列表中，选择要卸载的软件，单击鼠标右键，在弹出的菜单中选择【卸载】命令。

步骤02 弹出【程序和功能】窗口，选择需要卸载的程序，然后单击【卸载/更改】按钮。

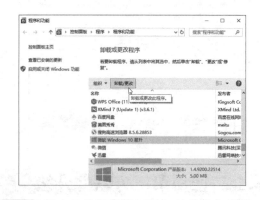

步骤03 弹出软件卸载对话框，单击【卸载】按钮即可卸载。

8.5.2 使用设置面板

在Windows 10操作系统中，推出了【设置】面板，其中集成了可控制面板的主要功能，用户也可以在【设置】面板中卸载软件。

步骤01 按【Win+I】组合键，打开【设置】界面，单击【系统】选项。

步骤 02 进入【设置】界面，选择【应用和功能】选项可看到所有应用列表。

步骤 04 在弹出提示框中，单击【卸载】按钮。

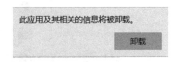

步骤 05 弹出软件卸载对话框，单击【开始卸载】按钮即可完成卸载。

步骤 03 在应用列表中，选择要卸载的程序，单击程序下方的【卸载】按钮。

8.5.3 使用第三方软件卸载

用户还可以使用第三方软件，如360软件管家、电脑管家等卸载不需要的软件，具体操作步骤如下。

步骤 01 启动360软件管家，在打开的主界面中单击【卸载】图标，进入【卸载】界面，可以看到电脑中已安装的软件，单击选中需要卸载的软件，单击【一键卸载】按钮。

步骤 02 提示卸载完成后，表示卸载完成，如下图所示。

8.6 使用Windows Store

在Windows商店中，用户可以获取并安装Modern应用程序。经过多年的发展，应用商店的应用程序包括20多种分类，数量达60万种以上，如商务办公、影音娱乐、日常生活等各种应用，可以满足不同用户的使用需求，极大程度地增强了Windows体验。本节主要讲如何使用Windows Store。

8.6.1 搜索并下载应用

在使用Windows Store之前，用户必须使用Microsoft账户，才可以进行应用下载。确保账号配置无问题后，即可进入Windows Store搜索并下载需要的程序。

步骤 01 初次使用Windows Store时，其启动图标固定在"开始"屏幕中，按【Windows】键，弹出开始菜单，单击【应用商店】磁贴。

步骤 02 打开应用商店程序，应用商店中包括主页、应用和游戏3个选项，默认打开为【主页】页面。单击【应用】选项，则显示热门应用和详细的应用类别；单击【游戏】选项，则显示热门的游戏应用和详细的游戏分类。在右侧的搜索框中，输入要下载的应用，如"QQ游戏"，在搜索框下方弹出相关的应用列表，选择符合需要的应用。

步骤 03 进入相关应用界面，单击【获取】按钮即可下载。

小提示

付费的应用，会显示【购买】按钮。

步骤 04 下载该应用，并在页面顶端显示下载的进度。

步骤 05 下载完成后，会显示【启动】按钮，单击该按钮即可运行该应用程序。

步骤 06 如下图即为该应用的主界面。用户也可以在所有程序列表中找到下载的应用，将其固定到"开始"屏幕，以方便使用。

8.6.2 购买付费应用

在Windows Store中，有一部分应用是收费性质的，需要用户进行支付并购买。支付以人民币为结算单位，默认支付方式为支付宝。购买付费应用具体步骤如下。

步骤 01 选择要下载的付费应用，单击付费金额按钮，如这里单击【购买】按钮。

步骤 02 首次购买付费应用，会弹出【请重新输入Microsoft Store的密码】对话框，在密码文本框中输入账号密码，单击【登录】按钮。

步骤 03 进入如下界面，单击【开始使用！增加一种支付方式】选项。

步骤 04 进入【获取付款方式】界面，选择付款方式，如选择【支付宝】选项。

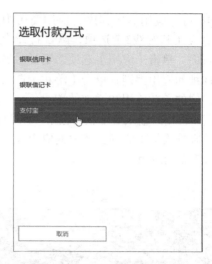

步骤 05 进入【添加你的支付宝账户】界面，输入账号及绑定的手机号，单击【下一步】按钮。

步骤 06 进入【需要其他验证】界面，输入手机上收到的代码，并按【确认】按钮。

步骤 07 进入购买页面，单击【购买】按钮即可购买。

步骤 08 支付成功后，返回应用商店可看到对话框提示购买成功，则转向程序下载。

8.6.3 查看已购买应用

不管是收费的应用程序，还是免费的应用程序，在Windows Store中都可以查看使用当前Microsoft账号购买的所有应用，也包括Windows 8中购买的应用，具体查看步骤如下。

步骤 01 打开Windows Store，单击顶部的账号头像，在弹出的菜单中单击【我的库】命令。

小提示

单击【已购买】命令，可转向浏览器查看购买的记录。

步骤 02 进入【全部已拥有项目】界面，可看到该账户拥有的应用。

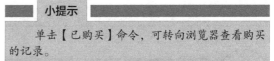

步骤 03 在已购买应用的右侧有【install】按钮，则表示当前电脑未安装该应用，单击【install】按钮，可以直接下载，如下图所示。否则，电脑中则安装有该应用。

8.6.4 更新应用

Modern应用和常规软件一样，每隔一段时间，应用开发者会对应用进行版本升级，以修补前期版本的问题或提升功能体验。如果希望获得最新版本，可以通过查看更新来升级当前版本，具体步骤如下。

步骤 01 在Windows Store中，单击顶部的账号头像，在弹出的菜单中，单击【下载和更新】命令进入【下载并更新】界面，在此界面也可以看到正在下载的应用队列和进度。如果更新应用，单击【获取更新】按钮。

步骤 02 应用商店会搜索并下载可更新的应用，如下图所示。

高手支招

技巧1：安装更多字体

除了Windows 7系统中自带的字体外，用户还可以自行安装字体，以在文字编辑上更胜一筹。字体安装的方法主要有3种。

1. 右键安装

选择要安装的字体，单击鼠标右键，在弹出的快捷菜单中，选择【安装】选项进行安装。如下图所示。

2. 复制到系统字体文件夹中

复制要安装的字体，打开【计算机】在地址栏里输入C:/WINDOWS/Fonts，单击【Enter】按钮，进入Windows字体文件夹，粘贴到文件夹里即可，如下页图所示。

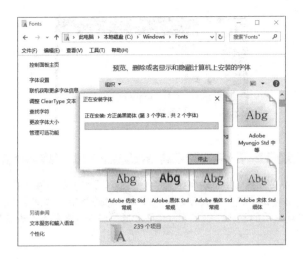

3. 右键作为快捷方式安装

步骤 01 打开【计算机】在地址栏里输入C:/WINDOWS/Fonts，单击【Enter】按钮，进入Windows字体文件夹，然后单击左侧的【字体设置】链接。

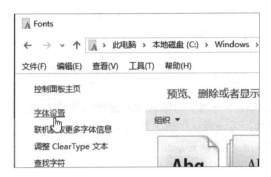

步骤 02 在打开的【字体设置】窗口中，勾选【允许使用快捷方式安装字体（高级）（A）】选项，然后单击【确定】按钮。

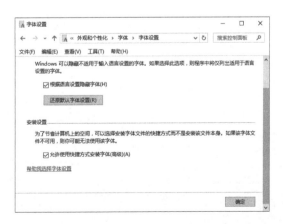

步骤 03 选择要安装的字体，单击鼠标右键，在弹出的快捷菜单中，选择【作为快捷方式安装】菜单命令即可安装。

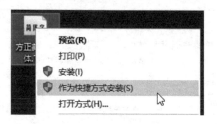

小提示

　　第一和第二种方法直接安装到Windows字体文件夹里，会占用系统内存，并影响开机速度，建议如果是少量的字体安装时使用该方法。使用快捷方式安装字体，只是将字体的快捷方式保存到Windows字体文件夹里，可以达到节省系统空间的目的，但是不能删除安装字体或改变位置，否则无法使用。

技巧2：解决安装软件时提示"扩展属性不一致"问题

　　解决Windows 10系统安装软件时提示"扩展属性不一致"问题，具体操作步骤如下。

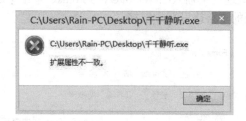

　　（1）如果提示"扩展属性不一致"时输入法不是微软的输入法，而是搜狗输入法或其他第三方输入法，Win键+空格切换回系统默认的输入法就可以解决。
　　（2）安装后把第三方输入法更新到最新版本就可以兼容。

第 **9** 章

硬盘的维护与管理

　　硬盘使用的时间长了，会产生垃圾和碎片，需要进行清理和整理。本章主要介绍如何清理磁盘垃圾、整理磁盘碎片、管理硬盘分区、管理硬盘分区表等。

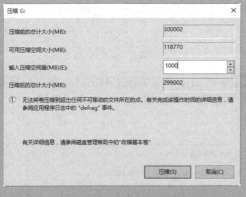

9.1 清理硬盘垃圾

电脑使用久了，就会累积大量的磁盘垃圾和注册表垃圾，这些垃圾包括系统中已失效的和不必要的文件、多余的临时文件、无指向的路径文件、注册表中的无用子项目等。

通过安全的清理，可以立即提高系统运行效率，并且能够有效地保护个人隐私。下面介绍两种常用的清理磁盘垃圾的方法。

9.1.1 手动清理

在没有安装专业的清理垃圾的软件前，用户可以手动清理垃圾文件。具体操作步骤如下。

步骤 01 按【Windows+R】组合键，打开【运行】对话框，在【打开】文本框中输入"cleanmgr"命令，按【Enter】键确认。

步骤 02 弹出【磁盘清理：驱动器选择】对话框，单击【驱动器】下面的向下按钮，在弹出的下拉菜单中选择需要清理的磁盘分区，本例选择【本地磁盘（C:）】选项。

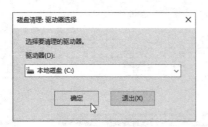

步骤 03 弹出【磁盘清理】对话框，开始自动计算清理磁盘垃圾。

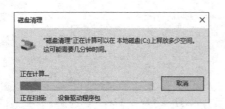

步骤 04 弹出【本地磁盘（C:）的磁盘清理】对话框，在【要删除的文件】列表框中显示扫描出的垃圾文件和大小，选择需要清理的垃圾，单击【确定】按钮。

步骤 05 弹出【磁盘清理】对话框，提示用户是否永久删除这些垃圾文件，单击【删除文件】按钮。

步骤 06 系统开始自动清理磁盘中的垃圾文件，并显示清理的进度。

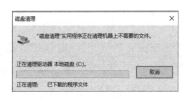

步骤 07 如果要清理的是操作系统所在磁盘，可以在【本地磁盘（C:）的磁盘清理】对话框中，单击【清理系统文件】按钮。

步骤 08 再次弹出该对话框，可以看到磁盘下可清理的文件，在要删除的文件前勾选复选框，单击【确定】按钮根据提示进行删除。

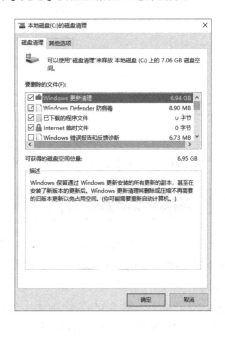

9.1.2 使用360安全卫士清理

　　360安全卫士是由奇虎公司推出的一款完全免费的安全类上网辅助工具软件，拥有木马查杀、恶意软件清理、漏洞补丁修复、电脑全面体检、垃圾和痕迹清理、系统优化等多种功能。下面以360安全卫士清理磁盘垃圾进行讲解，具体操作步骤如下。

步骤 01 打开360安全卫士，在主界面选择【电脑清理】图标。

步骤 02 进入如下界面，单击【全面清理】按钮。

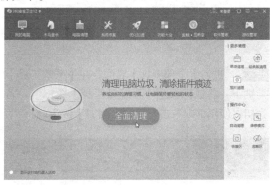

步骤 03 软件对电脑中可清除的软件、文件、注册表、插件、系统垃圾等进行扫描，如下页图所示。

上的垃圾。

步骤 04 扫描完成后，可勾选要删除的文件、软件等，单击【一键清理】按钮，即可清理磁盘

9.1.3 给系统盘瘦身

如果系统盘可用空间太小，则会影响系统的正常运行，除了使用手动清理的方法外，还可以借助第三方软件快速进行清理。本节主要讲述使用360安全卫士的【系统盘瘦身】功能，释放系统盘空间。

步骤 01 双击桌面上的【360安全卫士】快捷图标，打开【360安全卫士】主窗口，单击窗口顶部的【功能大全】图标。

步骤 02 进入【全部工具】界面，在【系统工具】类别下，将鼠标移至【系统盘瘦身】图标上。若为初次使用，则单击显示的【添加】按钮。

步骤 03 工具添加完成后，打开【系统盘瘦身】工具，单击【立即瘦身】按钮即可进行优化。

步骤 04 完成后可看到释放的磁盘空间。

小提示

部分情况下，需要重启电脑后才能生效。360安全卫士会提示重启电脑。

9.2 检查硬盘

通过检查一个或多个驱动器是否存在错误，可以解决一些电脑问题。例如，用户可以通过检查电脑的主硬盘来解决一些性能问题，或者当外部硬盘驱动器不能正常工作时，可以检查该外部硬盘驱动器。

Windows 10操作系统提供了检查硬盘错误信息的功能，具体操作步骤如下。

步骤01 在桌面上双击【此电脑】图标，打开该窗口，选择需要检查的磁盘并右击，在弹出的快捷菜单中选择【属性】命令。

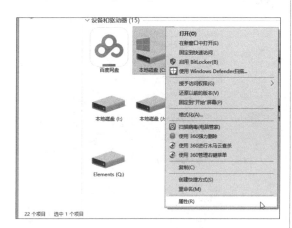

步骤02 弹出【本地磁盘（C:）属性】对话框，选择【工具】选项卡，在【查错】选区中单击【检查】按钮。

步骤03 弹出【错误检查(本地磁盘(C:))】界面，显示扫描进度。如果出现错误，用户可根据提示对磁盘进行错误修复。

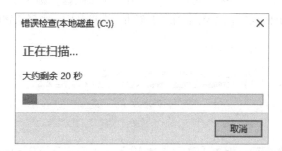

9.3 管理硬盘分区

常见的管理硬盘分区的操作包括格式化分区、调整分区容量、分割分区、合并分区、删除分区和更改驱动器号等。

9.3.1 格式化分区

格式化就是在磁盘中建立磁道和扇区。磁道和扇区建立好之后，电脑才可以使用磁盘来储存数据。不过，对存有数据的硬盘进行格式化，硬盘中的数据将会删除，还用户一个干净的硬盘。

Windows 10系统中自带的格式化命令可以对磁盘上主分区以外的磁盘分区进行高级格式化。这种方法不仅操作简单，而且非常方便。具体操作步骤如下。

步骤 01 右击【此电脑】窗口中磁盘D，在弹出的快捷菜单上选择【格式化】菜单命令。

等选项。

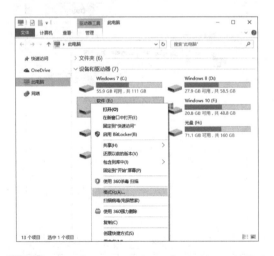

步骤 02 弹出【格式化软件区】对话框。在其中设置磁盘的【文件系统】、【分配单元大小】

步骤 03 单击【开始】按钮，弹出提示对话框。若格式化该磁盘，则单击【确定】按钮；若退出，则单击【取消】按钮退出格式化；单击【确定】按钮，即可开始高级格式化磁盘分区D。

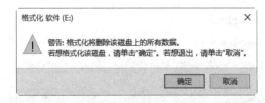

小提示

此外，还可以使用Diskgenius软件格式化硬盘。

9.3.2 调整分区容量

分区容量不能随便调整，否则会引起分区上的数据丢失。下面讲述如何在Windows 7操作系统中利用自带的工具调整分区的容量。具体操作步骤如下。

步骤 01 打开【计算机管理】窗口，单击窗口左侧的【磁盘管理】选项，在右侧窗格中显示出本机磁盘的信息列表。选择需要调整容量分区右击，在弹出的快捷菜单中选择【压缩卷】菜单命令。

步骤 02 弹出【查询压缩空间】对话框，系统开始查询卷以获取可用的压缩空间。

步骤 03 弹出【压缩G：】对话框，在【输入压缩空间量】文本框中输入调整出分区的大小"1000"MB，在【压缩后的总计大小（MB）】文本框中显示调整后容量，单击

【压缩】按钮。

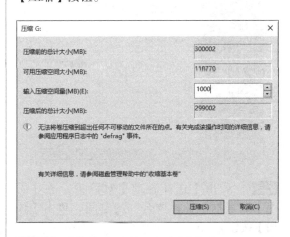

步骤 04 系统将自动从G盘中划分出1000MB空间，C盘的容量得到了调整。

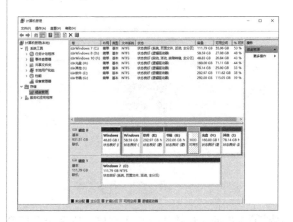

9.3.3 合并分区

如果用户希望合并两个分区，则其中一个分区必须为未分配的空间，否则不能合并。在Windows操作系统中，用户可用【扩展卷】功能实现分区的合并。具体操作步骤如下。

步骤 01 打开【计算机管理】窗口，单击窗口左侧的【磁盘管理】选项，在右侧窗格中显示出本机磁盘的信息列表。选择需要合并的其中一个分区，右击并在弹出的快捷菜单中选择【扩展卷】菜单命令。

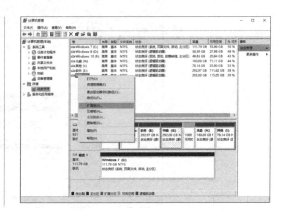

步骤 02 弹出【扩展卷向导】对话框，单击【下一步】按钮。

步骤 03 弹出【选择磁盘】对话框，在【可用】列表框中选择要合并的空间，单击【添加】按钮。

步骤 04 新的空间被添加到【已选的】列表框中，单击【下一步】按钮。

步骤 05 弹出【完成扩展卷向导】对话框，单击【完成】按钮。

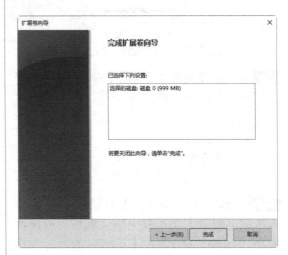

步骤 06 返回【计算机管理】窗口，则两个分区合并到了一个分区中。

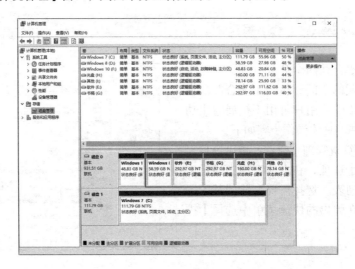

9.3.4 删除分区

删除硬盘分区主要是创建可用于创建新分区的空白空间。如果硬盘当前设置为单个分区，则不能将其删除，也不能删除系统分区、引导分区或任何包含虚拟内存分页文件的分区，因为 Windows 需要此信息才能正确启动。

删除分区的具体操作步骤如下。

步骤 01 打开【计算机管理】窗口，单击窗口左侧的【磁盘管理】选项，在右侧窗格中显示出本机磁盘的信息列表。选择需要删除的分区，右击并在弹出的快捷菜单中选择【删除】菜单命令。

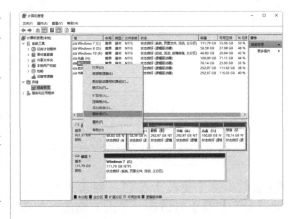

步骤 02 弹出【删除简单卷】对话框，单击【是】按钮删除分区。

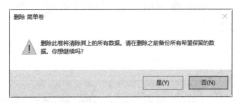

9.3.5 更改驱动器号

利用 Windows 中的【磁盘管理】程序也可处理盘符错乱情况，操作方法非常简单，用户不必再下载其他工具软件即可处理这一问题。

步骤 01 打开【计算机管理】窗口。单击窗口左侧的【磁盘管理】选项，在右侧窗格中显示出本机磁盘的信息列表。

步骤 02 在右侧磁盘列表中选择盘符混乱的磁盘【光盘(H:)】并右击，在快捷菜单中选择【更改驱动器名和路径】选项。

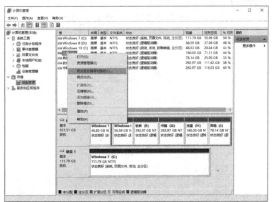

步骤 03 弹出【更改H：(光盘)的驱动器号和路径】对话框。

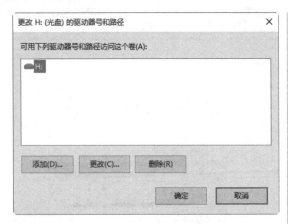

步骤 05 单击【确定】按钮，弹出【确认】对话框，单击【是】按钮完成盘符的更改。

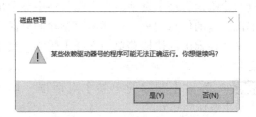

步骤 04 单击【更改】按钮，弹出【更改驱动器号和路径】对话框，单击右侧的下拉按钮，在下拉列表中为该驱动器指定一个新的驱动器号。

 ## 高手支招

技巧1：开启和使用存储感知

存储感知是Windows 10新版本中推出的一个新功能。这种功能可以利用存储感知从电脑中删除不需要的文件或临时文件，从而达到释放磁盘空间的目的。

步骤 01 按【Windows+I】组合键，打开【设置】面板，并单击【系统】图标选项。

步骤 02 进入【系统】面板页面，单击左侧【存储】选项，在【存储感知】区域，将其按钮设置为"开"即可开启该功能。

步骤 03 单击【更改详细设置】选项，进入该页面。用户可以设置"运行存储感知"的时间，还可以设置"临时文件"的删除文件规则，如下页图所示。

要删除的文件，单击【删除文件】按钮，即可清理所选文件。

步骤 04 单击【立即清理】按钮，进入如下界面，扫描可以删除的文件，如下图所示。勾选

技巧2：查找电脑中的大文件

使用360安全卫士的查找系统大文件工具可以查找电脑中的大文件，具体操作步骤如下。

步骤 01 打开360安全卫士，单击【功能大全】▶【系统工具】▶【查找大文件】图标，添加该工具。

步骤 02 打开【查找大文件】界面，勾选要扫描的磁盘，单击【扫描大文件】按钮。

步骤 03 软件会自动扫描磁盘的大文件，在扫描列表中，勾选要清除的大文件，单击【删除】按钮。

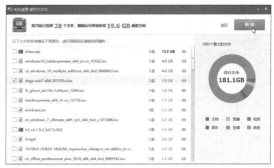

步骤 04 打开信息提示框，提示用户仔细辨别将要删除的文件是否确实无用，单击【我知道了】按钮。

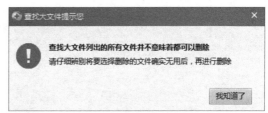

步骤 05 确定清除的文件没问题，单击【立即删除】按钮。

步骤 06 提示清理完毕后，单击【关闭】按钮。

第 **10** 章

数据的维护与修复

学习目标

随着电脑的普及，数据安全问题日益突出，保护好自己的数据安全就显得十分重要，尤其是数据的丢失与损坏，会对用户的工作与学习带来影响。本章主要介绍数据的维护与修复的方法。

学习效果

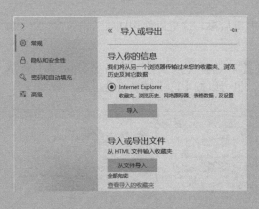

10.1 数据的备份与还原

为了确保数据的安全，用户可以对重要的数据进行备份，必要的时候可进行数据还原。本节主要介绍备份与还原分区表、注册表、QQ资料、IE收藏夹及软件的方法。

10.1.1 备份与还原分区表

所谓分区表，主要用来记录硬盘文件的地址。硬盘按照扇区储存文件，当系统提出需要访问某一个文件的时候，首先访问分区表，如果分区表中有这个文件的名称，就可以直接访问它的地址；如果分区表里面没有这个文件，那就无法访问。系统删除文件的时候，并不是删除文件本身，而是在分区表里删除，所以删除以后的文件还是可以恢复的。因为分区表的特性，系统可以很方便地知道硬盘的使用情况，而不必为了一个文件搜索整个硬盘，大大提高了系统的运行能力。

分区表一般位于硬盘某柱面的0磁头1扇区，而第1个分区表（即：主分区表）总是位于（0柱面、0磁头、1扇区），其他剩余的分区表位置可以由主分区表依次推导出来。分区表有64B，占据其所在扇区的第447~510字节。要判定是不是分区表，就看其后紧邻的2B（即第511~512字节）是不是"55AA"，若是，则为分区表。下图为打开DiskGenius V4.9.1.334软件后系统分区表的情况。

1. 备份分区表

分区表损坏，会造成系统启动失败、数据丢失等严重后果。这里以使用DiskGenius V4.9.1.334软件为例，讲述如何备份分区表。具体操作步骤如下。

步骤01 打开软件DiskGenius，选择需要保存备份分区表的分区。

步骤02 选择【硬盘】▶【备份分区表】菜单项，也可以按【F9】键备份分区表。

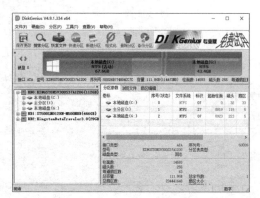

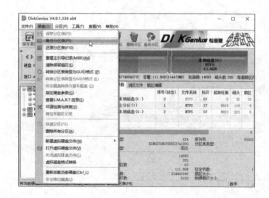

步骤 03 弹出【设置分区表备份文件名及路径】对话框，在【文件名】文本框中输入备份分区表的名称。

步骤 04 单击【保存】按钮，开始备份分区表。备份完成后，弹出【DiskGenius】提示框，提示用户当前硬盘的分区表已经备份到指定的文件中。

小提示

为了分区表备份文件的安全，建议将其保存在当前硬盘以外的硬盘或其他存储介质（如U盘、移动硬盘、光碟）中。

2. 还原分区表

当电脑遭到病毒破坏、加密引导区或误分区等操作导致硬盘分区丢失时，就需要还原分区表。还原分区表具体操作步骤如下。

步骤 01 打开软件DiskGenius，在主界面中选择【硬盘】▶【还原分区表】菜单项或按

【F10】键。

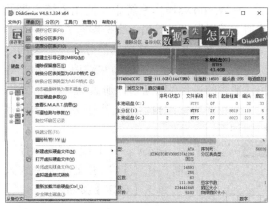

步骤 02 打开【选择分区表备份文件】对话框，在其中选择硬盘分区表的备份文件。

步骤 03 单击【打开】按钮，打开【DiskGenius】信息提示框，提示用户是否从这个分区表备份文件还原分区表。

步骤 04 单击【是】按钮，即可还原分区表，且还原后将立即保存到磁盘并生效。

10.1.2 导出与导入注册表

注册表是Microsoft Windows中的一个重要数据库，用于存储系统和应用程序的设置信息，在系统中起着非常重要的作用。因此，电脑用户在日常工作和学习的过程中要做好对注册表的备份工作，要能在注册表受损系统不能正常运行时，通过修复注册表解决问题。

1. 导出注册表

在Windows操作系统中，使用系统自带的注册表编辑器可以导出一个扩展名为.reg的文本文件，该文件中包含有导出部分的注册表的全部内容，包括子键、键值项和键值等信息。导出注册表的过程就是备份注册表的过程。

使用注册表编辑器导出注册表，具体操作步骤如下。

步骤 01 按【Windows+R】组合键，打开【运行】对话框，在【打开】文本框中输入"regedit"命令，单击【确定】按钮。

步骤 02 打开【注册表编辑器】窗口，在窗格左侧右击【计算机】选项，在弹出的快捷菜单中单击【导出】命令。

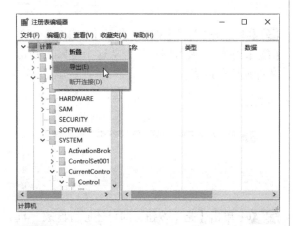

步骤 03 打开【导出注册表文件】对话框，在其中设置导出文件的存放位置，在【文件名】文本框中输入"regedit"，在【导出范围】设置区域中选择【全部】单选项。

> **小提示**
>
> 选择【所选分支】单选项，只导出所选注册表项的分支项；选择【全部】单选项，则导出所有注册表项。

步骤 04 如果要导出注册表的子键，可选择要备份的子键，单击【文件】▶【导出】菜单项，在弹出的【导出注册表文件】对话框的【导出范围】设置区域中选择【所选分支】单选项。

2. 导入注册表

使用注册表编辑器可以导出注册表。同样地，也可以将导出的注册表导入系统之中，以修复受损的注册表。导入注册表的具体操作步骤如下。

步骤 01 在【注册表编辑器】窗口中选择【文件】▶【导入】菜单项。

步骤 02 打开【导入注册表文件】对话框，在其中选择需要导入的注册表文件。

步骤 03 单击【打开】按钮开始导入注册表文件，导入成功后，将弹出一个信息提示框，提示用户已经将注册表备份文件中的项和值成功

添加到注册表中。单击【确定】按钮，关闭该对话框。

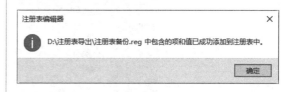

小提示

用户在还原注册表的时候，也可以直接双击备份的注册表文件。此外，如果用户的注册表受损之前，并没有备份注册表，那么这时可以将其他电脑的注册表文件导出后复制到自己的电脑上，运行一次就可以导入修复注册表文件。

10.1.3 备份与还原浏览器的收藏夹

浏览器的收藏夹中存放着用户习惯浏览的一些网站地址链接，但是重装系统后，这些网站链接将被彻底删除。不过，浏览器都自带有备份功能，可以将收藏夹中的数据备份。下面以Microsoft Edge为例介绍备份操作方法。

1. 备份IE收藏夹

备份IE收藏夹，具体的操作步骤如下。

步骤 01 启动Microsoft Edge浏览器，单击【设置及其他】按钮 ⋯ ，在弹出快捷菜单中，单击【设置】选项。

步骤 02 打开【常规】界面，单击【导入或导

出】按钮。

步骤 03 进入如下图界面，在【导入或导出文件】区域下，单击【收藏夹】单选项按钮，并单击【导出到文件】按钮。

步骤 04 在弹出的【另存为】对话框中，选择要存储的路径后，单击【保存】按钮，此时即可将收藏夹的网页信息备份到电脑中。

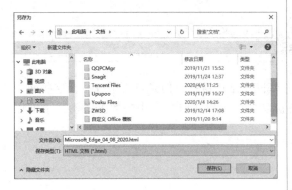

2. 还原收藏夹

还原收藏夹的具体操作步骤如下。

步骤 01 使用上述方法，进入【导入\导出】界面，单击【从文件导入】按钮。

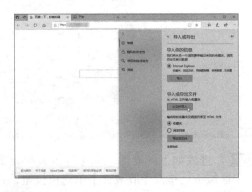

步骤 02 在【打开】对话框中，找到并选择备份

的文件，单击【打开】按钮。

步骤 03 待【从文件导入】按钮下方显示"全部完成！"字样，表示已经将备份的文件导入到浏览器中。

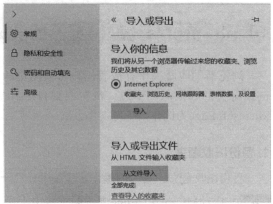

步骤 04 此时，打开收藏夹列表，可看到导入的网址信息。

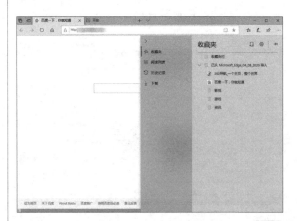

10.1.4　备份与还原已安装软件

　　用户可以将当前电脑中的软件备份，本节使用360安全卫士将当前已安装软件收藏。在重装系统时，可以通过360安全卫士重新安装这些软件。

　　具体操作步骤如下。

步骤 01 启动360安全卫士，单击【软件管家】图标，进入其界面，单击【登录】链接。

步骤 02 登录360账号，并单击【一键收藏已安装软件】按钮。

步骤 03 弹出【360软件管理-软件收藏】对话框，勾选【全选】复选框或着勾选需要收藏的复选框，然后单击【收藏全部已选】按钮。

步骤 04 返回【软件管家】界面，可以看到收藏的软件。

步骤 05 如果要安装收藏的软件，单击左上角的账号链接，进入账号页面，单击【我的收藏】按钮。

步骤 06 在收藏的软件清单中，勾选要安装的软件，单击【安装全部已选】按钮，即可安装所选软件。

10.2 使用网盘同步重要数据

网盘是互联网存储工具，通过互联网为企业和个人提供信息的储存、读取、下载等服务。网盘具有安全稳定、海量存储的特点。

本节主要以使用百度网盘为例进行介绍。

步骤 01 下载并安装【百度网盘】客户端后，在【此电脑】中双击【百度网盘】图标，打开该软件。

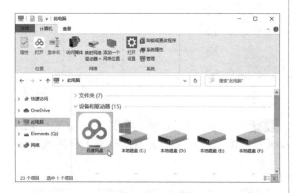

小提示

一般网盘软件均提供网页版，为了有更好的功能体验，建议安装客户端版。

步骤 02 打开百度网盘客户端，在【我的网盘】界面中，可以新建目录，也可以直接上传文件，如这里单击【新建文件夹】按钮，新建一个分类的目录，并命名为"重要数据"。

步骤 03 打开"重要数据"文件夹，选择要上传的重要资料，拖曳到客户端界面上。

小提示

用户也可以单击【上传】按钮，通过选择路径的方式上传资料。

步骤 04 此时，文件会自动上传到百度网盘中，并显示上传进度。待上传完成后，会在【传输完成】列表中显示已上传完成的文件。

步骤 05 单击【我的网盘】菜单，返回到【重要资料】文件夹界面，可以看到已上传的资料，如下图所示。

步骤 06 如果要分享百度网盘中的文件，可以用鼠标选中要分享的文件。将鼠标移动到希望分享的文件后面，并单击【分享】按钮。

步骤 07 单击该标志，显示了分享的两种方式：私密连接分享和发给好友。如果创建私密链接分享，系统会自动为每个分享链接生成一个提取密码，只有获取密码的人才能通过链接查看并下载私密共享的文件。如果选择【发给好友】选项卡，可以将文件分享给百度网盘好友。这里单击【私密链接分享】选项卡，并设置文件的有效期，如这里选择【7天】，然后单击【创建链接】按钮。

步骤 08 看到生成的链接及提取码后，单击【复制链接及提取码】按钮，即可将复制的内容发送给对方，方便其下载。也可以单击【复制二维码】按钮，将生成的二维码截图发送给对方，让对方通过二维码扫描获取该文件。

步骤 09 关闭"分享文件"对话框，返回【我的网盘】界面，单击左侧弹出的分类菜单【我的分享】选项，即会列出当前分享的文件。其中带有 🔒 标识的，表示为私密分享文件。如果勾选分享的文件，单击【取消分享】按钮，可取消分享的文件。

步骤 10 如果要下载网盘中的文件，可以进入到【我的网盘】界面，如选择【重要数据】文件夹并单击【下载】按钮。

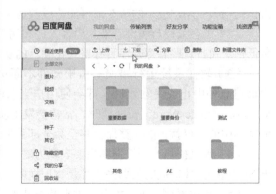

> **小提示**
>
> 用户也可以进入文件夹，选择并下载某个或多个文件。

步骤 11 弹出【设置下载存储路径】对话框，选择要下载的位置，并单击【下载】按钮，即可下载该文件夹或文件。

10.3 恢复误删的数据

用户在对自己的电脑进行操作时，有时会不小心删除本不想删除的数据，但是回收站被清空，那么怎么办呢？这时就需要恢复这些数据。本节主要介绍如何恢复这些误删除的数据。

10.3.1 恢复删除数据时应注意的事项

在恢复删除的数据之前，用户需要注意以下事项。

1. 数据丢失的原因

硬件故障、软件破坏、病毒的入侵、用户自身的错误操作等都有可能导致数据丢失，但大多数情况下，这些找不到的数据并没有真正丢失，而是由于一些原因导致的数据丢失。造成数据丢失的主要原因有如下几个方面。

（1）用户的误操作。由于用户错误操作而导致数据丢失的情况，在数据丢失的主要原因中所占比例很大。用户极小的疏忽都可能造成数据丢失，例如用户的错误删除或不小心切断电源等。

（2）黑客入侵与病毒感染。黑客入侵和病毒感染已越来越受关注，由此造成的数据破坏更不可低估。而且有些恶意程序具有格式化硬盘的功能，这对硬盘数据可能造成毁灭性的损失。

（3）软件系统运行错误。由于软件不断更新，各种程序和运行错误也就随之增加，如程序被迫意外中止或突然死机，都会使用户当前所运行的数据因不能及时保存而丢失。如在运行Microsoft Office Word编辑文档时，常常会发生应用程序出现错误而不得不中止的情况。此时，当前文档中的内容就不能完整保存甚至会全部丢失。

（4）硬盘损坏。硬件损坏主要表现为磁盘划伤、磁组损坏、芯片及其他原器件烧坏、突然断电等，这些损坏造成的数据丢失都是物理性质，一般通过Windows自身无法恢复数据。

（5）自然损坏。风、雷电、洪水及意外事故（如电磁干扰、地板振动等）也有可能导致数据丢失，但这一原因出现的可能性比上述几种原因要低很多。

2. 发现数据丢失后的操作

当发现电脑中的硬盘丢失数据后，应当注意以下事项。

（1）当发现自己硬盘中的数据丢失后，应立刻停止一些不必要的操作，如误删除、误格式化之后，最好不要再往磁盘中写数据。

（2）如果发现丢失的是C盘数据，应立即关机，以避免数据被操作系统运行时产生的虚拟内存和临时文件破坏。

（3）如果是服务器硬盘阵列出现故障，最好不要进行初始化和重建磁盘阵列，以免增加恢复难度。

（4）如果磁盘出现坏道读不出来时，最好不要反复读盘。

（5）如果磁盘阵列等硬件出现故障，最好送专业的维修人员对数据进行恢复。

10.3.2 从回收站还原

当不小心将某一文件删除时，很可能只是将其删除到【回收站】中。若还没有清除【回收站】中的文件，可以将其从【回收站】中还原出来。这里以还原本地磁盘E中的【图片】文件夹为例来介绍如何从【回收站】中还原删除的文件，具体的操作步骤如下。

步骤 01 双击桌面上的【回收站】图标，打开【回收站】窗口，在其中可以看到误删除的文件，选择该文件，单击【管理】选项卡下【还原】组中的【还原选定的项目】选项。

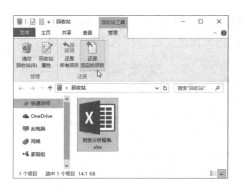

步骤 02 将【回收站】中的文件还原到原来的位置。打开本地磁盘，即可在所在的位置看到被还原的文件。

10.3.3 清空回收站后的恢复

当把回收站中的文件清除后，可以使用注册表来恢复清空回收站之后的文件。具体的操作步骤如下。

步骤 01 按【Windows+R】组合键，打开【运行】对话框，在【打开】文本框中输入注册表命令"regedit"，单击【确定】按钮。

SOFTWARE\Microsoft\Windows\CurrentVersion\Explorer\Desktop\NameSpace】树形结构。

步骤 02 打开【注册表编辑器】窗口，在窗口的左侧展开【HKEY_LOCAL_MACHINE\

步骤 03 在窗口的右侧空白处单击鼠标右键，在弹出的快捷菜单中选择【新建】▶【项】菜单项。

步骤 04 新建一个项，将其命名为"{645FF O40- 5081-101B-9F08-00AA002 F954E}"。

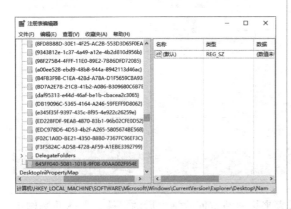

步骤 05 在窗口的右侧选中系统默认项并单击鼠标右键，在弹出的快捷菜单中选择【修改】菜单项，打开【编辑字符串】对话框，将数值数据设置为【回收站】，单击【确定】按钮。

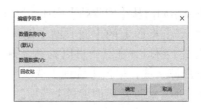

步骤 06 退出注册表，重启电脑，即可将清空的文件恢复出来，之后将其正常还原即可。

10.3.4 使用"文件恢复"工具恢复误删除的文件

360文件恢复是一款简单易用、功能强大的数据恢复软件，用于恢复由于病毒攻击、人为错误、软件或硬件故障丢失的文件和文件夹，支持从回收站、U盘、相机被删除的文件以及任何其他数据存储的文件。与EasyRecovery相比，使用更加简单，具体操作步骤如下。

步骤 01 启动360安全卫士，单击【功能大全】图标，并单击【系统工具】区域中的【文件恢复】工具图标。

步骤 02 弹出【360文件恢复】对话框，选择要恢复的驱动器，并单击【开始扫描】按钮。

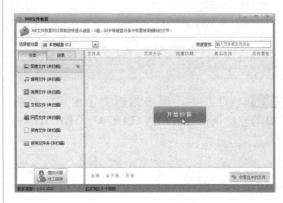

步骤03 弹出扫描进度对话框,如下图所示。

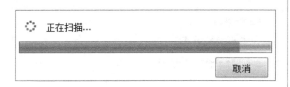

步骤04 扫描完成后,会显示丢失的文件情况,分为高、较高、差、较差4种,高和较高一般是能较容易恢复去失的文件,后两个一般无法恢复,或者恢复后也是不完整或有缺失的。如果可恢复性是空白,表示此文件完全无法恢复。

步骤05 选择要恢复的分类及文件,并单击【恢复选中的文件】按钮。

步骤06 弹出【浏览文件夹】对话框,选择要保存的路径,并单击【确定】按钮。

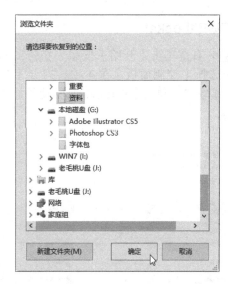

步骤07 恢复完成后,即可显示恢复的文件或文件夹,如下图所示。

 # 高手支招

技巧1:为U盘加密

在Window操作系统中,用户可以利用BitLocker功能为U盘进行加密,用于解决用户数据的失窃、泄漏等安全性问题。

使用BitLocker为U盘进行加密，具体操作步骤如下。

1. 启动BitLocker

步骤01 右键单击【开始】按钮，在弹出的菜单中选择【控制面板】菜单项，打开【控制面板】窗口，单击【BitLocker 驱动器加密】链接。

步骤02 打开【BitLocker 驱动器加密】窗口，窗口中显示了可以加密的驱动器盘符和加密状态，用户可以单击各个盘符后面的【启用BitLocker】链接，对各个驱动器进行加密。

步骤03 单击U盘后面的【启用BitLocker】链接，打开【正在启动BitLocker】对话框。

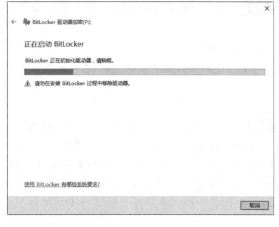

2. 为U盘进行加密

步骤01 启动BitLocker完成后，打开【选择希望解锁此驱动器的方式】对话框，勾选其中的【使用密码解锁驱动器】复选框。

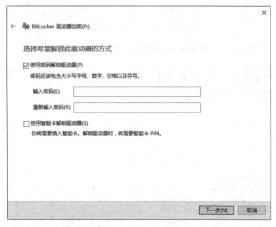

> **小提示**
>
> 用户还可以选择【使用智能卡解锁驱动器】复选框，或者是两者都选择。这里推荐选择【使用密码解锁驱动器】复选框。

步骤02 在【输入密码】和【再次输入密码】文本框中输入密码。

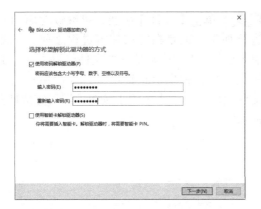

步骤 03 单击【下一步】按钮，打开【你希望如何备份恢复密钥】对话框，用户可以选择【保存到Microsoft帐户】、【保存到文件】或【打印恢复密钥】选项。这3个选项也可以同时都使用，这里选择【保存到文件】选项。

步骤 04 打开【将BitLocker恢复密钥另存为】对话框，在该对话框中选择将恢复密钥保存的位置，在【文件名】文本框中更改文件的名称。

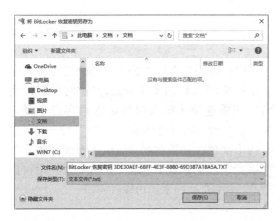

步骤 05 单击【保存】按钮，将恢复密钥保存起来，同时关闭对话框，并返回【您希望如何备份恢复密钥】对话框，在对话框的下侧显示已保存恢复密钥的提示信息，单击【下一步】按钮。

步骤 06 打开【选择要加密的驱动器空间大小】对话框，用户可以选择【仅加密已用磁盘空间】或【加密整个驱动器】单选项，选择后，单击【下一步】按钮。

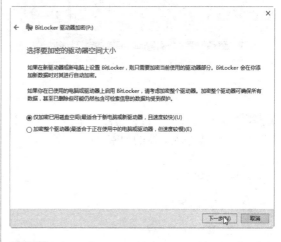

步骤 07 弹出【是否准备加密该驱动器】对话框，单击【开始加密】按钮。

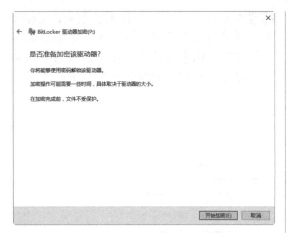

步骤 08 开始对可移动驱动器进行加密，加密的时间与驱动器的容量有关，但是加密过程不能中止。开始加密启动完成后，打开【BitLocker启动器加密】对话框，其中显示了加密的进度。

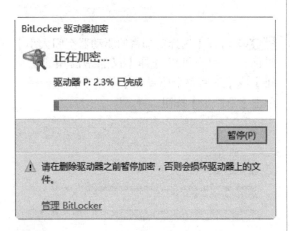

步骤 09 如果希望加密过程暂停，单击【暂停】按钮，即可暂停驱动器的加密。

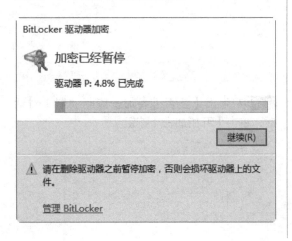

步骤 10 单击【继续】按钮，可继续对驱动器进行加密，但是在完成加密过程之前，不能取下U盘，否则驱动器内的文件将被损坏。加密完成后，弹出信息提示框，提示用户已经加密完成。单击【关闭】按钮，即可完成U盘的加密。

技巧2：加密U盘的使用

如果用户将启动了BitLocker To Go保护的U盘插入Windows操作系统的USB接口中，就会弹出【BitLocker 驱动器加密】对话框；如果没有弹出该对话框，则说明系统禁用了U盘的自启动功能，这时可以右键单击【此电脑】窗口中的U盘图标，在弹出的快捷菜单中单击【解锁驱动器】命令，打开BitLocker解锁对话框。

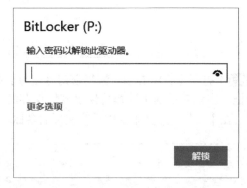

用户需要在【输入密码以解锁此驱动器】文本框中输入启用BitLocker保护时设置的密码，如果选中【键入时显示密码字符】复选框，则在输入密码时显示的是"*"号。也可以勾选【从现在开始在此计算机上自动解锁】复选框，当U盘解锁成功后，在当前系统中可以随意插拔U盘，而不用再输入密码。

小提示

用户也可以单击【更多选项】链接，打开如下对话框。可以使用恢复秘钥进行解锁，也可以勾选【在这台电脑上自动解锁】复选框，则在再次使用U盘时，无须输入密码解锁。

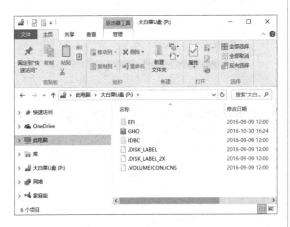

密码输入完毕后，单击【解锁】按钮，U盘很快就能成功解锁，然后在【此电脑】窗口中双击U盘图标，即可打开U盘，在其中可以正常地访问U盘并进行复制、粘贴以及创建文件夹等操作。

另外，当插入一个启动了BitLocker加密的U盘时，在【BitLocker 驱动器加密】窗口的驱动列表中会显示出来，用户可以单击【解锁驱动器】链接进行驱动器的解锁操作。

解锁成功后，出现【备份恢复秘钥】【更改密码】【删除密码】【添加智能卡】【启用自动解锁】和【关闭BitLocker】6个链接，如下图所示。

如果单击【备份恢复秘钥】链接，则会弹出【你希望如何备份恢复密钥】对话框，可对秘钥进行备份。

如果单击【更改密码】链接，则会弹出【更改密码】对话框，输入旧密码并设置新密码。如果忘记密码，可以单击【重置已忘记的密码】链接，重新设置新密码。

如果单击【添加智能卡】链接，添加智能卡加密。

如果单击【启动自动解密】链接，链接名称变为【禁用自动解锁】，则再次在该电脑上使用该U盘时不需要输入密码。

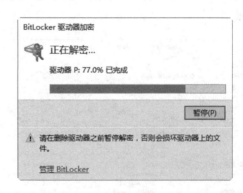

如果单击【关闭BitLocker】链接，弹出【关闭BitLocker】提示框，单击【关闭BitLocker】按钮，则可对U盘解密并关闭BitLocker驱动器加密设置。

第 11 章

电脑硬件的保养

学习目标

与普通家用电器一样，电脑在使用一段时间后，表面和主机内部或多或少都会积附一些灰尘或污垢，需要定期进行清洁保养的工作。本节主要讲述如何对电脑硬件进行保养。

学习效果

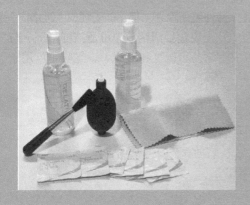

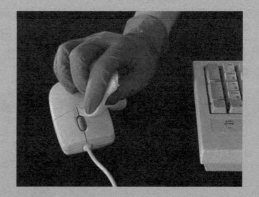

11.1 保养电脑注意事项

用户在维护电脑的时候要特别注意，各部件要轻拿轻放，尤其是硬盘，千万不能摔碰；拆卸时注意各插接线的方位，如硬盘线、电源线等，以便正确还原；还原用螺丝固定各部件时，应先对准部件的位置，再上紧螺丝。

尤其是主板，略有位置偏差就可能导致插卡接触不良；主板安装不平可能会导致内存条、适配卡接触不良甚至造成短路，时间长了可能会发生形变导致故障发生。

日常生活中静电是无处不在的，而这些静电足以损坏电脑的元器件，因此维护电脑时要特别注意静电防护。在拆卸维护电脑之前必须做到如下各点。

（1）断开所有电源。

（2）在打开机箱之前，双手应该触摸一下地面或者墙壁，释放身上的静电。

小提示

拿主板和插卡时，应尽量拿卡的边缘，不要用手接触板卡的集成电路。如果一定要接触内部线路，最好戴上接地指环。

（3）不要穿容易与地板、地毯摩擦产生静电的胶鞋在各类地毯或地板上行走。穿金属鞋能良好地释放人身上的静电，有条件的工作场所应采用防静电地板。

（4）保持一定的环境湿度，空气干燥也容易产生静电，理想湿度应为40%~60%。

（5）使用电烙铁、电风扇一类电器时应接好接地线。

小提示

有些原装和品牌电脑不允许用户自己打开机箱，如擅自打开机箱可能会失去一些应当由厂商提供的保修权利，因此，在保修期内最好不要随便打开机箱。

（6）在清洗各个部件时要注意防水，电脑的任何部件（部件表面除外）都不能受潮或者进水。

（7）可以购买清洁电脑套装（价格低廉，使用方便），主要包括清洁液（可清洁屏幕）、防静电刷子（可快速去除灰尘污垢和缝隙浮尘）、擦拭布（用于去除指纹和油渍）、气吹（可用于清除电源、风扇、主板等硬件上的灰尘）等。

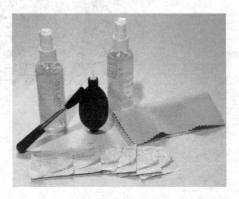

11.2 显示器保养

显示器是电脑所有部件中寿命最长，也是最为保值的配件。购买显示器的时候，用户往往非常关心显示器的分辨率、带宽、刷新率、色彩还原能力等，而在购买以后却常常忽略对它的保养，以致显示器的可靠性降低和使用寿命大大缩短。

据有关资料统计，显示器故障有50%是由于使用环境条件差引起的，30%是由于操作不当或管理不善导致的，真正由于质量差或元件老化自然损坏的故障只占20%。

因此，用户必须了解和掌握显示器的一般维护常识。

1. 显示器的环境要求

显示器长期放置在各种复杂的环境中，容易对显示器产生影响的环境因素包括温度、湿度、灰尘、光线、有害气体、电源等。

（1）温度。

液晶显示器一般的正常工作温度为0～40℃（具体产品参照其使用说明书）。环境温度过低时，显示器内部液晶分子会凝结，造成显示器画面不正常；环境温度过高时，显示器自身电路产生的高温不容易发散出去，造成散热不良，出现电路元件热击穿而引起显示器损坏。

（2）湿度。

湿度一般应保持在90%的条件下。湿度过大，易造成显示器的电路元件损坏或漏电；湿度过于干燥，容易产生静电，造成电击现象，使人体受伤或电路损坏。

（3）灰尘。

显示器内部的阳极高压在20～30kV之间，极易吸引空气中的尘埃粒子。当显示器放置在灰尘或粉尘大的环境中时，高压吸附的灰尘容易积聚在电路板上，造成显示器电路元器件散热不良而损坏，也可能因灰尘吸收空气中的水分而引起电路元器件变质或短路而造成故障。

（4）光线。

显示器荧光屏绝对不能受阳光直射或其他强光照射，否则会加速显示器荧光粉的老化。另外，在强光的照射下，使用者的眼睛也容易疲劳，降低工作效率。

（5）空气。

显示器不能放在酸性、腐蚀性、煤气等气体含量过高的环境中，否则会造成显示器电路元件过早老化而损坏。经常用到的煤气（包括煤炉产生的）是家用电器的大敌，因此显示器一定要避免在此类环境中使用。

（6）电源。

一般显示器的工作电压是交流100～240V。使用时必须接触良好，使用能够提供5A以上电流的电源插座。为了正常使用和避免显示器意外损坏，有条件时可以为电脑配备UPS后备电源。

（7）放置平台。

显示器等外设应放置在平稳不晃动的工作台上，避免造成意外损坏。

（8）海拔高度。

显示器的使用说明书中一般提到了海拔高度不超过10000英尺（大约3000米）。作为平原地区的用户可以不用关心这个问题，但是如果在青藏高原地区使用就需要考虑这个问题。

2. 正确使用显示器

随着电脑的更新换代，液晶显示器逐渐走进了普通消费群体之中，液晶显示器不仅能提供可靠的显示效果，使用户获得最佳的视觉享受，而且能保护用户的视力。

正确使用液晶显示器要注意如下几个方面。

（1）分辨率的设置。

在分辨率设置方面，最好使用产品所推荐的分辨率。

（2）不要用手摸屏幕。

液晶显示器的面板由许多液晶体构成，很脆弱，如果经常用手对屏幕指指点点，面板上会留下指纹，同时会在元器件表面积聚大量的静电电荷。

（3）正确清洁污渍。

如果显示屏上出现了污迹，可以用柔软的棉质布料蘸显示器专用清洁液轻轻擦拭，但不能太频繁地擦拭。

（4）适度使用。

长时间不间断使用很可能会加速液晶体的老化，而一旦液晶体老化，形成暗点的可能性会大大增加，这是不可修复的。但并不是说液晶显示器就不能长时间使用，厂家都会给出规定的连续使用时间，一般是72h，所以不必过分在意连续使用时间，有节制即可。

（5）尽量不要在显示器上运行屏保程序。

液晶显示器的成像需要液晶体的不停运动，运行屏保不但不会保护屏幕，而且会持续它的老化过程，很不可取。正确的方法是，该关就关，该用就用。

（6）避免强烈的冲击和震动。

显示屏非常娇弱，在强烈的冲击和震动下会被损坏，同时还有可能破坏显示器内部的液晶分子，使显示效果大打折扣。所以，使用时要尽量小心。

3. 显示器的清洁

（1）常用工具。

显示器专用清洁液、擦拭布（干净的绒布、干面纸均可）和毛刷等。

（2）注意事项。

① 清洁前，关闭显示器，切断电源，并拔掉电源线和显示信号线。

② 千万不可随意用任何碱性溶液或化学溶液擦拭CRT显示器玻璃表面。如果使用化学清洁剂进行擦拭，可能会造成涂层脱落或镜面磨损。

③ 液晶显示器在清洁时千万不能用水，因为水是液晶的大敌，一旦渗入液晶面板内部，屏幕

就会产生色调不统一的现象,严重的甚至会留下永久的暗斑。

（3）清洁方法。

① 对于显示器的清洁,防尘尤为重要。每次使用完电脑后套上防尘罩,可以有效防止灰尘进入其内部。对于液晶显示器可以贴上屏保,在保护屏幕的同时,更便于清洁。

② 外壳是显示器清洁工作中的重要部分。先使用毛刷轻轻扫除显示器外壳的灰尘。对于那些不能清除的污垢,可以使用干净的绒布,稍微沾一些清水擦拭污垢,但切勿让水渗入显示器内部。

③ 对于屏幕上的一般灰尘、指纹和油渍,使用擦拭布轻轻擦去即可。对于不易清除的污垢,叮以用擦拭布沾少许的专用的清洁液轻轻将其擦拭,但不可直接将清洁液喷洒到显示器上,否则很容易通过显示器边缘缝隙流入其内部,导致屏幕短路故障。用清洁液、擦拭布（干净的绒布、干面纸均可）和毛刷等。

11.3 鼠标和键盘保养

键盘和鼠标是电脑部件中使用频率最高的部分,因此需要注意对它们的保养和清洁。卜面介绍有关鼠标和键盘的保养和清洁知识。

1. 键盘的保养和清洁

键盘是最常用的输入设备之一,平时使用键盘切勿用力过大,以防按键的机械部件受损而失效。但由于键盘是一种机电设备,使用频繁,加之键盘底座和各按键之间有较大的间隙,灰尘非常容易侵入。因此定期对键盘进行清洁维护是十分必要的。

（1）常用工具。

毛刷（毛笔、废牙刷均可）、绒布、酒精（消毒液、双氧水均可）、键盘清洁胶（键盘泥）等。

（2）注意事项。

① 在键盘清洁前,拔掉连接线,断开与电脑的连接。

② 在清洁中尤其不能使水渗入键盘内部。

③ 不懂键盘内部构造的用户不要强拆键盘,只需进行一般的清洁工作即可。

（3）清洁方法。

首先,将键盘反过来轻轻拍打,让其内部的灰尘、头发丝、零食碎屑等落出。

其次,对于不能完全落出的杂质,可平放键盘,用毛刷清扫,再将键盘反过来轻轻拍打;也可以使用键盘清洁胶、键盘清洁器、键盘泥等对按键内部杂质进行清除。

最后,使用绒布对键盘的外壳进行擦拭,清除污垢。键盘擦拭干净后,使用酒精对按键进行消毒处理,并用干布擦干键盘即可。

使用时间较长的键盘需要拆开进行维护。拆卸键盘比较简单，拔下键盘与主机连接的电缆插头，将键盘正面向下放到工作台上，拧下底板上的螺丝，即可取下键盘后盖板。

下面分别介绍机械式按键键盘和电触点按键键盘的拆卸和维护方法。

（1）机械式按键键盘。

取下机械式按键键盘底板后将看到一块电路板，电路板被几颗螺丝固定在键盘前面板上，拧下螺丝即可取下电路板。

拔下电缆线与电路板连接的插头，即可用油漆刷或油画笔扫除电路板和键盘按键上的灰尘，一般不必用湿布擦拭。

按键开关焊接在电路板上，键帽卡在按键开关上。如果要将键帽从按键开关上取下，可用平口螺丝刀轻轻将键帽往上撬松后拔下。一般情况没有必要取下键帽，且有些键盘的键帽取下后很难还原。

如有某个按键失灵，可以焊下按键开关进行维修。组成按键开关的零件通常极小，因此拆卸、维修很不方便。由于是机械方面的故障，大多数情况下维修后的按键寿命极短，所以最好将同型号键盘按键或非常用键（如【F11】键）焊下与失灵按键交换位置。

（2）电触点按键键盘。

打开电触点按键键盘的底板和盖板之后，就能看到嵌在底板上的3层薄膜，3层薄膜分别是下触点层、中间隔离层和上触点层，上、下触点层压制有金属电路连线和与按键相对应的圆形金属触点，中间隔离层上有与上、下触点层对应的圆孔。

电触点按键键盘的所有按键都嵌在前面板上，在底板上的3层薄膜和前面板按键之间有一层橡胶垫，橡胶垫上的凸出部位与嵌在前面板上的按键相对应，按下按键后胶垫上相应的凸出部位就向下凹，使薄膜上、下触点层的圆形金属触点通过中间隔离层的圆孔相接触，送出按键信号。在底板的上角还有一小块电路板，其上的主要部件有键盘插座、键盘CPU和指示灯。

由于电触点按键键盘是通过上、下触点层的圆形金属触点接触送出按键信号的，因此如果薄膜上的圆形金属触点有氧化现象，就需用橡皮擦拭干净。另外，输出接口插座处如有氧化现象，必须用橡皮擦干净接口部位的氧化层。

嵌在底板上的3层薄膜之间一般无灰尘，只需用油漆刷清扫薄膜表面即可。橡胶垫、前面板、嵌在前面板上的按键可以用水清洗，如键盘较脏，可使用清洁剂。有些键盘嵌在前面板上的按键可以全部取下，但由于取下后还原100多只按键很麻烦，所以建议不要取下。

将所有的按键、前面板、橡胶垫清洗干净后，就可以安装还原。在安装还原时注意要等按键、前面板、橡胶垫全部晾干之后，方能还原键盘，否则会导致键盘内触点生锈，还要注意3层薄膜准确对位，否则会导致按键无法接通。

2. 鼠标的保养

鼠标是当今电脑必不可少的输入设备，当在屏幕上发现鼠标指针移动不灵时，就应当为鼠标除尘。

（1）常用工具。

绒布、硬毛刷（最好是废弃牙刷）、酒精等。

（2）注意事项。

与键盘清洁相似，主要注意断电、勿进水和勿强拆卸3点。

（3）清洁方法。

使用布片，沾少许水，将鼠标表面及底部擦拭干净。若鼠标垫脚处的污渍无法擦除，可以使用硬纸片刮除后再进行擦拭。

鼠标的缝隙不易用布擦除，可使用硬毛刷对缝隙的污垢进行清除。

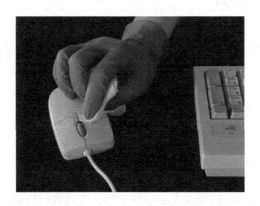

11.4 CPU保养

CPU作为电脑的心脏，从电脑启动那一刻起就不停地运行，它的重要性自然是不言而喻的，因此对它的保养显得尤为重要。在CPU的保养中散热是最关键的。虽然CPU有风扇保护，但随着耗用电流的增加所产生的热量也随之增加，从而CPU的温度也将随之上升。

高温容易使CPU内部线路发生电子迁移，导致电脑经常死机，缩短CPU的寿命；高电压更是危险，很容易烧毁CPU。

CPU的使用和维护要注意如下几点。

（1）要保证良好的散热。

CPU的正常工作温度为50℃以下，具体工作温度根据不同的CPU的主频而定。散热片质量要够好，并且带有测速功能，这样能与主板监控功能配合监测风扇工作情况。散热片的底层以厚的为佳，这样有利于主动散热，保障机箱内外的空气流通顺畅。

另外，可以使用鲁大师对CPU进行温度监控，方便排查散热故障。

（2）要减压和避震。

在安装CPU时应该注意用力要均匀。扣具的压力也要适中。

（3）超频要合理。

现在主流的台式机CPU频率都在3GHz以上，此时超频的意义已经不大，更多考虑的应是延长CPU的寿命。

（4）要用好硅脂。

硅脂在使用时要涂于CPU表面内核上，薄薄的一层就可以，过量使用会有可能渗漏到CPU表面接口处。硅脂在使用一段时间后会干燥，这时可以除净后再重新涂上。

小提示

最好不要再对高频率CPU超频。对原本发热量已经很大的高频率CPU再进行超频，不仅难以保证系统稳定运行，CPU被烧毁的可能性也将大大增加。此外，休眠时应设定CPU风扇不停转，并把休眠时的CPU功耗设置为0%。CPU在休眠时尽量减少发热，也是防止烧毁的必要方法。

11.5 主板保养

现在的电脑主板所使用的元件和布线都非常精密，灰尘在主板中积累过多时，会吸收空气中的水分，此时灰尘就会呈现一定的导电性，可能把主板上的不同信号进行连接或把电阻、电容短路，致使信号传输错误或者工作点变化而导致主机工作不稳定或不启动。

在实际电脑使用中遇到的主机频繁死机、重启、找不到键盘鼠标、开机报警等情况，多数是由于主板上积累了大量灰尘导致的，在清扫机箱内的灰尘后故障不治自愈就是这个原因。

主板上给CPU、内存等供电的是大大小小的电容，电容最怕高温，温度过高很容易就会造成电容击穿而影响正常使用。很多情况下，主板上的电解电容鼓泡或漏液、失容，并非是因为产品质量有问题，而是因为主板的工作环境过差。

一般鼓泡、漏液、失容的电容多数出现在CPU的周围、内存条边上、AGP插槽旁边，因为这几个部件是电脑中的发热大户，在长时间的高温烘烤中，铝电解电容就可能会出现上述故障。

了解上述情况之后，在购机时就要有意识地选择宽敞、通风的机箱。另外，定期开机箱除尘也必不可少，一般是用毛刷轻轻刷去主板上的灰尘。由于主板上一些插卡、芯片采用插脚形式，常会因为引脚氧化而接触不良，所以可用橡皮擦去表面氧化层并重新插接。当然，有条件时可以用挥发性能好的三氯乙烷来清洗主板。

11.6 内存保养

内存是系统临时存放数据的地方，一旦出现了问题，将导致电脑系统的稳定性下降、黑屏、死机和开机报警等故障。

内存条和各种适配卡的清洁包括除尘和清洁电路板上的金手指，除尘用油画笔即可。

> **小提示**
>
> 金手指是电路板和插槽之间的连接点，如果有灰尘、油污或者被氧化均会造成接触不良。陈旧的电脑中大量故障由此而来。高级电路板的金手指是镀金的，不容易氧化。

为了降低成本，一般适配卡和内存条的金手指没有镀金，只是一层铜箔，时间长了将发生氧化。可用橡皮擦来擦除金手指表面的灰尘、油污或氧化层，切不可用砂纸类东西擦拭金手指，否则会损伤极薄的镀层。

11.7 硬盘保养

当组装好一台新机器，能正常启动之后，需要先对硬盘分区格式化，再安装操作系统和应用软件，开始漫长的使用过程。因此，硬盘的管理、优化工作十分重要。

由于现在的硬盘容量越来越大，因而出现了两个重要的问题：空间问题和速度问题。硬盘容量的增大使得很多人节约空间的概念消失，就会忽视经常整理硬盘中文件的必要性，导致垃圾文件（无用文件）过多而侵占了硬盘空间。这就是为什么有人会觉得剩余空间莫名其妙变少的缘故。垃圾文件过多，还会导致系统寻找文件的时间变长。

此外，同样的程序在别人的机器上能顺利地安装运行，而在自己的机器上却不行，其中的原因多半就是因为硬盘中的垃圾DLL（动态链接库）文件过多（有的程序卸载时，不删除其附属的DLL文件）和其解压环境（临时空间过小）的问题。

还有就是运行程序时的"非法操作"：同样的软件，在刚装完系统时能正常运行而在安装一些程序后，系统就会报错，这些都是由于硬盘的垃圾文件过多互相干扰造成的。这些问题使得硬盘的总利用率不高。

为了更好地使用硬盘，有必要进行一些系统的软件优化，比如回收硬盘浪费的空间，提高硬盘的读、写速度等。硬盘中的内容可能经常发生变化，从而会产生硬盘空间使用不连续的情况。而且，经常性地删除、增加文件也会产生很多的文件碎片。文件碎片多了，会影响到硬盘的读、写速度，引起簇的连接错误和丢失文件等情况的发生。

要经常整理硬盘，比如两个星期或一个月一次。当硬盘的使用空间连续分布时，其工作效率会大大提高。如果一次删除100MB以上的文件，建议在删除后马上整理硬盘，可以使用Windows自带的磁盘检测整理工具，也可以使用第三方磁盘整理工具。

千万不要在硬盘使用过程中移动或震动硬盘。因为硬盘是复杂的机械装置，大的震动会让磁头组件碰到盘片上，引起硬盘读写头划破盘表面，这样可能损坏磁盘面，潜在地破坏存储在硬盘上的数据，更严重的还可能损坏读写头，使硬盘无法使用。

11.8 其他设备保养

用户除了需要掌握电脑内部硬件的保养外，还需要了解外部设备的保养方法。常见的外部硬件设备有打印机和扫描仪等。要让打印机和扫描仪高效、长期为自己服务，就一定不能忽视对它们的保养和维护工作。

11.8.1 打印机日常保养与维护

无论用户使用哪种类型的打印机，都必须严格遵守以下几点注意事项。

（1）放置要平稳，以免打印机晃动而影响打印质量、增加噪声，甚至损坏打印机。

（2）不放在地上，以免灰尘积累。

（3）不使用打印机时，要将打印机盖上，以防灰尘或其他脏东西进入，影响打印机的性能和打印质量。

（4）不在打印机上放置任何东西，尤其是液体。

（5）在插拔电源线或信号线前，应先关闭打印机电源，以免电流损坏打印机。

（6）不使用质量太差的纸张，如太薄、有纸屑或含滑石粉太多的纸张。

（7）清洗打印机时要关闭打印机开关，并用干净的软布进行擦拭，不要让酒精等液体流入打印机，并且尽量不要触及打印机内部的部件。

此外，下面再介绍一些针对不同类型打印机的注意事项。

11.8.2 针式打印机保养与维护

针式打印机是通过打印针击打色带来完成打印的，因此保证打印针的安全就很重要。针式打印机在日常维护中应注意以下一些事项。

（1）装纸时要平稳端正，否则就会形成折皱，轻则浪费纸张，重则造成断针。

（2）打印不同厚度的纸张（如卡片、蜡纸或多层票据）时，要调整纸张厚度的调节杆，使打印头与胶辊之间的距离与纸张相适应。

（3）打印连续的打印纸时，要将打印纸两边的纸孔与送纸器的齿轮装好，并且将打印纸放在合适的位置以免卡纸。

（4）长时间不使用打印机时，要将色带盒（架）从打印机中取下，放在密封的地方，以免色带上的墨水蒸发，缩短色带寿命。

（5）更换色带时，一定要将色带理顺，不要让色带在色带盒中扭劲，否则会造成色带无法转动，甚至损坏打印机。

11.8.3 喷墨打印机保养与维护

在使用喷墨打印机时，要注意以下一些事项。

（1）在打印时必须关闭打印机前盖，以防止灰尘或其他脏物进入机内，阻碍打印头的运动而引起故障。

（2）墨盒未使用完时，最好不要从打印机上取下，以免造成墨水浪费或打印机对墨水的计量失误。

（3）确保使用环境的清洁，以免灰尘太多导致字车导轴润滑不好，使打印头的运动在打印过程中受阻，引起打印位置不准确或撞击机械框架而造成死机。应经常清除字车导轴上的灰尘，并使用流动性较好的润滑油（如缝纫机油）进行润滑。

（4）打印时要把托纸架完全拉开，否则打印纸的后半段下垂，不能进入打印机，有时会造成卡纸现象，还会使打印头空走，浪费墨水又会使墨水滴在打印机内部，给打印机造成不必要的损害。

（5）要通过打印机开关来关闭打印机，而不是直接切断电源，以便使打印头回到初始位置。因为打印头在初始位置可以受到保护罩的密封，使喷头不易堵塞，并且还可以避免下次开机时打印机重新进行清洗打印头操作而浪费墨水。

（6）如果同时打开两个墨盒，应把暂时不用的墨盒放入墨盒匣里，以免喷头堵塞。

（7）更换墨盒时，一定要按照正确步骤进行，并且在打印机开机的状态下进行。因为重新更换墨盒后，打印机将对墨水输送系统进行充墨，而充墨过程无法在关机状态下进行。有些喷墨打印机是通过打印机内部的电子计数器来计算墨水容量的（特别是对彩色墨水使用量的统计），当该计数器达到一定值时，打印机就会判断墨水用尽。而在更换墨盒的过程中，打印机将对内部的电子计数器进行复位，从而确认安装了新的墨盒。

（8）墨盒长期不使用时，应放在室温条件下，并且避免日光直射。

（9）打印时如果输出不太清晰，有条纹或其他缺陷，可以用打印机的自动清洗功能清洗打印头。若连续清洗几次之后打印仍不满意，表明可能墨水已经用完，需要更换墨盒。

（10）喷墨打印机的墨水有使用温度的限制，只有在规定的温度范围内才能发挥墨水的最佳性能（一般5~35℃）。温度过低墨水可能会冻结，温度过高则影响墨水的化学性能。

11.8.4　激光打印机保养与维护

在使用激光打印机时，要注意以下一些事项。

（1）激光打印机依靠静电工作，能够强烈地吸附灰尘，因此要特别注意防尘，不要使用尘粉较多和质量不好的纸张。

（2）装纸前要注意放掉纸上的静电，并将纸张抖开，以免影响正常进纸和打印质量。

（3）更换硒鼓时，可以先轻摇粉盒，使墨粉均匀地分布，这样可有助于取得好的打印效果。

（4）如果输出量很大，可在工作一段时间后停下来休息一会再继续输出，也可以使用两个粉盒来交替工作，以延长硒鼓的寿命。

（5）如果用于测纸的光电传感器被污染，打印机将检测不到有、无纸张的信号，导致打印失败，这时可以用脱脂棉球擦拭相应的传感器表面，使它们保持干净，始终具备传感灵敏度。

（6）对于其他传输部分，如搓纸轮、传动齿轮、输出传动轮等部件，不需要特殊的维护，平常只要保持清洁即可。

11.8.5　扫描仪日常保养与维护

扫描仪是一种比较精致的设备，用户在平时使用时，一定要认真做好保养和维护工作。常见的方法有以下两种。

在扫描仪的使用过程中，不要轻易地改变这些光学装置的位置，尽量不要有大的震动。遇到扫描仪出现故障时，不要擅自拆修，一定要送到厂家或者指定的维修站。同时在运送扫描仪时，一定要把扫描仪背面的安全锁锁上，以避免改变光学配件的位置。

做好定期的保洁工作。扫描仪中的玻璃平板以及反光镜片、镜头如果落上灰尘或者其他一些杂质，会使扫描仪的反射光线变弱，从而影响图片的扫描质量。为此一定要在无尘或者灰尘尽量少的环境下使用扫描仪，用完以后，一定要用防尘罩把扫描仪遮盖起来，以防止更多的灰尘侵袭。当长时间不使用时，还要定期地对其进行清洁。清洁时，可以先用柔软的细布擦去外壳的灰尘，然后用清洁剂和水对其认真地进行清洁，最后再对玻璃平板进行清洗，并用软干布将其擦干净。

高手支招

技巧：机箱的维护

随着使用时间的加长，电脑各个部件上的灰尘积聚得越来越多，尤其是风扇和风扇下的散热片上更容易积聚灰尘，这样会直接影响风扇的转速和整体散热效果。一般一台每天都使用的电脑，每隔半年就要进行一次除尘操作。

1. 常用工具

毛刷（毛笔、软毛刷、废弃牙刷均可）、绒布（清洗剂）、吹风机（家用吹风机即可）、气吹。

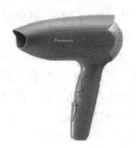

2. 注意事项

在擦拭机箱外壳时注意布上含水不要太多，以免水滴落到机箱内部，对主板造成损坏。清洁方法如下。

（1）用干布将浮尘清除掉，机箱外壳上很容易附着灰尘和污垢。

（2）用沾了清洗剂的布蘸水，将机箱外壳上的一些顽渍擦掉。

（3）用毛刷轻轻刷掉或者使用吹风机吹掉机箱后部各种接口表层的灰尘。

第4篇
故障处理篇

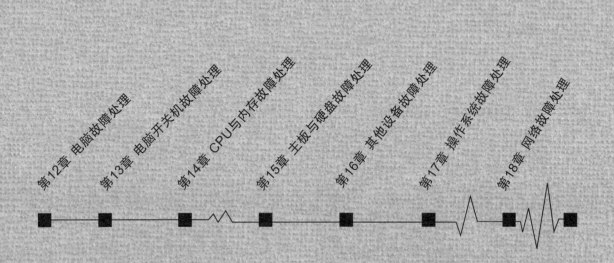

第 **12** 章

电脑故障处理

学习目标

电脑的核心部件包括主板、内存、CPU、硬盘、显卡、电源和显示器等，任何一个硬件出现问题都会造成电脑不能正常使用。电脑故障也会使用户非常头疼，不知如何下手，其实很多电脑故障用户都可以自行解决。本章主要讲述故障处理的基础知识、故障产生的原因、故障的诊断原则和故障的分析方法等。

学习效果

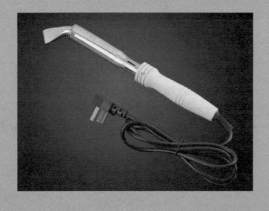

12.1 电脑故障处理基础

 局域网系统主要由硬件系统、软件系统和外部设备系统3部分组成，因此常见的局域网故障分为硬件故障、软件故障和外部设备故障3类。

12.1.1 硬件故障

硬件故障主要是指电脑硬件中的元器件发生故障而不能正常工作。一旦出现硬件故障，用户需要及时维修，以保证网络的正常运行。常见的硬件故障分为以下几种。

1. 硬件质量问题

有些硬件故障和硬件本身的质量有关，对此用户可以更换新的硬件。

2. 接触不良的故障

这类故障主要是由于各种板卡、内存和CPU等与主板接触不良，或电源线、数据线、音频线等连接不良。其中，各种接口卡、内存与主板接触不良的现象较为常见，用户只要更换相应的插槽位置或用橡皮擦一下金手指，即可解决这类故障。

3. 参数设置错误

这类故障发生的原因是CMOS参数的设置问题。CMOS参数主要有硬盘、软驱、内存类型，以及口令、机器启动顺序、病毒警告开关等。由于参数未设置或设置不当，系统也会出现出错的警告信息提示。

4. 电路故障

这类故障主要是由于主板、内存、显卡、键盘驱动器等电路芯片损坏、电阻开路，也可能是因为电脑散热不良引起的硬件短路等。

12.1.2 软件故障

软件故障是指在用户使用软件的过程中出现的故障。其原因有丢失文件、文件版本不匹配、内存冲突、内存耗尽等。常见软件故障的表现有以下几个方面。

1. 驱动程序故障

驱动程序故障可引起电脑无法正常使用。如果未安装驱动程序或驱动程序间产生冲突，在操作系统下的资源管理器中就可发现一些标记，其中"？"表示未知设备，通常是设备没有正确安装，"！"表示设备间有冲突，"×"表示所安装的设备驱动程序不正确。

2. 重启或死机

运行某一软件时，系统自动重新启动或死机，只能按机箱上的重启键才能够重新启动电脑。

3. 提示内存不足

在软件运行过程中，提示内存不足，不能保存文件或某一功能不能使用。这种现象经常出现在图像处理软件（例如Photoshop、AutoCAD等）中。

4. 运行速度缓慢

在电脑使用过程中，当用户打开多个软件时，电脑的速度明显变慢，甚至出现假死机的现象。

5. 软件中毒

病毒对电脑的危害是众所周知的，轻则影响机器速度，重则破坏文件或造成死机。一旦病毒感染了软件，就可能在后台启动软件，甚至破坏软件的文件，导致软件无法使用。

12.1.3 外部设备故障

外部设备故障是在外部设备使用过程中出现的故障。通常外部设备包括音箱设备、交换机、路由器、打印机、扫描仪和复印机等。常见的外部设备故障表现为以下几种。

1. 音箱的故障

音箱的故障包括音箱的噪声比较大、音箱没有声音、安装集成声卡后音箱没有声音、声卡驱动不能安装等。

2. 交换机故障

交换机故障通常分为电源故障、端口故障、模块故障、背板故障和交换机系统故障。由于外部供电不稳定，或者电源线路老化，或者雷击等原因导致电源损坏或者风扇停止，从而导致交换机不能正常工作，这种故障在交换机故障中较为常见。无论是光纤端口还是双绞线的RJ-45端口，在插拔接头时一定要小心，否则插头很容易被弄脏，导致交换机端口被污染而影响正常的通信。

3. 路由器故障

路由器是一种网络设备，主要用于对外网的连接，执行路由选择任务的工具。常见的路由器故障包括不能正常启动、网络瘫痪、路由器端口损坏等。

4. 打印机故障

打印机是电脑的常用外部设备，在实际工作中，它已逐渐成为不可缺少的工具。打印机的故障主要包括打印效果与预览效果不同、打印掉色、打印出白纸、打印机无法正确打印字体、打印机不能进纸、打印机使用中经常停机等。

12.2 故障产生的原因

电脑故障产生的原因很多，大致上可以分为硬件引起的故障和软件引起的故障。

1. 硬件产生的故障

电脑的硬件故障主要是指物理硬件的损坏、CMOS参数设置不正确、硬件之间不兼容等引起的电脑不能正常使用的现象。硬件故障产生的原因主要来自于内存不兼容或损坏、CPU针脚问题、硬盘损坏、机器磨损、静电损坏、用户操作不当和外部设备接触不良等。

虽然硬件故障产生的原因很多，但归纳起来有以下几种。

（1）非正常使用。

当电脑出现故障时，如果用户在机器运行的情况下乱动机箱内部的硬件或连线，很容易造成硬件的损坏。例如当系统在运行时，如果用户直接把硬盘卸掉，很容易造成数据的丢失，或者造成硬盘的物理坏道，这主要是因为硬盘此时正在高速运转。

（2）硬件的不兼容。

硬件之间在相互搭配工作的时候，需要具有共同的工作频率。同时由于主板对各个硬件的支持范围不同，所以硬件之间的搭配显得至关重要。例如在升级内存时，如果主板不支持，将造成无法开机的故障。如果插入两个内存，就需要尽量选择同一型号的产品，否则也会出现硬件故障现象。

（3）灰尘太多。

灰尘一直是硬件的隐形杀手，机器内灰尘过多会引起硬件故障。如软驱磁头或光驱激光头沾染过多灰尘后，会导致读写错误，严重的会引起电脑死机。另外，在潮湿天气下，灰尘还易造成电路短路，灰尘对电脑的机械部分也有极大影响，会造成运转不良，从而不能正常工作。

（4）硬件和软件不兼容。

每一个版本的操作系统或软件都会对硬件有一定的要求，如果不能满足要求，也会产生电脑故障。例如一些三维软件和一些特殊软件，由于对内存的需要比较大，当内存较小时，系统会出现死机等故障现象。

（5）CMOS设置不当。

CMOS设置的有关参数需要和硬件本身相符合。如果设置不当，会造成系统故障。如硬盘参数设置、模式设置、内存参数设置不当从而导致计算机无法启动。如将无ECC功能的内存设置为具有ECC功能，这样就会因内存错误而造成死机。

（6）周围的环境。

电脑周围的环境主要包括电源、温度、静电和电磁辐射等因素。过高过低或忽高忽低的交流电压都将对电脑系统造成很大危害。如果电脑的工作环境温度过高，对电路中的元器件影响最大，首先会加速其老化损坏的速度，其次过热会使芯片插脚焊点脱焊。由于目前电脑采用的芯片仍为CMOS电路，从而环境静电会比较高，这样很容易造成电脑内部硬件的损坏。另外，电磁辐射也会造成电脑系统的故障，所以电脑应该远离冰箱、空调等电气设备，不要与这些设备共用一个插座。

2. 软件引起的故障

软件在安装、使用和卸载的过程中也会引起故障。主要原因有以下几个方面。

（1）系统文件误删除。

由于Windows操作系统启动需要有Command.com、Io.sys、Msdos.sys等文件，如

果这些文件遭到破坏或被误删除，会引起电脑不能正常使用。

（2）病毒感染。

电脑感染病毒后，会出现很多种故障现象，如显示内存不足、死机、重启、速度变慢、系统崩溃等现象。这时用户可以使用杀毒软件（如360杀毒、金山毒霸、瑞星等）来进行全面查毒和杀毒，并做到定时升级杀毒软件。

（3）动态链接库文件（DLL）丢失。

在Windows操作系统中还有一类文件也相当重要，这就是扩展名为DLL的动态链接库文件，这些文件从性质上来讲属于共享类文件，也就是说，一个DLL文件可能会有多个软件在运行时需要调用它。例如，用户在删除一个应用软件的时候，该软件的反安装程序会记录它曾经安装过的文件并准备将其逐一删去，这时候就容易出现被删掉的动态链接库文件同时还被其他软件用到的情形，如果丢失的链接库文

件是比较重要的核心链接文件，那么系统就会死机甚至崩溃。

（4）注册表损坏。

在操作系统中，注册表主要用于管理系统的软件、硬件和系统资源。有时由于用户操作不当、黑客的攻击、病毒的破坏等原因造成注册表的损坏，也会造成电脑故障。

（5）软件升级故障。

大多数人可能认为软件升级是不会有问题的，事实上，在升级过程中都会对其中共享的一些组件也进行升级，但是其他程序可能不支持升级后的组件从而引起电脑的故障。

（6）非法卸载软件。

不要把软件安装所在的目录直接删掉。如果直接删掉，注册表以及Windows目录中会有很多垃圾存在，时间长了，系统也会不稳定，从而产生电脑故障。

12.3 故障诊测的原则

用户要更快更好地排除电脑故障，就必须遵循一定的原则。下面介绍常见的故障诊断原则。

12.3.1 先假后真

电脑故障有真故障和假故障两种。在发现电脑故障时首先要确定是否为假故障，仔细观察电脑的环境，是否有其他电器的干扰，设备之间的连线是否正常，电源开关是否打开，自己的操作是否正确等，排除假故障之后，方可进行真故障的诊断与修理。

12.3.2 先软后硬

所谓先软后硬诊断原则，是指在诊断的过程中，先判断是否为软件故障，然后检查是否为软件问题。当软件没有任何问题时，如果故障仍不能消失，再从硬件方面着手检查。

12.3.3 先外后内

当故障涉及外部设备时，应先检查机箱及显示器等外部部件，特别是机箱外的一些开关、旋

钮是否调整了，外部的引线、插座有无断路、短路现象等，实践证明许多用户的电脑故障都是由此而起的。当确认外部设备正常时，再打开机箱或显示器进行检查。

12.3.4 先简单后复杂

在进行电脑故障诊断的过程中，应先进行简单的检查工作，如果还不能消除故障，再进行那些相对比较复杂的工作。所谓简单，是指对电脑的观察和对周围环境的分析。观察的具体内容包含以下几个方面。

（1）电脑周围的环境情况，包括位置、电源、连接、其他设备、温度与湿度等。

（2）电脑所表现的现象、显示的内容，以及它们与正常情况下的异同。

（3）电脑内部的环境情况，包括灰尘、连接、器件的颜色、部件的形状、指示灯的状态等。

（4）电脑的软硬件配置，包括安装了什么硬件、资源的使用情况、使用的是哪个版本的操作系统、安装了什么应用软件、硬件的设置驱动程序版本等。

用户需要分析的内容包括以下几个方面。

（1）判断在最小系统下电脑是否正常。

（2）判断环境没有问题的，部件是什么以及怀疑的部件是什么。

（3）在一个干净的系统中，添加硬件和软件来进行分析判断。

从简单的事情做起，有利于集中精力进行故障的判断与定位。所以用户需要在认真观察后，再进行判断与维修。

12.3.5 先一般后特殊

遇到电脑故障时，用户首先需要考虑带有普遍性和规律性的常见故障，以及最常见的原因是什么，如果这样还不能解决问题，再考虑比较复杂的原因，以便逐步缩小故障范围，由面到点，缩短修理时间。如电脑启动后显示器灯亮，但不显示图像，此时用户应该先查看显示器的数据线是否连接正常，或者换根数据线试试，也许这样就可以解决问题。

12.4 电脑维修的常用工具

在进行电脑故障的诊断和排除前，用户需要准备好常用的工具，包括系统盘、常用软件、螺丝刀、镊子、万用表、主板测试卡、热风焊台、皮老虎、毛刷等。

12.4.1 系统安装盘

当系统不能正常启动时，电脑必须重新安装系统，所以要准备好一张系统安装盘，它可以是安装光盘，也可以是带有系统安装程序的U盘或移动硬盘。

用户可以在微软官网下载和购买原装系统盘，也可以下载一些GHOST版系统，具体如何制作U盘启动盘可以参见第5章"高手支招"的内容。

12.4.2 拆卸工具

在拆卸电脑机箱或笔记本电脑时，常需要用到螺丝刀、镊子、尖嘴钳等工具。

1. 螺丝刀

螺丝刀的种类很多，在维修电脑的过程中，经常使用的有一字和十字螺丝刀，六螺丝刀主要用于固定硬盘电路板上的螺丝。在选择螺丝刀上，最好选择带有磁性的，各级别都要有，以方便快速处理大大小小的螺丝钉。

3. 尖嘴钳

在电脑维修中，尖嘴钳可以拆卸一些机箱外壳上得较紧的螺丝，也可以用于剪短一些连接线等。

2. 镊子

由于机箱的空间不大，在设置主板上的跳线和硬盘等设备时，无法用手直接设置，可以借助镊子完成。

12.4.3 清洁工具

在电脑故障处理中，很多故障原因是由于机箱内灰尘太多造成的，需要配备常用的清洁工具，清洁机箱，如屏幕清洁剂套装、毛刷、电脑吹风机等。

1. 屏幕清洁剂套装

屏幕清洁剂套装是液晶屏幕清洁的专用产品，一般包括清洁剂、擦拭布和刷子，这些物品不仅可以去除屏幕上的油污、指印和灰尘，还可以使用刷子清洁电脑和键盘的死角。

2. 除尘毛刷

除尘毛刷主要用来清洁风扇、板卡上的灰

尘，且不对板卡上的元件造成损坏。

3. 吹气囊或电脑吹风机

对于一些较难用毛刷处理的灰尘，如机箱深部的死角，可以使用吹气囊或电脑吹风机尝试清除。当然，如果没有类似专业的工具，借助家中备有的打气筒或吹风机等，也可以达到一定的清洁效果。

除了上述清洁工作外，如果内存、显卡等金手指地方较脏，可以使用橡皮擦拭上面的氧化物。

12.4.4 焊接工具

在电脑维修中，经常要用到焊接工具来焊接电脑元件，焊接工具常用的有电烙铁、焊锡、热风枪和热风焊台等。

1. 电烙铁

电烙铁是维修电路板必不可少的工具之一，主要用于焊接元件和导线。电烙铁按机械结构可分为内热式电烙铁和外热式电烙铁。

内热式电烙铁由手柄、连接杆、弹簧夹、烙铁芯、烙铁头组成。由于烙铁芯安装在烙铁头里面，因而发热快，热利用率高，因此，称为内热式电烙铁。内热式电烙铁的常用规格为20W、50W几种。内热式的电烙铁发热效率较高，更换烙铁头较方便，体积小，价格便宜，是一般用户的最佳选择。

外热式电烙铁由烙铁头、烙铁芯、外壳、木柄、电源引线、插头等部分组成。由于烙铁头安装在烙铁芯里面，故称为外热式电烙铁。烙铁芯是电烙铁的关键部件，它是将电热丝平行地绕制在一根空心瓷管上构成，中间用云母片绝缘，并引出两根导线与220V交流电源连接，一般功率在45~100W之间，可以焊接一些较大的元件。

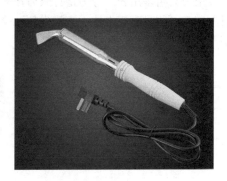

在使用电烙铁时，为了确保安全，建议使用烙铁架，在预热时用于摆放烙铁，并配用耐热海绵来擦洗烙铁头。

保护作用及阻止氧化反应的化学物质，常用松香或松香水。在焊接导线或元件时，也可以采用焊锡膏，不过它具有腐蚀性，焊接后应及时清除残留物。

2. 焊锡和助焊剂

在焊接元件时，需要使用焊锡和助焊剂，一般常采用松香芯焊锡线或焊锡丝，它在焊锡中加入了助焊剂，使焊锡丝熔点较低，使用方便。

助焊剂主要是帮助和促进焊接过程，具有

3. 热风焊台

热风焊台是一种贴片原件和贴片集成电路的拆焊工具，主要由气泵、线路电路板、气流稳定器、手柄等组成。

12.4.5　万用表

万用表又叫多用表，分为指针式万用表和数字万用表，是一种多功能、多量程的测量仪表。一般万用表可测量直流电流、直流电压、交流电流、交流电压、电阻和音频电平等。下图所示是数字万用表。

12.4.6　主板测试卡

主板诊断卡也叫POST卡（Power On Self Test，加电自检），广泛用于主板维修中，它是插在PCI槽上的一个测试卡，当电脑开机时，上面会有数字跳变，通过数字的跳变和显示的数字情况来确定主板的故障范围。主板诊断卡工作原埋是利用主板中BIOS内部程序的检测结果，通过主板诊断卡代码一一显示出来，结合诊断卡的代码速查表就能很快地知道电脑故障所在。尤其在电脑不能引导操作系统、黑屏、喇叭不叫时，使用本卡更能体现其便利，事半功倍。

12.5　故障诊断的方法

掌握好故障诊断的原则后，下面介绍几种故障的诊断方法。

12.5.1　查杀病毒法

病毒是引起电脑故障的常见因素，用户可以使用杀毒软件进行杀毒以解决故障问题。常用的杀毒软件包括360杀毒、腾讯管家、Windows Defender等。利用这些软件先进行全盘扫描，发现病毒后及时查杀；如果没有发现病毒，可以升级病毒库。查杀病毒法在解决电脑故障时是用户首先需要考虑的方法，可以使用户少走很多弯路。

12.5.2　清洁硬件法

对于长期使用的电脑，一旦出现故障，用户就需要考虑灰尘的问题。因为长时间的灰尘积累，会影响电脑的散热，从而引起电脑故障，所以用户需要保持电脑清洁。同时还要查看主板上的引脚是否有发黑的现象，这是引脚被氧化的表现。一旦引脚被氧化，很有可能导致电路接触不良，从而引起电脑故障。

在清洁硬件的过程中，应注意以下几个方面的事项。

（1）注意风扇的清洁。包括CPU风扇、电源风扇和显卡风扇等。在清洁风扇的过程中，最好能在风扇的轴处涂抹一点钟表油，加强润滑。

（2）注意风道的清洁。在机箱的通风处清洗，保证通风的畅通性。

（3）注意接插头、座、槽、板卡金手指部分的清洁。对于金手指，用户可以用橡皮或酒精棉擦拭。插头、座、槽的金属引脚上的氧化物，采用橡皮擦或专业的清洁剂清除即可。

（4）大规模集成电路、元器件等引脚处的清洁。清洁时，应用小毛刷或吸尘器等除掉灰尘，同时要观察引脚有无虚焊和潮湿的现象，元器件是否有变形、变色或漏液现象。

（5）注意使用的清洁工具。清洁用的工具首先应是防静电的。如清洁用的小毛刷，应使用天然材料制成的毛刷，禁用塑料毛刷。其次是如使用金属工具进行清洁时，必须切断电源，且对金属工具进行放静电的处理。

（6）对于比较潮湿的情况，应想办法使其干燥后再使用。可用的工具包括电风扇、电吹风等，也可让其自然风干。

12.5.3 直接观察法

直接观察法可以总结为"望、闻、听、切"4个字，具体方法如下。

（1）望。观察系统板卡的插头、插座是否歪斜；电阻、电容引脚是否相碰，表面是否烧焦；芯片表面是否开裂；主板上的铜箔是否烧断。还要查看是否有异物掉进主板的元器件之间(造成短路)，也要观察板上是否有烧焦变色的地方，印制电路板上的走线(铜箔)是否断裂等。

（2）闻。闻主机、板卡中是否有烧焦的气味，便于发现故障和确定短路所在地。

（3）听。监听电源风扇、软/硬盘电机或寻道机构、显示器变压器等设备的工作声音是否正常。另外，系统发生短路故障时常常伴随着异常声响。监听可以及时发现一些事故隐患和帮助在事故发生时即时采取措施。

（4）切。即用手按压管座的活动芯片，看芯片是否松动或接触不良。另外，在系统运行时用手触摸或靠近CPU、显示器、硬盘等设备的外壳，根据其温度可以判断设备运行是否正常；用手触摸一些芯片的表面，如果发烫，则为该芯片损坏。

12.5.4 替换法

替换法是用好的部件代替可能有故障的部件，以判断故障现象是否消失的一种维修方法。好的部件可以是同型号的，也可以是不同型号的。替换一般按以下4个步骤进行。

（1）根据故障的现象或第二部分中的故障类别，考虑需要进行替换的部件或设备。

（2）按"先简单，后复杂"的顺序进行替换。例如，先内存、CPU，后主板；如要判断打印故障时，可先考虑打印驱动是否有问题，再考虑打印电缆是否有故障，最后考虑打印机或并口是否有故障等。

（3）最先考查与怀疑有故障的部件相连接的连接线、信号线等，之后是替换怀疑有故障的部件，再后是替换供电部件，最后是与之相关的其他部件。

（4）从部件的故障率高低来考虑最先替换的部件。故障率高的部件先进行替换。

12.5.5 插拔法

插拔法包括逐步添加和逐步去除两种方法。

（1）逐步添加法，以最小系统为基础，每次只向系统添加一个部件/设备或软件，检查故障现象是否消失或发生变化，以此判断并定位故障部位。

（2）逐步去除法，正好与逐步添加法的操作相反。

逐步添加/去除法一般要与替换法配合，才能较为准确地定位故障部位。

12.5.6 最小系统法

最小系统是指从维修判断的角度能使电脑开机或运行的最基本的硬件和软件环境。最小系统有两种形式。

一是硬件最小系统：由电源、主板和CPU组成。在这个系统中，没有任何信号线的连接，只有电源到主板的电源连接。在判断过程中是通过声音来判断这一核心组成部分是否可正常工作。

二是软件最小系统：由电源、主板、CPU、内存、显示卡/显示器、键盘和硬盘组成。这个最小系统主要用来判断系统是否可完成正常的启动与运行。

对于软件最小系统，有以下几点需要说明。

（1）硬盘中的软件环境保留着原先的软件环境，只是在分析判断时，根据需要进行隔离（如卸载、屏蔽等）。保留原有软件环境主要是用来分析判断应用软件方面的问题。

（2）硬盘中的软件环境只有一个基本的操作系统环境，可能是卸载掉所有应用或是重新安装一个干净的操作系统，然后根据分析判断的需要，加载需要的应用。需要使用一个干净的操作系统环境，主要是判断系统问题、软件冲突或软、硬件间的冲突问题。

（3）在软件最小系统下，可根据需要添加或更改适当的硬件。例如，在判断启动故障时，由于硬盘不能启动，想检查能否从其他驱动器启动。这时，可在软件最小系统下加入一个软驱或干脆用软驱替换硬盘来检查。又如，在判断音视频方面的故障时，应在软件最小系统中加入声卡；在判断网络问题时，就应在软件最小系统中加入网卡等。

最小系统法主要用来判断在最基本的软、硬件环境中，系统是否可正常工作。如果不能正常工作，即可判定最基本的软、硬件部件有故障，从而起到故障隔离的作用。

12.5.7 程序测试法

随着各种集成电路的广泛应用，焊接工艺越来越复杂，同时，随机硬件技术资料较缺乏，仅凭硬件维修手段往往很难找出故障所在。而通过随机诊断程序、专用维修诊断卡及根据各种技术参数（如接口地址），自编专用诊断程序来辅助硬件维修则可达到事半功倍之效。

程序测试法的原理就是用软件发送数据、命令，通过读线路状态及某个芯片（如寄存器）状态来识别故障部位。此法往往用于检查各种接口电路故障及具有地址参数的各种电路。但此法应用的前提是CPU及总线基本运行正常，能够运行有关诊断软件，能够运行安装I/O总线插槽上的诊断卡等。

编写的诊断程序要严格、全面、有针对性，能够让某些关键部位出现有规律的信号，能够对偶发故障进行反复测试及能显示记录出错情况。软件诊断法要求具备熟练编程技巧、熟悉各种诊断程序与诊断工具（如debug、DM）等、掌握各种地址参数（如各种I/O地址）以及电路组成原理等，尤其掌握各种接口单元正常状态的各种诊断参考值是有效运用软件诊断法的前提。

12.5.8 对比检查法

对比检查法与替换法类似，即用好的部件与怀疑有故障的部件进行外观、配置、运行现象等方面的比较，也可在两台电脑间进行比较，以判断故障电脑在环境设置、硬件配置方面的不同，从而找出故障部位。

高手支招

技巧：如何养成好的使用电脑习惯

　　如何保养和维护好一台电脑，最大限度地延长其使用寿命，是广大电脑使用者非常关心的话题。

1. 环境

　　环境对电脑寿命的影响是不可忽视的。电脑理想的工作温度应在10～35℃，温度太高或太低都会影响计算机配件的寿命。条件许可时，计算机机房一定要安装空调，相对湿度应为30%～80%，太高会影响CPU、显卡等配件的性能发挥，甚至引起一些配件的短路。南方地区天气较为潮湿，最好每天使用电脑或使电脑通电一段时间。

　　有人认为使用电脑的次数少或使用的时间短，就能延长电脑寿命，这是片面、模糊的观点；相反，电脑长时间不用，由于潮湿或灰尘、汗渍等原因，会引起电脑配件的损坏。当然，如果天气潮湿到一定程度，如显示器或机箱表面有水汽，此时绝对不能给机器通电，以免引起短路等不必要的损失。湿度太低易产生静电，同样对配件的使用不利。

　　另外，空气中灰尘含量对电脑影响也较大。灰尘含量太大，天长日久就会腐蚀各配件、芯片的电路板；灰尘含量过小，则会产生静电反应。所以，计算机室最好有吸尘器。

　　电脑对电源也有要求。交流电电压正常的范围应在220V±10%，频率范围是50Hz±5%，且具有良好的接地系统。条件允许时，可使用UPS来保护电脑，使得电脑在市电中断时能继续运行一段时间。

2. 使用习惯

　　良好的个人使用习惯对电脑的影响也很大。应正确执行开、关机顺序。开机的顺序是：先打开外设（如打印机、扫描仪、UPS电源、MODEM等），显示器电源不与主机电源相连的，还要先打开显示器电源，然后再开主机；关机顺序则相反：先关主机，再关外设。

> **小提示**
>
> 　　因为在主机通电时，关闭外设的瞬间会对主机产生较强的冲击电流。关机后一段时间内，不能频繁地开、关机，因为这样对各配件的冲击很大，尤其是对硬盘的损伤更严重。

　　一般关机后距下一次开机时间至少应为10秒钟。特别要注意当电脑工作时，应避免进行关机操作。例如：计算机正在读写数据时突然关机，很可能会损坏驱动器（硬盘、软驱等）；更不能在机器正常工作时搬动机器。

　　关机时，应注意先退出操作系统，关闭所有程序，再按正常关机顺序退出，否则有可能损坏应用程序。当然，即使机器未工作时，也应尽量避免搬动计算机，因过大的震动会对硬盘、主板之类配件造成损坏。

第 **13** 章

电脑开关机故障处理

学习目标

　　电脑具有一个较长时间的硬件和软件的启动和检测的过程，这个过程正常、安全完成后，电脑才可以正常使用。此外，在电脑应用完后，它的关闭也有一个较长的过程，这个过程同样要正常、安全完成后，才可以正常关闭电脑。如果这些过程出现问题、产生故障，将影响电脑日常的使用。

学习效果

13.1 故障诊断思路

在电脑开关的过程中，最复杂、最影响电脑稳定性、最关键的往往是电脑的启动过程，它分为BIOS自检、硬盘引导和系统启动3个必经阶段。下面详细介绍如何诊断和维修在电脑开关的过程中常见的故障。

在BIOS自检的过程中，包括开机、无显示BIOS自检和有显示BIOS自检3个阶段，下面以Award BIOS为例，分别对这3个阶段进行说明。

1. 开机阶段

【正常情况】：电脑启动的第一步是按下电源开关。电脑接通电源后，首先系统在主板BIOS的控制下进行自检和初始化。如果电源工作正常，应该听到电源风扇转动的声音，机箱上的电源指示灯常亮；硬盘和键盘上的NumLock等3个指示灯先亮一下，然后熄灭；显示器也会发出轻微的"唰"声，这是显卡信号送到显示器的反应，比消磁发出的声音小得多。

【故障表现】：如果自检无法进行，或键盘的相关指示灯没有按照正常情况闪亮，那么应该着重检查电源、主板和CPU。因为此时系统是由主板BIOS控制的，在基础自检结束前，是不会检测其他部件的，而且开机自检发出相关的报警声响很有限，显示屏也不会显示有任何相关主机部件启动情况的信息。此时可以从以下几个方面检查。

（1）如果听不到系统自检的"嘟"声，同时看不到电源指示灯亮，以及CPU风扇没有转动，应该检查机箱后面的电源接头是否插紧，这时可以将电源接口拔出后重新插入，排除电源线接触不良的原因。当然，电源插座、UPS保险丝等与电源相关的地方也应该仔细检查。

（2）如果电源指示灯亮，但显示屏没有任何信息，没有发出轻微的"唰"声，硬盘和键盘指示灯完全不亮，也没有任何报警声，则可能是由于曾经在BIOS程序中错误地修改过相关设置，如CPU的频率和电压等的设置项。此外，也很可能是由于CPU没有插牢、出现接触

不良的现象，或者选用的CPU不适合当前的主板使用，或者CPU安装不正确，也或者在主板中硬件CPU调频设置错误。

这时应该检查CPU的型号和频率是否适合当前的主板使用，以及CPU是否按照正确方法插牢。如果是BIOS程序设置错误，可以使用放电方法，将主板上的电池取出，待过了1h左右再将其装回原来的地方，如果主板上具有相关BIOS恢复技术，也可使用这些功能。如果是主板的硬件CPU调频设置错误，则应该对照主板说明书仔细检查，按照正确的设置将其调回适当的位置。

（3）若电源指示灯亮，而硬盘和键盘指示灯完全不亮，同时听到连续的报警声，说明主板上的BIOS芯片没有装好或接触不良，或者BIOS程序损坏。这时可以关闭电源，将BIOS芯片插牢；否则就可能是由于BIOS程序损坏的原因，如受到CIH病毒攻击，或者如果升级过BIOS，那么也可能是因为在升级BIOS时失败所致。不过，在开机自检的故障中，由于BIOS芯片没有装好或BIOS程序损坏的情况不常见。

（4）有些机箱制作粗糙，复位键（Reset）按下后弹不起来或内部卡死，会使复位键处于常闭状态，这种情况同样也会导致电脑开机出现故障。这时应该检查机箱的复位键，并将其调好。

2. 无显示BIOS自检阶段

【正常情况】：如果硬盘和键盘NumLock等3个指示灯亮一下再灭，系统会发出"嘟"的一声，接着检测显示卡，屏幕左上角出现显示

卡芯片型号、显示BIOS日期等相关信息。

【故障表现】：如果这时自检中断，出现故障，可以从以下几方面检查。

（1）如果电脑发出不间断的长"嘟"声，说明系统没有检测到内存条，或者内存条的芯片损坏。这时可以关闭电源，重新安装内存条，排除接触不良的因素，或者另外更换内存条再次开机测试。

（2）电脑发出一长两短的报警声，说明存在显示器或显示卡错误。这时应该关闭电源，检查显卡和显示器插头等部位是否接触良好。如果排除接触不良的原因，则应该更换显卡进行测试。

（3）如果这时自检中断，而且使用了CPU非标准外频，以及没有对AGP/PCI端口进行锁频设置，那么也可能是由于设置的非标准外频而导致自检中断。这是因为使用了非标准外频，AGP显卡的工作频率会高于标准的66MHz，质量较差的显卡就可能通不过。这时可以将CPU的外频设置为标准外频，或在BIOS中将AGP/PCI端口进行锁频设置，其中AGP应该锁在66MHz的频率，而PCI则应该锁在33MHz的频率。

3. 有显示BIOS自检阶段

【正常情况】：自检完毕后，就会在显示屏中显示CPU型号和工作频率、内存容量、硬盘工作模式以及所使用的中断号等，高版本的BIOS还可以显示CPU和机箱内的温度，以及CPU和内存的工作电压等数据。如果CPU的工作速度很高，上述BIOS信息显示的速度可能很快，这时可以按下键盘的Pause键暂停，查看完后再按回车键继续。

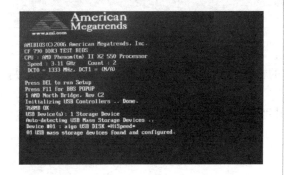

【故障表现】：这一阶段可能出现以下常见问题。

（1）检测内存容量的数字，没有检测完就死机。出现这种情况，应该进入BIOS的设置程序，检查相关内存的频率、电压和优化项目的设置是否正确。其中，频率和电压设置通常在BIOS设置程序的CPU频率设置项目中。

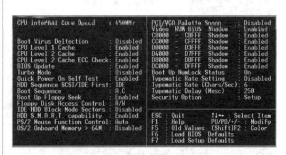

优化设置通常是BIOS设置程序【Advanced Chipset Features】选项里面的【DRAM Timing Settings】选项。具体设置可以参考主板的说明书或查询相关的资料。

当出现这种情况的时候，应该将相关优化内存的项目设置为不优化或低优化的参数，以及不要对CPU和内存进行超频，必要时可以选择BIOS设置程序的【Load Fail-Safe Defaults】项目，恢复BIOS出厂默认值。其次，如果排除以上的原因，那么很可能是由于内存出现兼容或质量方面的问题，这时应该更换内存条进行测试。

（2）显示完CPU的频率、内存容量之后，出现【Keyboard error or no keyboard present】的提示。这个提示是指在检测键盘时出现错误，这种情况是由于键盘接口出现接触不良或者键盘的质量有问题。这时应该关闭电脑，重新安装键盘的接口，如果反复尝试多次都还出现这个提示，那么应该更换键盘进行测试。

（3）显示完CPU的频率、内存容量之后，出现【Hard disk(s) disagnosis fail】的提示。这个提示是指在检测硬盘时出现错误，这种情况是由于硬盘的数据线或电源线出现接触不良或者硬盘的质量有问题。这时应该关闭电脑，重新安装硬盘的数据线或电源线，并检查硬盘的数据线和电源线的质量是否可靠，如果排除数据线和电源线的原因，并且反复安装多次都还出现这个提示，那么应该更换硬盘进行测试。

（4）显示完CPU的频率、内存容量之后，出现【Floppy disk(s) fail】的提示。这个提示是指在检测软驱时出现错误。产生这样的故障，可能是在BIOS中启用了软驱，但在电脑上却没有安装有软驱。另外，如果连接软驱的数据线或者软驱本身有问题，或者软驱的电源接口和数据线接口接触不良，也会导致这一故障的出现。

13.2 开机异常

开机异常是指不能正常开机，下面讲述常见开机异常的诊断方法。

13.2.1 按电源没反应

【故障表现】：操作系统完全不能启动，见不到电源指示灯亮，也听不到风扇的声音。

【故障分析】：从故障现象分析，基本可以初步判定是电源部分故障。检查电源线和插座是否有电、主板电源插头是否连好、UPS是否正常供电，再确认电源是否有故障。

【故障处理】：最简单的就是替换法，但是用户手中不一定备有电源等备件，这时可以尝试使用下面的方法。

（1）先把硬盘、CPU风扇等连好，然后把ATX主板电源插头用一根导线连接两个插脚，把插头的一侧突起对着自己，上层插脚从左数第4个和下层插脚从右数第3个，方向一定要正确，然后把ATX电源的开关打开，如果电源风扇转动，说明电源正常，否则电源损坏。如果电源没问题，直接短接主板上电源开关的跳线，如果正常，说明机箱面板的电源开关损坏。

（2）市电电源问题，检查电源插座是否正常、电源线是否正常。

（3）机箱电源问题，检查是否有5V待机电压、主板与电源之间的连线是否松动，如果不会测量电压可以找个电源调换一下试试。

（4）主板问题，如果上述几项都没有问题，那么主板故障的可能性就比较大。首先检查主板和开机按钮的连线有无松动，开关是否正常。可以将开关用电线短接一下试试。如不行，只有更换一块主板试试。应尽量找型号相同或同一芯片组的主板，因为别的主板可能不支持本机的CPU和内存。

13.2.2 不能开机并有报警声

【故障表现】：电脑在启动的过程中突然死机，并有报警声。

【故障分析】：不同的主板BIOS，其报警声的含义也有所不同，根据不同的主板说明书，判定相应的故障类型。

【故障处理】：常见的BIOS分为Award和AMI两种，报警声的含义分别如下。

1. Award BIOS报警声

Award BIOS报警声的含义如下页表所示。

报警声	含义
1短声	说明系统正常启动，表明机器没有问题
2短声	说明CMOS设置错误，重新设置不正确选项
1长1短	说明内存或主板出错，换一个内存条试试
1长2短	说明显示器或显示卡存在错误。检查显卡和显示器插头等部位是否接触良好或用替换法确定显卡和显示器是否损坏
1长3短	说明键盘控制器错误，应检查主板
1长9短	说明主板Flash RAM、EPROM错误或BIOS损坏，更换Flash RAM
重复短响	说明主板电源有问题
不间断的长声	说明系统检测到内存条有问题，重新安装内存条或更换新内存条重试

2. AMI BIOS报警声

AMI BIOS报警声的含义如下表所示。

报警声	含义
1短	说明内存刷新失败，更换内存条
2短	说明内存ECC校验错误，在CMOS中将内存ECC校验的选项设为Disabled或更换内存条
3短	说明系统基本内存检查失败，换内存条
4短	说明系统时钟出错，更换芯片或CMOS电池
5短	说明CPU出现错误，检查CPU是否插好
6短	说明键盘控制器错误，应检查主板
7短	说明系统实模式错误，不能切换到保护模式
8短	说明显示内存错误，显示内存有问题，更换显卡试试
9短	说明BIOS芯片检验和错误
1长3短	说明内存错误，即内存条已损坏，更换内存条
1长8短	说明显示测试错误，显示器数据线没插好或显示卡没插牢

13.2.3 开机要按【F1】键

【故障表现】：开机后停留在自检界面，提示按【F1】进入操作系统。

【故障分析】：开机需要按下【F1】键才能进入，主要是由于BIOS中设置与真实硬件数据不符引起的，可以分为以下几种情况。

（1）实际上没有软驱或者软驱损坏，而BIOS里却设置有软驱，这样就导致了要按【F1】键才能继续。

（2）原来挂了两块硬盘，在BIOS中设置成了双硬盘，后来拿掉其中一块的时候忘记将BIOS设置改回来，也会出现这个问题。

（3）主板电池没有电后也会造成数据丢失，从而出现这个故障。

（4）重新启动系统，进入BIOS设置中，发现软驱设置为1.44MB了，但实际上机箱内并无软驱，将此项设置为NONE后，故障排除。

【故障处理】：排除故障的方法如下。

（1）开机按【Del】键，进入BIOS设置，选择第一个基本设置，把【Floppy】一项设置为【Disable】即可。

（2）刚开始开机时按【Del】键进入BIOS，按回车键进入基本设置，将【Drive A】项设置为【None】，然后保存后退出BIOS，重启电脑后检查，如果故障依然存在，可以更换电池。

13.2.4 硬盘指示灯不闪，显示器提示无信号

【故障表现】：开机时显示屏没有任何信息，也没有发出轻微的"嘶"声，硬盘和键盘指示灯完全不亮，键盘灯没有闪，也没有任何报警声。

【故障分析】：故障原因可能是由于曾经在BIOS程序中错误地修改过相关设置，如CPU的频率和电压等的设置项目。此外，也很可能是由于CPU没有插牢、出现接触不良的现象，或者选用的CPU不适合当前的主板使用，或者CPU安装不正确，还或者在主板中硬件CPU调频设置错误。

【故障处理】：检查CPU的型号和频率是否适合当前的主板使用，以及CPU是否按照正确方法插牢。如果是BIOS程序设置错误，可以使用放电方法将主板上的电池取出，待过了1h左右再将其装回原来的地方，如果主板上具有相关BIOS恢复技术，也可使用这些功能。如果是主板的硬件CPU调频设置错误，则应该对照主板说明书仔细检查，按照正确的设置将其调回适当的位置。

13.2.5 硬盘提示灯闪，显示器无信号

【故障表现】：显示器无信号，但机器读硬盘，硬盘指示灯也在闪亮，通过声音判断，机器已进入操作系统。

【故障分析】：这一故障说明主机正常，问题出在显示器和显卡上。

【故障处理】：检查显示器和显卡的连线是否正常，接头是否正常。如有条件，使用替换法更换显卡和显示器试试，即可排除故障。

病毒对电脑的危害是众所周知的，轻则影响机器速度，重则破坏文件或造成死机。一旦病毒感染软件，就可能在后台启动软件，甚至破坏软件的文件，导致软件无法使用。

13.2.6 停留在自检界面

【故障表现】：开机后一直停留在自检界面，并显示主板和显卡信息，经过多次重启，故障依然存在。

【故障分析】：上述故障现象说明内部自检已通过，主板、CPU、内存、显卡、显示器应该都正常，但主板BIOS设置不当、内存质量差、电源不稳定会造成这种现象。问题出在其他硬件的可能性比较大。一般来说，硬件坏了BIOS自检只是找不到，但还可以进行下一步自检，如果是因为硬件的原因停止自检，说明故障比较严重，硬件线路可能出了问题。

【故障处理】：排除故障的方法如下。

（1）解决主板BIOS设置不当可以用放电法，或进入BIOS修改，或重置为出厂设置，查阅主板说明书就可以找到步骤。关于修改方面

有一点要注意，BIOS设置中，键盘和鼠标报警项如设置为出现故障就停止自检，那么键盘和鼠标坏了就会出现这种现象。

（2）通过了解自检过程分析，BIOS自检到某个硬件时停止工作，那么这个硬件出故障的可能性非常大，可以将这个硬件的电源线和信号线拔下来，开机看是否能进入下一步自检，如可以，那么就是这个硬件的问题。

（3）将软驱、硬盘、光驱的电源线和信号线全部拔下来，将声卡、调制解调器、网卡等板卡全部拔下（显卡内存除外）。将打印机、扫描仪等外置设备全部断开，然后按硬盘、软驱、光驱、板卡、外置设备的顺序重新安装，安装好一个硬件就开机试试看，当接至某一硬件出问题时，就可判定是它引起的故障。

13.2.7 启动顺序不对，不能启动引导文件

【故障表现】：电脑启动过程中，提示信息【Disk Boot Failure，Insert System Disk And Press

Enter】，从而不能启动引导文件，不能正常开机。

【故障分析】：这种故障一般不是严重问题，只是系统在找到的用于引导的驱动器中找不到引导文件，比如BIOS的引导驱动器设置中将软驱排在了硬盘驱动的前面，软驱中又放有没有引导系统的软盘，或者BIOS的引导驱动器设置中将光驱排在了硬盘驱动的前面，而光驱中又放有没有引导系统的光盘。

【故障处理】：将光盘或软盘取出，然后设置启动顺序，即可解决故障。

13.2.8 系统启动过程中自动重启

【故障表现】：在Windows操作系统启动画面出现后、登录画面显示之前电脑自动重新启动，无法进入操作系统的桌面。

【故障分析】：导致这种故障的原因是操作系统的启动文件Kernel32.dll丢失或者已经损坏。

【故障处理】：如果在系统中安装有故障恢复控制台程序，这个文件也可以在Windows XP的安装光盘中找到。不过，在Windows XP安装盘中找到的文件是Kernel32.dl_，这是一个未解压的文件，它需要在故障恢复控制台中先运行"map"命令，然后将光盘中的Kernel32.dl_文件复制到硬件，并运行"expand kernel32.dl_"命令，将Kernel32.dl_文件解压为Kernel32.dll，最后将解压的文件复制到对应的目录。如果没有备份Kernel32.dll文件，在系统中也没有安装故障恢复控制台，也不能从其他电脑中拷贝这个文件，则重新安装Windows系统也可以解决故障。

13.2.9 系统启动过程中死机

【故障表现】：电脑在启动时出现死机现象，重启后故障依然存在。

【故障分析】：这种情况可能是由于硬件冲突所致，这时可以使用插拔检测法。

【故障处理】：将电脑里面一些不重要的部件（例如光驱、声卡、网卡）逐件卸载，检查出导致死机的部件，然后不安装或更换这个部件即可。此外，这种情况也可能是由于硬盘的质量有问题。

如果使用插拔检测法后，故障没有排除，可以将硬盘接到其他的电脑上进行测试，如果硬盘可以应用，那么说明硬盘与原先的电脑出现兼容问题；如果在其他的电脑上测试，同样有这种情况，说明硬盘的质量不可靠，甚至已经损坏。

另外，这种情况也可能是由于在BIOS中对内存、显卡等硬件设置了相关的优化项目，而优化的硬件却不能支持在优化的状态中正常运行。因此，当出现这种情况的时候，应该在BIOS中将相关优化的项目调低或不优化，必要时可以恢复BIOS的出厂默认值。

13.3 关机异常

Windows的关机程序在关机过程中将执行下述各项功能：完成所有磁盘写操作，清除磁盘缓存，执行关闭窗口程序，关闭所有当前运行的程序，将所有保护模式的驱动程序转换成实模式。

引起Windows系统出现关机故障的主要原因有：选择退出Windows时的声音文件损坏；不正确配置或损坏硬件；BIOS的设置不兼容；在BIOS中的【高级电源管理】或【高级配置和电源接

口】的设置不适当；没有在实模式下为视频卡分配一个IRQ；某一个程序或TSR程序可能没有正确关闭；加载了一个不兼容、损坏或冲突的设备驱动程序等。

13.3.1　无法关机，点击关机没有反应

【故障表现】：一台电脑无法关机，点击【关机】按钮也没有反应，只能通过手动按下机箱的关机键才能关机。

【故障分析】：从故障现象可以初步判断是系统文件丢失的问题。

【故障处理】：在【运行】对话框里输入"rundll32user.exe，exitwindows"，按【Enter】键后观察，如果可以关机，那说明是程序的问题。

（1）利用杀毒软件全面查杀病毒。

（2）利用360安全卫士修复浏览器。

（3）运行msconfig查看是否有多余的启动项。有些启动项启动后无法关闭也会导致无法关机。

（4）在声音方案中换个关机音乐。有时关机音乐文件损坏也会导致无法关机。

（5）如果CMOS参数设置不当，Windows系统同样不能正确关机。为了检验是否是CMOS参数设置不当造成了计算机无法关闭的现象，可以重新启动计算机系统，进入到CMOS参数设置页面，将所有参数恢复为默认的出厂数值，然后保存好CMOS参数，并重新启动计算机系统。接着再尝试一下关机操作，如果此时能够正常关闭计算机，就表明是系统的CMOS参数设置不当，需要进行重新设置，设置的重点主要包括病毒检测、电源管理、中断请求开闭、CPU外频以及磁盘启动顺序等选项，具体的参数设置值最好要参考主板的说明书，如果对CMOS设置不熟悉，只有将CMOS参数恢复成默认数值，才能确保计算机关机正常。

13.3.2　电脑关机后自动重启

【故障表现】：在Windows系统中关闭电脑，系统却变为自动重新启动，同时在操作系统中不能关机。

【故障分析】：导致这一故障的原因很有可能是由于用户对操作系统的错误设置，或利用一些系统优化软件修改了Windows系统的设置。

【故障处理】：根据分析，排除故障的具体操作步骤如下。

步骤 01 按【Windows+Pause Break】组合键，打开【系统】对话框，单击【高级系统设置】链接。

级】选项卡，在【启动和故障恢复】一栏中单击【设置】按钮。

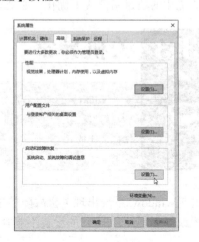

步骤 02 弹出【系统属性】对话框，选择【高

步骤 03 弹出【启动和故障恢复】对话框，在【系统失败】栏中选中【自动重新启动】复选框，单击【确定】按钮。重新启动电脑，即可排除故障。

13.3.3 按电源按钮不能关机

【故障表现】："我的电脑本来关机一直是正常的，但最近在按下电源的开关后却没有反应，以前都是按上几秒就会关机的，现在不行了，请问如何恢复？"

排除故障的具体操作步骤如下。

步骤 01 在搜索框中输入"控制面板"，并在搜索的结果中单击【控制面板】选项。

步骤 02 弹出【控制面板】窗口，单击【类别】按钮，在弹出下拉菜单中选择【大图标】菜单命令。

步骤 03 在弹出的窗口中单击【电源选项】链接。

步骤 04 弹出【电源选项】窗口，单击【选择电源按钮的功能】链接。

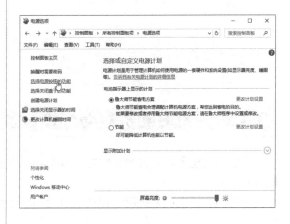

步骤 05 弹出【系统设置】窗口，单击【按电源按钮时】右侧的向下按钮，在弹出的下拉列表中选择【关机】菜单命令，单击【保存修改】按钮。重启电脑后，故障排除。

13.4 开/关机速度慢

本节主要讲述开/关机速度慢的常见原因和解决方法。

13.4.1 每次开机自动检查C盘或D盘后才启动

【故障表现】：一台电脑在每次开机时，都会自动检查C盘或D盘后才启动，每次开机的时间都比较长。

【故障分析】：从故障现象可以看出，开机自检导致每次开机都检查硬盘，关闭开机自检C盘或D盘功能，即可解决故障。

【故障处理】：排除故障的具体操作步骤如下。

步骤 01 按【Windows+R】组合键，弹出【运行】对话框，在【打开】文本框中输入"cmd"命令，单击【确定】按钮。

步骤 02 输入"chkntfs /x c: d:"后，按【Enter】键确认，即可排除故障。

13.4.2 开机时随机启动程序过多

【故障表现】：开机非常缓慢，常常4min左右，进入系统后，速度稍微快一点，经过杀毒也没有发现问题。

【故障分析】：开机缓慢往往与启动程序太多有关，可以利用系统自带的管理工具设置启动的程序。

【故障处理】：排除故障的具体操作步骤如下。

步骤01 右键单击任务栏，在弹出的快捷菜单中，单击【任务管理器】命令。

步骤02 打开【任务管理器】对话框，单击【启动】选项卡，选择要禁用的程序，单击【禁用】按钮。

步骤03 可以看到该程序的状态显示为"已禁用"。如希望开机启动该程序，单击【启用】按钮即可。

13.4.3 开机系统动画过长

【故障表现】：在开机的过程中，系统动画的时间很长，有时间会停留好几分钟，进入操作系统后，一切操作正常。

【故障分析】：可以通过设置注册表信息缩短开机动画的等待时间。

【故障处理】：排除故障的具体操作步骤如下。

步骤01 按【Windows+R】组合键，弹出【运行】对话框，在【打开】文本框中输入"regedit"命令，单击【确定】按钮。

步骤02 单击【确定】按钮，打开【注册表】窗口。

步骤03 在窗口的左侧展开HKEY_LOCAL_MACHINE\System\CurrentControlSet\Control树形结构。

Timeout】选项，弹出【编辑字符串】对话框，在【数值数据】中输入"1000"，单击【确定】按钮。重新启动电脑后，故障排除。

步骤 04 在右侧的窗口中双击【WaitToKillService

13.4.4 开机系统菜单界面等待时间过长

【故障表现】：在开机的过程中，出现系统选择菜单时，等待时间为10s，时间太长，每次开机都是如此。

【故障分析】：通过系统设置，可以缩短开机菜单等待的时间。

【故障处理】：排除故障的具体操作步骤如下。

步骤 01 按【Windows+R】组合键，弹出【运行】对话框，在【打开】文本框中输入"msconfig"命令，单击【确定】按钮。

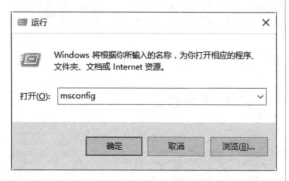

步骤 02 弹出【系统配置】对话框，选择【引

导】选项卡，在【超时】文本框中输入时间为"5"秒，也可以设置更短的时间，单击【确定】按钮。重启电脑后，故障排除。

 # 高手支招

技巧1：Windows 10开机黑屏时间长

【故障表现】：在开机时，跳过开机动画后，黑屏时间长，开机速度慢。

【故障分析】：这种问题主要出现在双显卡的笔记本电脑中，属于独立显卡驱动不兼容
Windows 10系统导致，需要禁用独立显卡驱动。

【故障处理】：排除故障的具体操作步骤如下。

步骤01 右键单击【此电脑】图标，在弹出的快捷菜单中选择【管理】命令。

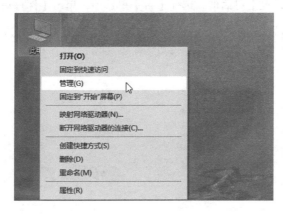

步骤02 打开【计算机管理】窗口，单击左侧的【设备管理器】选项，在右侧窗口单击【显示适配
器】选项，在展开的列表中，右键单击独立显卡，在弹出的快捷菜单中，单击【卸载】命令，对
独立显卡进行卸载。

Windows 10操作系统支持自动安装驱动程序，即使独立显卡卸载完成后，也不能从根本上解
决问题，此时需要禁止系统自动安装驱动，除非Windows系统解决了此兼容性问题。

步骤01 按【Windows+Pause Break】组合键，打开【系统】窗口，并单击【高级系统设置】链接。

步骤 02 打开【系统属性】对话框，单击【硬件】选项卡，单击【设备安装设置】按钮。

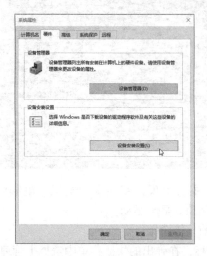

步骤 03 弹出【设备安装设置】对话框，选择【否】单选项，单击【保存更改】按钮。

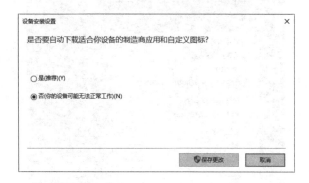

技巧2：自动关机或重启

【故障表现】：电脑在正常运行过程中，突然自动关闭系统或重新启动系统。

【故障分析】：现在的主板普遍对CPU具有温度监控功能，一旦CPU温度过高，超过主板BIOS中所设定的温度，主板就会自动切断电源，以保护相关硬件。

【故障排除】：在出现这种故障时，应该检查机箱的散热风扇是否正常转动、硬件的发热量是否太大，或者设置的CPU监控温度是否太低。

另外，系统中的电源管理和病毒软件也会导致这种现象发生。因此，也可以检查相关电源管理的设置是否正确，同时还可检查是否有病毒程序加载在后台运行，必要时可以使用杀毒软件对硬盘中的文件进行全面检查。其次，也可能是由于电源功率不足、老化或损坏而导致这种故障，这时可以通过采用替换电源的方法进行确认。

第14章

CPU与内存故障处理

学习目标

　　CPU是电脑中最关键的部件之一，是电脑的运算核心和控制核心，电脑中所有操作都由CPU负责读取指令、对指令译码并执行指令，一旦CPU出现故障，电脑的问题就比较严重。内存是系统临时存放数据的地方，一旦内存出现问题，将导致电脑系统的稳定性下降、黑屏、死机和开机报警等故障。本章讲述如何诊断CPU与内存的故障。

学习效果

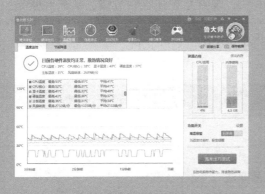

14.1 故障诊断思路

下面介绍CPU和内存故障的诊断思路。

14.1.1 CPU故障诊断思路

CPU是比较精密的硬件，出现故障的频率不高。常见的故障原因有以下几种。

（1）接触不良：CPU接触不良可导致无法开机或开机后黑屏，处理方法为重新插一次CPU。

（2）散热故障：CPU在工作时会产生较多的热量，因散热不良引起CPU温度过高会导致CPU故障。

（3）设置故障：如果BIOS参数设置不当，也会引起无法开机、黑屏等故障。常见的设置故障是将CPU的工作电压、外频或倍频等设置错误所致。处理方法为将CPU的工作参数进行正确设置。

（4）其他设备与CPU的工作频率不匹配：如果其他设备的工作频率和CPU的外频不匹配，则CPU的主频会发生异常，从而导致不能开机等故障。处理方法是更换其他设备。

判断一台电脑是否为CPU故障，可以参照下面的判断思路。

1. 观察风扇运行是否正常

CPU风扇是否运行正常将直接影响CPU的正常工作，一旦其出了故障，CPU会因温度过高而被烧坏。所以用户在平常使用电脑时，要注意对风扇进行保养。

2. 观察CPU是否被损坏

如果风扇运行正常，接下来打开机箱，取下风扇和CPU，观察CPU是否有被烧损、压坏的痕迹。现在大部分封装CPU很容易被压坏。另外，观察针脚是否有损坏的现象，一旦引脚被损坏，也会引起CPU故障。

3. 利用替换法检测是否为CPU的故障

找一个同型号的CPU，插入到主板中，启动电脑，观察是否还存在故障，从而判断是否为CPU内部出现故障，如果是CPU的内部故障，可以考虑更新新的CPU。

14.1.2 内存故障诊断思路

内存故障的常用排除方法有清洁法和替换法两种。

1. 清洁法

处理内存接触不良故障时经常使用清洁法，清洁的工具包括橡皮、酒精和专用的清洁液等。对于主板的插槽清洗，可以使用皮老虎、毛刷、专用吸尘器等进行清理。

2. 替换法

当用户怀疑电脑的内存质量或兼容性有问题时，可以采用替换法进行诊断。将一个可以正常使用的内存条替换故障电脑中的内存条，也可以将故障电脑中的内存条插到一台工作正常的电脑的主板上，以确定是否是内存条本身的问题。

14.2 CPU常见故障的表现与解决

下面就CPU引起的问题介绍几种常见故障的解决方法。

14.2.1 开机无反应

【故障表现】：一台电脑在经过一次挪动后，按下电源开关后，开机系统无任何反应，电源风扇不转，显示器无任何显示，机箱的电脑嗽叭无任何声音。

【故障诊断】：由于电脑经过了挪动，说明机箱内部的硬件出现了接触不良的故障。首先打开机箱，观察风扇是否被堵住，检查显卡是否松动，拔下显卡后用橡皮擦拭，然后再重新插到主板上，开机检测，如果还是开机无反应，开始检查CPU的问题。关闭电源，将CPU拔下，发现CPU有松动，而且CPU的针脚有发绿的现象，表示CPU被氧化。

【故障处理】：卸下CPU，用皮老虎清理CPU插槽，然后用橡皮擦清理针脚，重新插上CPU，通电开机，电脑恢复正常。

14.2.2 针脚损坏

【故障表现】：一台电脑运行正常，为了散热，用户卸下CPU，涂抹一些散热胶，然后重新插上CPU，按下电源开关后，不能开机。

【故障诊断】：因为用户只是将CPU拆下涂抹了散热胶，并没有做太大的改动，所以首先考虑到是某个部件接触不良，或者灰尘过多造成的。应对办法是将显卡、内存等部件全部拆下，进行简单的清理工作，然后将主板上的灰尘也打扫干净。如果重新安装后问题依然存在，则再判断是否为COMS电池没电引发无法开机的问题。若更换一颗新的电池，依然无法开机，此时根据先前做的操作，可以将CPU拆下，观察发现插座内是否有针脚断裂问题。

【故障处理】：根据故障诊断，可以判断是针脚的问题，先用镊子将针脚复位，然后将断的针脚焊接上。安装上CPU，重新开机测试，问题解决。具体焊接的操作步骤如下。

步骤 01 将CPU断脚处的表面刮净，用焊锡和松香对其迅速上锡，使焊锡均匀地附在断面上。

步骤 02 将CPU断脚刮净，用同样的方法上锡。如果短脚丢失，可以找个大头针代替。

步骤 03 用双面胶将CPU固定在桌面上，左手用镊子夹住断脚，使上锡的一端与CPU断脚处相接，右手用电烙铁迅速将两者焊接在一起，可多使用一些松香，使焊点细小而光滑。

步骤 04 将CPU小心地插入CPU插座内，如果插不进去，可用刀片对焊接处小心修整，插好后开机测试。

14.2.3 CPU温度过高导致系统关机重启

【故障表现】：一台电脑使用一段时间后，会自动关机并重新启动系统，然后过几分钟又关机重启，此现象反复发生。

【故障诊断】：用杀毒软件进行全盘扫描杀毒，如果没有发现病毒，则关闭电源，打开机箱，用手触摸CPU，发现很烫手，说明温度比较高，而CPU的温度过高会引起不停重启的现象。

【故障处理】：解决CPU温度高引起的故障的具体操作步骤如下。

步骤 01 打开机箱，开机并观察电脑自动关机时的症状，发现CPU的风扇停止转动，然后关闭电源，将风扇拆下，用手转下风扇，风扇转动很困难，说明风扇出了问题。

步骤 02 使用软毛刷将风扇清理干净，重点清理风扇转轴的位置，并在该处滴几滴润滑油，经过处理后试机。如果故障依然存在，可以换个新的风扇，再次通电试机，电脑运行正常，故障排除。

步骤 03 为了更进一步提高CPU的散热能力，可以除去CPU表面旧的硅胶，重新涂抹新的硅胶，这样也可以加快CPU的散热，提高系统的稳定性。

步骤 04 检查电脑是否超频。如果电脑超频工作，会带来散热问题。用户可以使用鲁大师检查电脑的问题，如果是因为超频带来的高温问题，可以重新设置CMOS的参数。

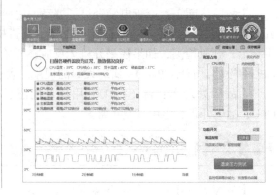

14.3 内存常见故障的表现与解决

下面就内存引起的问题介绍几种常见故障的解决方法。

14.3.1 开机长鸣

【故障表现】：电脑开机后一直发出"嘀，嘀，嘀……"的长鸣，显示器无任何显示。

【故障诊断】：从开机后电脑一直长鸣可以判断出是硬件检测不过关，根据声音的间断为一声，所以可以判断为内存问题。关机后拔下电源，打开机箱并卸下内存条，仔细观察发现内存条的金手指表面覆盖了一层氧化膜，而且主板上有很多灰尘。因为机箱内的湿度过大，内存的金手指发生了氧化，从而导致内存条的金手指和主板的插槽之间接触不良，而且灰尘也是导致元件接触不良的常见因素。

【故障处理】：排除该故障的具体操作步骤如下。

步骤 01 关闭电源，取下内存条，用皮老虎清理主板上内存插槽。

步骤 02 用橡皮擦拭内存条的金手指，将内存条插回主板的内存插槽中。在插入的过程中，双手拇指用力要均匀，将内存条压入到主板的插槽中，当听到"啪"的一声表示内存条已经与内存卡槽卡好，内存条成功安装。

步骤 03 接通电源并开机测试，电脑成功自检并进入操作系统，表示故障已排除。

14.3.2　提示内存读写错误

【故障表现】：一台老电脑最近在使用的时候突然弹出提示【"0x7c930ef4"指令引用的"0x0004fff9"的内存，该内存不能为"read"】，单击【确定】按钮后，打开的软件自动关闭。

【故障诊断】：上述提示表明故障的原因与内存有一定的关系。但是内存是不容易坏的元件，所以用户应该采用"先软后硬"的原则进行排除问题。

【故障处理】：排除该故障的具体操作步骤如下。

步骤 01 使用杀毒软件检查系统中是否有木马或病毒。这类程序为了控制系统往往任意篡改系统文件，从而导致操作系统异常。用户平常应加强信息安全意识，对来源不明的可执行程序要使用杀毒软件进行检测。查杀完病毒后没有发现病毒。

步骤 02 更换正版的应用程序，有些应用程序存在一定的漏洞，也会引起上述故障。重新安装应用程序后故障依然存在。

步骤 03 重装操作系统。如果用户使用的是盗版的操作系统，也会引起上述故障。重新安装操作系统后，故障排除，说明故障与操作系统有关。

【备用处理方案】：如果故障还不能排除，可以从硬件入手查看故障的原因，具体操作步骤如下。

步骤 01 打开机箱，查看内存条插在主板上的金手指部分灰尘是否较多，硬件接触不良也会引起上述故障。用橡皮擦拭内存的金手指两侧，然后用皮老虎清理内存插槽。清理完成后，重新插上内存条。

步骤 02 使用替换法检查是否是内存条本身的质量问题。如果内存条有问题，可以更换一条新的内存条。

步骤 03 从内存的兼容性入手，检查是否存在不兼容问题。使用不同品牌、不同容量或者不同工作频率参数的内存，也会引起上述故障。可以通过更换内存条来解决故障。

14.3.3　内存损坏，安装系统提示解压缩文件出错

【故障表现】：一台旧电脑由于病毒损坏导致系统崩溃，之后开始重新安装Windows操作系统，但是在安装过程中突然提示"解压缩文件时出错，无法正确解开某一文件"，导致意外退出而不能继续安装。重新启动电脑再次安装操作系统，故障依然存在。

【故障诊断】：出现上述故障最严重的原因是内存损坏，也有可能是光盘质量差或光驱读盘能力下降。一般是因为内存的质量不良或稳定性差，常见于安装操作系统的过程中。用户首先可更换其他的安装光盘，并检查光驱是否有问题。若发现故障与光盘和光驱无关，则可继续检测内存是否出现故障，或内存插槽是否损坏，并更换内存进行检测，如果能继续安装，则说明是原来

的内存出现了故障，这就需要更换内存条。

【故障处理】：更换一条性能良好的内存条，启动电脑后故障排除。

14.3.4 内存接触不良引起死机

【故障表现】：电脑在使用一段时间后，出现频繁死机现象。

【故障诊断】：造成电脑死机故障的原因有硬件不兼容、CPU过热、感染病毒、系统故障。使用杀毒软件查杀病毒后，未发现病毒，故障依然存在。以为是系统故障，在重装完系统后，故障依旧。

【故障处理】：打开电脑机箱，检查CPU风扇，发现有很多灰尘，但是转动正常。另外主板、内存上也沾满了灰尘。在将风扇、主板和内存条的灰尘处理干净后，再次打开电脑，故障消失。

 高手支招

技巧1：Windows 经常自动进入安全模式

【故障表现】：在电脑启动的过程中，Windows 经常自动进入安全模式，这是什么原因造成的？

【故障诊断】：此类故障一般是由于主板与内存条不兼容或内存条质量不佳引起的，常见于高频率的内存用于某些不支持此频率内存条的主板上。

【故障处理】：启动电脑按【Del】键进入BIOS，可以尝试在BIOS设置内降低内存读取速度看能否解决问题，如果故障一直存在，那就只有更换内存条了。另外，高频率的内存用于某些不支持此频率内存条的主板上，有时也会出现即使加大内存系统资源反而降低的情况。

技巧2：开机时多次执行内存检查

【故障表现】：一台电脑在开机时总是多次执行内存检测，这样就浪费了时间，如何能减少内存检查的次数？

【故障诊断】：在检查内存时，按【Esc】键跳过检查步骤，如果感觉麻烦，可以在BIOS中进行相关设置。

【故障处理】： 开机时按【Del】键进入BIOS设置，在主界面中选择【BIOS FEATURES SETUP】选项卡，将其中的【Quick Power On Self Test】设为【Enabled】，然后保存设置，重启电脑即可。

第 **15** 章

主板与硬盘故障处理

主板是组成电脑的重要部件，主要负责电脑硬件系统的管理与协调工作，使CPU、功能卡和外部设备能正常运行。主板的性能直接影响着电脑的性能。本章主要介绍主板和硬盘故障处理的方法。

学习效果

15.1 故障诊断思路

下面介绍主板和硬盘的诊断思路和方法。

15.1.1 主板故障诊断思路

对于主板的故障诊断，采用的方法一般为观察表面现象、闻是否有气味、用手摸感觉是否烫手、开机后听声音等。主板故障常用的维修方法有清洁法、排除法、观察法、触摸法、软件分析法、替换法、比较法、重新焊接法等。

1. 清洁法

电脑用久了，由于机箱风扇的影响，在主板上特别容易积累大量的灰尘，特别是风扇散热的部位比较明显。灰尘遇到潮湿的空气就会导电，造成电脑无法正常工作。使用吹风机、毛刷和皮老虎将灰尘清理干净，也许主板即可正常工作。

主板的一些插槽和芯片的插脚会因灰尘而氧化，从而导致接触不良，使用橡皮擦去内存条金手指的表面氧化层，内存条即可恢复正常工作。对于内存插槽处被氧化，也可以使用小刀片在插槽内刮削，去除插槽处的氧化物。

2. 排除法

电脑出现故障，主要可能是主板、内存条、显卡、硬盘等出现了故障。将主板上的元件都拔掉，换上好的CPU和内存，查看主板是否正常工作。如果此时主板不能正常工作，可以判定是主板出现了故障。

3. 观察法

一旦主板出现了故障，可以通过观察主板上各个插头、电阻、电容引脚是否有短路现象、主板表面是否有烧坏发黑的现象、电解电容是否有漏液等。通过观察，可以发现比较明显的故障。

4. 触摸法

用手触摸芯片的表面，感受元件的温度是否正常，可以判断出现故障的部位。比如CPU和北桥芯片，在工作时应该是发热的，如果开机很久没有热的感觉，很有可能是烧毁电路了；南桥芯片则不应该发热，如果感觉烫手，则可能该芯片已经短路了。

5. 软件分析法

软件分析法主要包括简易程序测试法、检查诊断程序测试法和高级诊断法等3种。它是通过软件发送数据、命令，通过读线路的状态及某个芯片的状态来诊断故障部位的。

6. 替换法

对于一些特殊的故障，软件分析法并不能判断是哪个元件出了问题。此时可使用功能完好的元件替换所怀疑的元件，如果替换之后故障消失，则说明该元件是有问题的。通常可以根据经验，直接替换好的元件，如果替换之后还是有问题，则说明主板的问题比较严重，而不是出在单独某个元件上。

7. 比较法

对于不同的主板其设计也不同。包括信号电压值、元件引脚的对地阻值也不相同。找一块相同型号的正常主板，与故障主板对比同一点的电压、频率或电阻，即可找到故障。

8. 重新焊接法

对于CPU插座、北桥芯片和南桥芯片，因为虚焊而导致的主板故障，使用普通的方法很难检测出是哪根总线出了问题，此时可以将主板的大概故障部位放在锡炉上加热加焊，这样也可能排除故障。

15.1.2 硬盘故障诊断思路

在维修硬盘故障时，还需要配合一些故障维修方法来判断和排除故障。硬盘的故障维修方法有多种。

1. 观察法

观察法主要是维修人员根据经验通过用眼看、鼻闻、耳听等作辅助检查，观察有故障的电路板以找出故障原因所在。在观察故障电路板时将检查重点放在数据接口排针、数据接口排针下的排阻、硬盘跳线、电源口接线柱和主控芯片引脚等地方，看是否存在如下问题。

（1）检查电路板表面是否有断线、焊锡片和虚焊等。

（2）电路板表面如芯片是否有烧焦的痕迹，一般内部某芯片烧坏时会发出一种臭味，此时应马上关机检查，不应再加电使用。

（3）注意电阻或电容引脚是否相碰、硬盘跳线是否设置正常。

（4）是否有异物掉进电路板的元器件之间。

一般简单的问题直接通过表面观察法就能够解决，但对于有疑问的地方，维修人员也可以借助万用表测量，这样可以节省维修时间，提高维修效率。

2. 触摸法

一般电路板的正常温度（指组件外壳的温度）不超过40~50℃，手指摸上去有一点温度，但不烫手。而电路板在出现开路或短路的情况下，芯片温度会出现异常，如开路、无供电、工作条件不满足时，芯片温度会过低；而短路、电源电压高时，芯片温度则过高。部分损坏较严重的芯片甚至可闻到焦味，一旦维修人员发现这种现象，一定要立即断开电源。

3. 替换法

替换法即用好的芯片或元器件替换可能有故障的配件，这种方法常用在不能确定故障点的情况下。维修人员首先应检查与怀疑有故障的配件相连接的连接线是否有问题，替换怀疑有故障的配件，再替换供电配件，最后替换与之相关的其他配件。但这种方法需要维修人员对电路板的各元器件非常熟悉，否则可能反而弄巧成拙。

4. 比较法

比较法是用一块与故障电路板型号完全一样的好的电路板，通过外观、配置、运行现象等方面的比较和测量，找出故障电路板的故障点的方法。这种方法比较麻烦，维修人员需要多次比较和测量才能找出故障的部位。

5. 电流法

电流法需要用到万用表，它可以测量电流、电压、电阻，有的还可以测量三级管的放大倍数、频率、电容值、逻辑电位、分贝值等。硬盘电源+12V的工作电流应为1.1A左右。如果电路板有局部短路现象，则短路元件会升温发热并可能引起保险丝熔断。这时用万用电表测量故障线路的电流，看是否超过正常值。硬盘驱动器适配卡上的芯片短路会导致系统负载电流加大，驱动电机短路或驱动器短路会导致主机电源故障。当硬盘驱动器负载电流加大时会使硬盘启动时好时坏。电机短路或负载过流，轻则使保险丝熔断，重则导致电源块、开关调整管损坏。

在大电流回路中可串入电流假负载进行测量。不同情况可采用不同的测量方法。

（1）对于有保险的线路，维修人员可断开保险管一头，将万用电表串入进行测量。

（2）对于印制板上某芯片的电源线，维修人员可用刻刀或钢锯条割断铜箔引线串入万用表测量。

（3）对于电机插头、电源插头，可从卡口里将电源线起出，再串入万用电表测量。

6. 电压法

该测量方法是在加电情况下，用万用表测量部件或元件的各管脚之间对地的电压大小，并将其与逻辑图或其他参考点的正常电压值进行比较。若电压值与正常参考值之间相差较大，则该部件或元件有故障；若电压正常，说明该部分完好，可转入对其他部件或元件的测试。

I/O通道系统板扩展槽上的电源电压为+12V、-12V、+5V和-5V。板上信号电压的高电平应大于2.5V，低电平应小于0.5V。硬盘驱动器插头、插座按照引脚的排列都有一份电压表，高电平在2.7~3.0V之间。若高电平输出小于3V、低电平输出大于0.6V，即为故障电平。

7. 测电阻法

测电阻法是硬盘电路板维修方法中比较常用的一种测量方法，这种方法可以判断电路的通断及电路板上电阻、电容的好坏；参照集成电路芯片和接口电路的正常阻值，还可以帮助判断芯片电路的好坏。

测电阻法一般使用万用表的电阻挡测量部件或元件的内阻，根据其阻值的大小或通断情况，分析电路中的故障原因。一般元器件或部件的引脚除接地引脚和电源引脚外，其他信号的输入引脚与输出引脚对地或对电源都有一定的内阻，不会等于0Ω或接近0Ω，也不会无穷大，否则就应怀疑管脚是否有短路或开路的情况。一般正向阻值在几十欧至100Ω左右，而反向电阻多在数百欧以上。

用电阻法测量时，首先要关机停电，再测量器件或板卡的通断、开路短路、阻值大小等，以此来判断故障点。若测量硬盘的步进电机绕组的直流电阻为24Ω，则符合标称值为正常；10Ω左右为局部短路；0Ω或几欧为绕组短路烧毁。

硬盘驱动器的数据线可以采用通断法进行检测。硬盘的电源线既可拔下单测，也可在线测其对地电阻；如果阻值无穷大，则为断路；如果阻值小于10Ω，则有可能是局部短路，需要维修人员进一步检查方可确定。

15.2 主板常见故障的表现与解决

主板的常见故障往往与CMOS的设置有关。CMOS是集成在主板上的一块芯片，里面保存着重要的开机参数。一旦CMOS出现问题，将造成电脑无法正常使用。

15.2.1 CMOS设置不能保存

【故障表现】：一台正常运行的电脑，进入CMOS更改相应的参数并保存退出，重新启动电脑时，电脑仍按照修改前的设置启动，修改参数的操作并没有起到作用。重复保存操作，故障依然存在。

【故障诊断】：CMOS设置不能保存，可以从以下几个方面进行诊断。

（1）CMOS线路设置错误时，可以导致CMOS设置不能保存。

（2）CMOS供电电路出现问题时，可以导致CMOS设置不能保存。

（3）CMOS电池不能提供指定的电压时，可以导致CMOS设置不能保存。

【故障处理】：根据先易后难的原则，处理故障的具体操作步骤如下。

步骤01 用一块新的CMOS更换主板上的旧电池，启动电脑进入CMOS设置程序，修改相关参数并保存退出，判断故障是否解决。

有两种状态：一种为NORMAL状态，一般为1~2跳线；另一种为CLEAR状态，一般为2~3跳线。必须保证跳线设置为NORMAL状态才能保存设置。

步骤02 如果更换电池仍然不能解决问题，可参照主板说明书，检查CMOS的跳线情况，观察跳线是否插在正确的引线上。主板上的引线

步骤03 如果上述两种方法都不能解决问题，可以初步判断是主板上的CMOS供电电路出现了问题，应送到专门的售后服务站维修。

15.2.2 电脑频繁死机

【故障表现】：一台电脑经常出现死机现象，在CMOS中设置参数时也会出现死机，重装系统后故障依然不能排除。

【故障诊断】：出现此类故障一般是由于CPU有问题、主板Cache有问题或主板设计散热不良引起。

【故障处理】：在死机后触摸CPU周围主板元件，发现其温度非常烫手。在更换大功率风扇之后，死机故障得以解决。对于Cache有问题的故障，进入CMOS设置，将Cache禁止后即可顺利解决问题，当然，Cache被禁止后速度肯定会受到影响。如果上述方法还是不能解决问题，则可以更换主板或CPU。

15.2.3 主板温控失常，导致开机无显示

【故障表现】：电脑主板温控失常，导致开机无显示。

【故障诊断】：由于CPU发热量非常大，所以许多主板提供了严格的温度监控和保护装置。一般CPU温度过高，或主板上的温度监控系统出现故障，主板就会自动进入保护状态，拒绝加电启动或报警提示，导致开机电脑无显示。

【故障处理】：重新连接温度监控线，再重新电脑开机。当主板无法正常启动或报警时，应该先检查主板的温度监控装置是否正常。

15.2.4 接通电源，电脑自动关机

【故障表现】：电脑开机自检完成后，就自动关机了。

【故障诊断】：出现这种故障的原因是开机按钮按下后未弹起，电源损坏导致供电不足或者主板损坏导致供电出问题。

【故障处理】：首先需要检查主板，测试是否是主板故障，检查过后发现不是主板故障。然后检查是否开机按键损坏，拔下主板上开机键连接的线，用螺丝刀短接开机针脚，启动电脑几秒后仍是自动关机，看来并非开机键原因。那么最有可能就是电源供电不足，用一个好电源连接电脑主板，再次测试，电脑顺利启动，未发生中途关机现象，确定是电源故障。

将此电脑的电源拆下，打开盖检查，如果发现有较大点的电鼓泡找一个同型号的新电容换上，将此电源再次连接主板上，开机测试，顺利进入系统。故障彻底排除。

15.2.5 电脑开机时反复重启

【故障表现】：电脑开机后不断自动重启，无法进入系统，有时开机几次后能进入系统。

【故障诊断】：观察电脑开机后，在检测硬件时会自动重启，分析应该是硬件故障导致的。故障原因主要有CPU损坏、内存接触不良、内存损坏、显卡接触不良显卡损坏、主板供电电路故障等几点。

【故障处理】：对于这个故障应该先检查故障率高的内存，然后再检查显卡和主板。

（1）用替换法检查CPU、内存、显卡，都没有发现问题。

（2）检查主板的供电电路，发现12V电源的电路对地电阻非常大，检查后发现，电源插座的12V针脚虚焊。

（3）将电源插座针脚加焊，再开机测试，故障解决。

15.3 硬盘物理故障

硬盘的硬故障也就是指硬盘电路板损坏、盘片划伤、磁头组件损坏等故障。剧烈的震动、频繁开关机、电路短路、供电电压不稳定等，比较容易引发硬盘物理性故障。

由于这种情况的故障维修对维修条件及维修设备要求较高，一般无法自行维修，所以需要由专业技术人员才能解决。用户千万不要盲目拆盖、拔插控制卡或轻易将硬盘进行低级格式化，使问题变得更加复杂化。有时还会由于维护操作不当，不仅没有把故障修复好，反而引起新的故障。

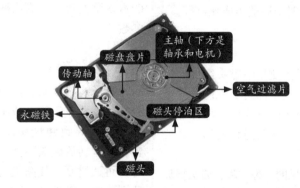

硬盘的硬故障可以分为扇区故障、磁道故障、磁头组件故障、系统信息错误、电子线路故障、综合性能故障等6大类。

1. 坏扇区（硬盘坏道）

坏扇区是硬盘中无法被访问或不能被正确读写的扇区。对付坏扇区最好的方法是将它们做出标记，这样可避免引起麻烦。坏扇区有两种类型。

（1）硬盘格式化时由于磨损而产生的软损坏扇区：可将它们标记出来或再次格式化来修复。但一旦格式化硬盘，将丢失硬盘中的全部数据。

（2）无法修复的物理损坏：数据将永远无法写入这种扇区中。如果硬盘中已经存在这种坏扇区，这块硬盘的寿命也就到头了。

硬盘被分割为以扇区为单位的存储单元，用于存储数据。硬盘在存储数据前，其中的坏扇区被标记出以使计算机不往这些扇区中写入数据。一般每个扇区可记录512B的数据，如果其中任何一个字节不正常，该扇区就属于缺陷扇区。每个扇区除记录512B的数据外，还记录有一些信息（标志信息、校验码、地址信息等），其中任何一部分信息不正常都可导致该扇区出现缺陷。

硬盘出现坏道后的现象会因硬盘坏道的严重性不同而不同，如：系统启动慢，可能是系统盘出现坏道。而有时用户虽然能够进入系统，但硬盘中的某些分区无法打开；或能够打开分区，但分区中的某些文件却无法打开。这些现象都是典型的硬盘坏道的表现，而严重的硬盘坏道会导致系统无法启动。如果硬盘中某一分区存在坏道，且该盘中存储有重要数据，用户切勿强行加电尝试复制数据，因为硬盘产生坏道后，坏扇区很容易扩散到其周围的正常扇区上。若强行加电会使坏道越来越多，越来越密集，从而加大数据恢复的难度。

在判断计算机硬盘可能出现的硬件故障

时，要按照由外向内的顺序进行检测，即先检测硬盘的外部连接、设置以及IDE接口等外部故障，再确定是否是硬盘本身出现了故障。

2. 磁道伺服故障

现在的硬盘大多采用嵌入式伺服，硬盘中每个正常的物理磁道都嵌入有一段或几段信息作为伺服信息，以便磁头在寻道时能准确定位及辨别正确编号的物理磁道。如果某个物理磁道的伺服信息受损，该物理磁道就可能无法被访问。这就是"磁道伺服缺陷"。

一旦出现磁道伺服缺陷，就可能出现几种情况：分区过程非正常中断、格式化过程无法完成、用检测工具检测时中途退出或死机等。

3. 磁头组件故障

磁头组件故障主要指硬盘中磁头组件的某部分被损坏，造成部分或全部磁头无法正常读写的情况。磁头组件损坏的方式和可能性非常多，主要包括磁头磨损、磁头悬臂变形、磁线圈受损、移位等。

磁头损坏是硬盘常见的一种故障，磁头损坏的典型现象是：开机自检时无法通过自检，并且硬盘因为无法寻道而发出明显不正常的声音。此外，还可能出现分区无法格式化，格式化后硬盘的分区从前到后都分布有大量的坏簇等。

遇到这种情况时，如果硬盘中存储有重要的数据，就应该马上断电，因为磁头损坏后磁头臂的来回摆动有可能会刮伤盘面而导致数据无数恢复。硬盘只能在百分之百的纯净间才可以拆开，更换磁头。如果在一般的环境中拆开硬盘，将导致盘面粘灰而无法恢复数据。

4. 固件区故障

固件区是指硬盘存储在负道区的一些有关该硬盘的最基本的信息，如P列表、G列表、

SMART表、硬盘大小等信息。每个硬盘内部都有一个系统保留区，里面分成若干模块保存有许多参数和程序，硬盘在通电自检时，要调用其中大部分程序和参数。

如果能读出那些程序和参数模块，而且校验正常，硬盘就进入准备状态。如果读不出某些模块或校验不正常，则该硬盘就无法进入准备状态。硬盘的固件区出错，会导致系统的BIOS无法检测到该硬盘及对硬盘进行任何读写操作。

此类故障的典型现象就是开机自检后硬盘报错，并提示用户按【F1】键忽略或按【Del】键进入CMOS设置。当用户按【Del】键进入CMOS设置后，检测该硬盘会出现一些出错的参数。

5. 电子线路故障

电子线路故障是指硬盘电路板中的某一部分线路断路或短路，或某些电气元件或IC芯片损坏等，导致硬盘在通电后盘片不能正常运转，或运转后磁头不能正确寻道等。这类故障有些可通过观察线路板发现缺陷部位所在，有些则要通过仪器测量后才能确认缺陷部位。

6. 综合性能缺陷

综合性能缺陷主要是指因为一些微小变化使硬盘产生的问题。有些是硬盘在使用过程中因为发热或者其他原因导致部分芯片老化；有些是硬盘在受到震动后，外壳或盘面或电机主轴产生了微小的变化或位移；有些是硬盘本身在设计方面就在散热、摩擦或结构上存在缺陷。

这些原因最终导致硬盘不稳定，或部分性能达不到标准要求。一般表现为工作时噪声明显增大、读写速度明显太慢、同一系列的硬盘大量出现类似故障、某种故障时有时无等。

15.4 硬盘逻辑故障

硬盘实体未发生损坏只是逻辑数据故障，可使用软件进行修复，这类硬盘故障称为"逻辑故障"。硬盘逻辑故障相对于物理故障更容易修复，对数据的损坏程度也比物理故障轻些。

15.4.1 在Windows初始化时死机

【故障表现】：电脑开机自检时停滞不前，且硬盘和光驱的指示灯一直常亮不闪。

【故障分析】：出现这种现象的原因是由于系统启动时，从BIOS启动然后再去检测IDE设备，系统一直检查，但设备未准备好或根本就无法使用，这时就会造成死循环，从而导致计算机无法正常启动。

【故障处理】：用户应该检查硬盘数据线和电源线的连接是否正确或是否有松动，让系统找到硬盘，就可解决此问题。

15.4.2 分区表遭到破坏

【故障表现】：电脑开机时出现提示信息【Invalid PartitionTable】，然后无法正常启动系统。

【故障分析】：该信息表示电脑中存在无效分区表。该故障现象出现的原因有两个：一是分区表错误引发的启动故障，二是分区有效标志错误的故障。

【故障处理】：根据不同的情况，设置不同的排除方法。

1. 分区表错误引发的启动故障

分区表错误是硬盘的严重错误，不同的错误程序会造成不同的损失。如果没有活动分区标志，则电脑无法启动。但从软驱或光驱引导系统后，可对硬盘读写，可通过FDISK命令重置活动分区进行修复。如果某一分区类型错误可造成某一分区丢失。分区表的第4个字节为分区类型值，正常可引导的大于32MB的基本DOS分区值为06，而扩展DOS分区值是05。利用此类型值可实现单个分区的加密技术，恢复原正确类型值即可使该分区恢复正常。

用户遇到此类故障，可用硬盘维护工具NU 等工具软件修复检查分区表中的错误，若发现错误将询问是否愿意修改，只要不断回答"YES"即可修正错误（或用备份过的分区表覆盖）。如果由于病毒感染了分区表，即使高级格式化也解决不了问题，可先用杀毒软件杀毒，再用硬盘维护工具进行修复。

2. 分区有效标志错误的故障

在硬盘主引导扇区中，最后两个字节55AA为扇区的有效标志。当从硬盘、软盘或光盘启动时将检测这两个字节。如果存在，则认为硬盘存在；否则将不承认硬盘。

此类故障的解决方法是：采用DEBUG方法进行恢复处理。当DOS引导扇区无引导标志时，系统启动将显示为Missing Operating System。这时，可从软盘或光盘引导系统后使用SYS C:命令传送系统修复故障，包括引导扇区及系统文件都可自动修复到正常状态。

15.4.3 硬盘的逻辑坏道

硬盘逻辑坏道故障的表现如下。

（1）在读取某一文件或运行某一程序时，硬盘反复读盘且经常出错，提示文件损坏等信息，或者要经过很长时间才能成功，并在读盘的过程中不断发出刺耳的杂音。一旦出现这种现象，就表明硬盘上的某些扇区已经损坏。

（2）Windows中的ScanDisk功能可以在开机时对硬盘实现自动监测并修复硬盘上的逻辑坏道，如果每次启动Windows系统都会自动运行ScanDisk扫描磁盘错误进行自检，有时还不能通过自检，就可以判定硬盘上已经存在坏道。

（3）在用FDisk分区时，FDisk会对每一分区中的扇区进行检测，如果发现有扇区损坏，FDisk的检测进度就会反反复复，如FDisk已经检测了一半，又会从头开始检测，如此这样反复进行。这种现象就意味着该硬盘有坏道。

（4）开机时系统不能通过硬盘引导，软盘启动后可以转到硬盘盘符，但无法进入，用SYS命令引导系统也不能成功。这种情况比较严重，很有可能是硬盘的引导扇区出了问题。

（5）在用FORMAT格式化硬盘时，到某一进度停止不前，最后报错，无法完成。这也说明硬盘中存在坏道。因为在用FORMAT格式化硬盘某一分区时，FORMAT会以簇为单位对分区进行检测。若某一簇中有坏扇区存在，该簇即为坏簇。FORMAT发现后就会试图进行修复，在修复的过程中进度会停滞不前。

（6）正常使用计算机时，会频繁无故地出现蓝屏、死机的现象。这也是由于硬盘扇区上的数据信息被损坏造成系统程序出错而引起的，是一种比较常见的现象。

上述故障都是用户会经常遇到的，也是一些非常典型的硬盘坏道故障。一些普通的硬盘修复工具可处理逻辑坏道，遇到这类故障用户不必心慌。

（1）使用Windows自带的SCANDISK工具修复。SCANDISK工具只能修复逻辑坏道，对于物理坏道则无能为力。启动SCANDISK工具后会自动对硬盘上的逻辑坏道进行修复，即使用户在Windows操作过程中非正常关机，当再启动Windows时SCANDISK仍会自动启动以修复硬盘上的逻辑坏道，就好像有记忆功能一样，能给用户带来极大的方便。另外，在DOS状态下，也可启动SCANDISK工具进行全盘扫描和修复。

（2）使用低级格式化软件修复。将硬盘低级格式化操作后，硬盘所有扇区的伺服信息和校验信息都将被重写，数据区也全部归零。硬盘的逻辑坏道其实就是磁盘扇区上的校验信息（ECC）与磁道的数据和伺服信息不匹配造成的，低级格式化后这些不匹配信息也都被全部归零，这样逻辑坏道就不存在了。可以对硬盘低级格式化的软件有多种，如DM、Lformat等。

（3）使用清零软件修复。使用清零软件将硬盘扇区中的数据区全部清零也可修复逻辑坏道，这种方法的操作与对硬盘进行低级格式化操作基本相同。可对硬盘清零的软件有多种，如MHDD、DM软件，其中MHDD中的清零功能是一种比较典型的方法。

15.4.4 其他

硬盘出现逻辑故障时，常常会有如下几种现象。

1. Non-System disk or disk error，replace disk and press a key to reboot

该信息表示系统从硬盘无法启动。出现这种信息的原因有两种：一是CMOS参数丢失或硬盘类型设置错误，对于这种情况只要进入CMOS重新设置硬盘的正确参数即可；二是系统引导程序未安装或被破坏，对于这种情况只要重新传递引导文件并安装系统程序即可。

2. Error Loading Operating System或Missing Operating System

该信息表示装载的DOS引导记录错误或DOS引导记录损坏。DOS引导记录位于逻辑0扇区，由高级格式化命令FORMAT生成。主引导程序在检查分区表正确之后，根据分区表中指出的DOS分区起始地址读DOS引导记录。

如果连续读5次都失败，则显示"Error Loading Operating System"错误提示。如果能正确读出DOS引导记录，主引导程序则将DOS引导记录送入内存0:7c00h处，检查DOS引导记录的最后两个字节是否为"55 AA"。如果不是这两个字节，则显示"Missing Operating System"的提示。一般情况下可以用硬盘修复工具（如NDD）修复，若不成功尝试FORMAT C:/S命令重写DOS引导记录。

3. No ROM Basic，System Halted

该信息表示系统无法进入ROM Basic，系统停止响应。造成该故障的原因一般是硬盘主引导区损坏或被病毒感染，或分区表中无自举标志，或结束标志"55 AA"被改写。

执行FDISK/MBR可生成正确的引导程序和结束标志，以覆盖硬盘上的主引导程序。但FDISK/MBR并不是万能的，它不能对付所有由引导区病毒感染而引起的硬盘分区表损坏的故障，所以用户在使用时一定要小心。

4. HDD controller failure Press F1 to Resume

在开机自检完成时屏幕提示该信息，表示硬盘无法启动，按【F1】键可重新启动。一旦出现这条信息，用户应该重点检查与硬盘有关的电源线、数据线的接口有无松动、接触不良、信号线接反等，其次还要检查硬盘的跳线是否设置错误。此故障的解决方法就是重新插拔硬盘电源线、数据线或将数据线改插到其他IDE接口上进行替换实验。

5. FDD contreller failure HDD contrller failure Press any key to Resume

该信息的意思是软、硬盘无法启动，按任意键可重新启动。出现该信息通常是由于连接软、硬盘的I/O部分接触不良或有损坏。若故障较轻还可以修复；若故障较严重，如硬盘盘片有损坏，可能就需要到专门维修硬盘的地方更换配件。

 高手支招

技巧1：硬盘故障提示信息

在开机进入计算机时屏幕上显示的信息都有具体含义，当硬盘存在故障时则会出现故障提示信息。只有了解这些故障信息的含义，才能更好地解决这些故障。

（1）Data error（数据错误）。从软盘或硬盘上读取的数据存在不可修复错误，磁盘上有坏扇区和坏的文件分配表。

（2）Hard disk configuration error（硬盘配置错误）。硬盘配置不正确、跳线不对、硬盘参数设置不正确等。

（3）Hard disk controller failure（硬盘控制器失效）。控制器卡（多功能卡）松动、连线不对、硬盘参数设置不正确等。

（4）Hard disk failure（硬盘失效故障）。控制器卡（多功能卡）故障、硬盘配置不正确、跳线不对、硬盘物理故障。

（5）Hard disk drive read failure（硬盘驱动器读取失效）。控制器卡（多功能卡）松动、硬盘配置不正确、硬盘参数设置不正确、硬盘记录数据破坏等。

（6）No boot device available（无引导设备）。系统找不到作为引导设备的软盘或者硬盘。

（7）No boot sector on hard disk drive（硬盘上无引导扇区）。硬盘上引导扇区丢失，感染有病毒或者配置参数不正确。

（8）Non system disk or disk error（非系统盘或磁盘错误）。作为引导盘的磁盘不是系统盘，不含有系统引导和核心文件或磁盘片本身故障。

（9）Sectornot found（扇区未找到）。系统盘在软盘和硬盘上不能定位给指定扇区。

（10）Seek error（搜索错误）。系统在软盘和硬盘上不能定位给定扇区、磁道或磁头。

（11）Reset failed（硬盘复位失败）。硬盘或硬盘接口的电路故障。

（12）Fatal error bad hard disk（硬盘致命错误）。硬盘或硬盘接口故障。

（13）No hard disk installed（没有安装硬盘）。没有安装硬盘，但CMOS参数中设置了硬盘或硬盘驱动器号没有接好。

技巧2：硬盘故障代码含义

在出现硬盘故障时，往往会弹出相关代码，常见的代码含义如下表所示。

代码	代码含义
1700	硬盘系统通过(正常)
1701	不可识别的硬盘系统
1702	硬盘操作超时
1703	硬盘驱动器选择失败
1704	硬盘控制器失败
1705	要寻找的记录未找到
1706	写操作失败
1707	道信号错误
1708	磁头选择信号有错
1709	ECC检验错误
1710	读数据时扇区缓冲器溢出
1711	坏的地址标志
1712	不可识别的错误
1713	数据比较错误
1780	硬盘驱动器C故障
1781	D盘故障
1782	硬盘控制器错误
1790	C盘测试错误
1791	D盘测试错误

第 **16** 章

其他设备故障处理

学习目标

　　电脑中除CPU、内存、主板和硬盘等一些主要的原件外，还包含显示器、显卡、声卡、USB、打印机和扫描仪等，这些设备出现问题，电脑也不能正常工作。本章主要介绍其他设备的故障处理方法。

学习效果

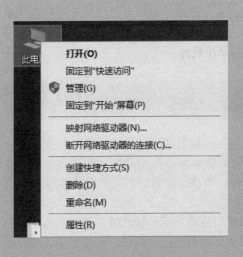

16.1 显卡常见故障诊断与维修

 显卡是计算机最基本配置、最重要的配件之一，显卡发生故障可导致电脑开机无显示，用户无法正常使用电脑。本节主要介绍显卡常见故障诊断与维修。通过学习本节内容，读者可以了解电脑显卡的常见故障现象，通过对故障的诊断，解决显卡故障问题。

16.1.1 开机无显示

【故障表现】：启动电脑时，显示器出现黑屏现象，而且机箱喇叭发出一长两短的报警声。

【故障诊断】：此类故障一般是因为显卡与主板接触不良或主板插槽有问题造成。对于一些集成显卡的主板，如果显存共用主内存，则需注意内存条的位置，一般在第一个内存条插槽上应插有内存条。

【故障处理】：

步骤01 首先判断是否是由于显卡接触不良引发的故障。关闭电脑电源，打开电脑机箱，将显卡拔出来，用毛笔刷将显卡板卡上的灰尘清理掉。接着用橡皮擦来回擦拭板卡的"金手指"，清理完成后将显卡重新安装好，查看故障是否已经排除。

步骤02 显卡接触不良的故障，比如一些劣质的机箱背后挡板的空档不能和主板AGP插槽对齐，在强行上紧显卡螺丝以后，过一段时间可能导致显卡的PCB变形的故障，这时候松开显卡的螺丝故障就可以排除。如果使用的主板AGP插槽用料不是很好，AGP槽和显卡PCB不能紧密接触，用户可以使用宽胶带将显卡挡板固定，把显卡的挡板夹在中间。

步骤03 检查显卡金手指是否已经被氧化，使用橡皮清除锈渍显卡后仍不能正常工作的话，可以使用除锈剂清洗金手指，然后在金手指上轻轻敷上一层焊锡，以增加金手指的厚度，但一定注意不要让相邻的金手指之间短路。

步骤04 检查显卡与主板是否存在兼容问题，此时可以使用新的显卡插在主板上，如果故障解除，则说明兼容问题存在。另外，用户也可以将该显卡插在另一块主板上，如果也没有故障，则说明这块显卡与原来的主板确实存在兼容问题。对于这种故障，最好的解决办法就是换一块显卡或者主板。

步骤05 检查显卡硬件本身的故障，一般是显示芯片或显存烧毁，用户可以将显卡拿到别的机器上试一试，若确认是显卡问题，则更换显卡后就可解决故障。

16.1.2 显卡驱动程序自动丢失

【故障表现】：电脑开机后，显卡驱动程序载入，运行一段时间后，驱动程序自动丢失。

【故障诊断】：此类故障一般是由于显卡质量不佳或显卡与主板不兼容，使得显卡温度太高，从而导致系统运行不稳定或出现死机。此外，还有一类特殊情况，以前能载入显卡驱动程序，但在显卡驱动程序载入后，进入Windows时出现死机。

【故障处理】：前一种故障只需要更换显卡就可以排除故障。后一种故障可更换其他型号的显卡，在载入驱动程序后，插入旧显卡给予解决。如果还不能解决此类故障，则说明是注册表故障，对注册表进行恢复或重新安装操作系统后即可解决。

16.1.3　显示颜色不正常

【故障表现】：电脑开机，显示颜色与平常不一样，而且电脑饱和度较差。

【故障诊断】：这类故障一般是显像管尾部的插座受潮或者受灰尘污染，也可能是显像管老化造成的。

【故障处理】：

（1）如果是由于受潮或受灰尘污染的情况，在情况不很严重的情况下，用酒精清洗显像管尾部插座部分即可解决。如果情况严重，更换显像管尾部插座就可以。

（2）如果是显像管老化的情况，只有更换显像管才能彻底解决问题。

16.1.4　更换显卡后经常死机

【故障表现】：电脑更换显卡后经常在使用中突然黑屏，然后自动重新启动。重新启动有时可以顺利完成，但是大多数情况下自检就死机。

【故障诊断】：这类故障可能是显卡与主板兼容不好，也可能是BIOS中与显卡有关的选项设置不当。

【故障处理】：在BIOS里的Fast Write Supported（快速写入支持）选项中，如果用户的显卡不支持快速写入或不了解是否支持，建议设置为No Support以求得最大的兼容。

16.1.5　玩游戏时系统无故重启

【故障表现】：电脑在一般应用时正常，但在运行3D游戏时出现重启现象。

【故障诊断】：一开始以为是电脑中病毒，经查杀病毒后故障依然存在。然后对电脑进行磁盘清理，但是故障还是没有排除，最后重装系统，发现故障依然存在。

在一般应用时电脑正常，但在玩3D游戏时死机，很可能是因为玩游戏时显示芯片过热导致的，检查显卡的散热系统，看有没有问题。另外，显卡的某些配件，如显存出现问题，玩游戏时也可能出现异常，造成系统死机或重新启动。

【故障处理】：如果是散热问题，可以更换更好的显卡散热器；如果显卡显存出现问题，可以采用替换法检验显卡的稳定性；如果确认是显卡的问题，可以维修或更换显卡。

16.2　显示器故障的处理

　　显示器是属于电脑的I/O设备，显示器发生故障时，电脑则不能够正常地显示内容，直接影响用户的操作。了解显示器的维修基础，才能够更好地使用电脑。

16.2.1　显示屏画面模糊

【故障表现】：一台显示器，以前一直很正常，可最近发现刚打开显示器时屏幕上的字符比较模糊，过一段时间后才渐渐清楚。将显示器换到别的主机上，故障依旧。

【故障诊断】：将显示器换到别的主机上，故障依旧。因此可知此类故障是显示器故障。

【故障处理】：显示器工作原理是，显像管内的阴极射线管必须由灯丝加热后才可以发出电子束。如果阴极射线管开始老化，那么灯丝加热过程就会变慢。所以在打开显示器时，阴极射线管没有达到标准温度，导致无法射出足够电子束，造成显示屏上字符因没有足够电子束轰击荧光屏而变得模糊。因此由于显示器的老化，只需要更换新的显示器就可以解决故障；如果显示器购买时间不长，很可能是显像管质量不佳或以次充好，这时候可以联系供货商进行更换。

16.2.2 显示屏变暗

【故障表现】：电脑屏幕变得暗淡，而且越来越严重。

【故障诊断】：出现这类故障一般是由于显示器老化、频率不正常、显示器灰尘过多等原因。

【故障处理】：一般新显示器不会发生这样的问题，只有老显示器才有可能出现。这与显卡刷新频率有关，这需要检查几种显示模式。如果全部显示模式都出现同样现象，说明与显卡刷新频率无关。如果在一些显示模式下屏幕并非很暗淡，可能是显卡的刷新频率不正常，尝试改变刷新频率或升级驱动程序。如果是显示器内部灰尘过多或显像管老化导致的颜色变暗，可以自行清理灰尘（不过最好还是到专业修理部门去）。当亮度已经调节到最大而无效时，发暗的图像四个边缘都消失在黑暗之中，这就是显示器高电压的问题，只能专业修理。

16.2.3 显示屏色斑故障

【故障表现】：打开电脑显示器，显示器屏幕上出现一块块色斑。

【故障诊断】：开始以为是显卡与显示器连接不紧造成。重新拔插后，问题依存。准备替换显示器试故障时，发现是由于音箱在显示器的旁边，导致显示器被磁化。

【故障处理】：显示器被磁化产生的主要症状表现有一些区域出现水波纹路和偏色，通常在白色背景下可以让你很容易发现屏幕局部颜色发生细微的变化。显示器被磁化产生的原因大部分是由于显示器周围可以产生磁场的设备对显像管产生了磁化作用，如音箱、磁化杯、音响等。当显像管被磁化后，首先要让显示器远离强磁场，然后看一看显示器屏幕菜单中有无消磁功能。以三星753DFX显示器为例，消磁步骤如下：按下"设定/菜单键"，激活OSD主菜单，通过左方向键和右方向键选择"消磁"图标，再按下"设定/菜单键"，即可发现显示器出现短暂的抖动。这属于正常消磁过程。对于不具备消磁功能的老显示器，可利用每次开机自动消磁。因为全部显示器都包含消磁线圈，每次打开显示器，显示器就会自动进行短暂的消磁。如果上面的方法都不能彻底解决问题，则需要拿到厂家维修中心采用消磁线圈或消磁棒消磁。

16.2.4 显卡问题引起的显示屏花屏

【故障表现】：一台电脑在上网时只要上下拖动鼠标光标，就会出现严重的花屏现象，如果不上网花屏现象就会消失。

【故障诊断】：造成这类故障的原因有显卡驱动程序问题、显卡硬件问题、显卡散热问题。

【故障处理】：

步骤 01 首先下载最新的显卡驱动程序，然后将以前的显卡驱动程序删除，并安装新下载的驱动程序。安装完成后，开机进行检测，发现故障依然存在。

步骤 02 使用替换法检测显卡。替换显卡后，故障消失，因此是由于显卡问题引起的故障，只需要更换显卡就可以。

16.3 声卡常见故障诊断与维修

声卡是多媒体技术中最基本的组成部分，是实现声波/数字信号相互转换的一种硬件。了解声卡的维修基础，可以更快地解决声卡故障。

16.3.1 声卡无声

【故障表现】：电脑运行时无声音。

【故障诊断】：这种故障一般是因为系统设置为静音、声卡与其他插卡有冲突或者音频线断线引起的故障。

【故障处理】：

步骤 01 系统默认声音输出为静音。单击屏幕右下角的声音小图标（小喇叭），出现音量调节滑块，下方有静音选项，单击前边的复选框，清除框内的对勾，故障排除。

步骤 02 声卡与其他插卡有冲突。当声卡与其他插卡产生冲突时，调整PnP卡所使用的系统资源，使各卡互不干扰。打开设备管理器，虽然未见黄色的惊叹号（冲突标志），但声卡就是不发声，其实也是存在冲突的，只是系统没有检测出来而已。安装DirectX后声卡不能发声，说明此声卡与DirectX兼容性不好，需要更新驱动程序。

步骤 03 如果是一个声道无声，则检查声卡到音箱的音频线是否有断线，如果断线只需要更换音频线即可。

16.3.2 操作系统无法识别声卡

【故障表现】：操作系统无法识别声卡。

【故障诊断】：此类故障是因为声卡没有安装好，或声卡不支持即插即用，以及驱动程序版本太低无法支持新的操作系统引起的。

【故障处理】：

1. 重新安装声卡

步骤 01 切断电源，打开机箱，从主板上拔下声卡。

步骤 02 清洁声卡的金手指，然后将声卡重新插回主板。

步骤 03 开机检查电脑故障是否排除。

2. 手动添加声卡

步骤 01 依次选择【开始】▶【设置】▶【控制面板】，双击【控制面板】窗口中的【添加新硬件】项目。

步骤 02 在【添加新硬件】向导中，系统会询问是否自动检测与配置新硬件，选择【否】，然后单击【下一步】按钮，Windows会列出所有可选择安装的硬件设备。

步骤 03 在【硬件类型】中选择"声音、视频和游戏控制器"选项，单击【下一步】按钮，进入路径的选择界面。

步骤 04 单击【从磁盘安装】按钮，选择驱动程序所在的路径，安装声卡驱动程序。

3. 更新驱动程序

到网上搜索声卡的最新驱动程序，如果没有，可用型号相近或音效芯片相同的声卡的驱动程序代替。

16.3.3 声卡发出的噪声过大

声卡发出噪声过大，主要有以下几种原因。

（1）插卡不正。由于机箱制造精度不够高、声卡外挡板制造或安装不良导致声卡不能与主板扩展槽紧密结合，仔细观察可发现声卡上"金手指"与扩展槽簧片有错位。这种现象在ISA卡或PCI卡上都有，属于常见故障，一般用钳子校正即可解决故障。

（2）有源音箱输入接在声卡的Speaker输出端。对于有源音箱，应接在声卡的Line out端，它输出的信号没有经过声卡上的功放，噪声要小得多。有的声卡上只有一个输出端，是Line out还是Speaker要靠卡上的跳线决定，厂家的默认方式常是Speaker，所以要拔下声卡调整跳线。

（3）Windows自带的驱动程序不好。在安装声卡驱动程序时，要选择厂家提供的驱动程序而不要选Windows默认的驱动程序。如果用"添加新硬件"的方式安装，要选择"从磁盘安装"而不要从列表框中选择。如果已经安装Windows自带的驱动程序，可以重新安装驱动程序，具体操作步骤如下。

步骤 01 在桌面上右键单击【此电脑】，在弹出的快捷菜单中选择【管理】菜单命令。

步骤 02 弹出【计算机管理】对话框，选择【设备管理器】选项，在右侧的窗口中选择【声音、视频和游戏控制器】选项，然后选择【High Definition Audio】并右击，在弹出的快捷菜单中选择【更新驱动程序软件】菜单命令。

步骤 03 弹出【您希望如何搜索驱动程序软件】对话框。如果电脑已经联网，可以选择【自动搜索更新的驱动程序软】选项；如果使用光盘中的声卡驱动，则选择【浏览计算机以查找驱动程序软件】选项。

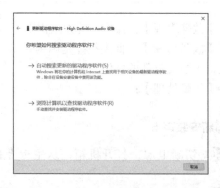

步骤 04 弹出【浏览计算机上的驱动程序文件】对话框，单击【浏览】按钮。

步骤 05 弹出【浏览文件夹】对话框，选择光盘的路径，单击【确定】按钮。返回【浏览计算机上的驱动程序文件】对话框中，单击【下一步】按钮，系统将自动安装驱动程序。

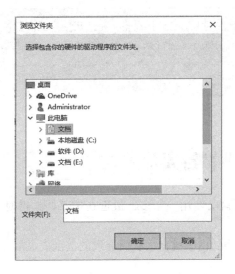

16.3.4 播放声音不清晰

【故障表现】：电脑在播放歌曲时，声音不清晰有噪声。

【故障诊断】：信噪比一般是产生噪声的罪魁祸首，集成声卡尤其受到背景噪声的干扰，不过随着声卡芯片信噪比参数的加强，大部分集成声卡信噪比都在75dB以上，有些高档产品信噪比甚至达到95dB，出现噪声的问题越来越小。除了信噪比的问题外，杂波电磁干扰就是噪声出现的唯一理由。由于某些集成声卡采用廉价的功放单元，做工和用料上更是不堪入目，信噪比远远低于中高档主板的标准，自然噪声就无法控制了。

【故障处理】：由于Speaker out采用了声卡上的功放单元对信号进行放大处理，虽然输出的信号"大而猛"，但信噪比很低。而Line out则绕过声卡上的功放单元，直接将信号以线路传输方式输出到音箱，如果在有背景噪声的情况下不妨试试这个方法，应该会改进许多。不过如果采用的是劣质的音箱，相信改善不会很大。

16.3.5 安装其他设备后，声卡不发声

【故障表现】：安装网卡或者其他设备之后，声卡不再发声。

【故障诊断】：这类故障大多是由于兼容性问题和中断冲突造成。

【故障处理】：

（1）驱动兼容性的问题比较好解决，只需要更新各个产品的驱动。

（2）中断冲突就比较麻烦。首先进入【控制面板】➤【系统】➤【设备管理器】，查询各自的 IRQ中断，并可以直接手动设定IRQ消除冲突。如果在设备管理器无法消除冲突，最好的方法是回到BIOS中，关闭一些不需要的设备，空出多余的 IRQ中断。也可以将网卡或其他设备换个插槽，这样也将改变各自的IRQ中断，以便消除冲突。在换插槽之后应该进入BIOS中的"PNP/PCI"项中将"Reset Configutionration Data"改为ENABLE，清空PCI设备表，重新分配IRQ中断即可。

16.4 键盘与鼠标常见故障诊断与维修

鼠标与键盘是电脑的外接设备，是使用频率最高的设备。本节主要介绍键盘与鼠标常见故障诊断与维修，通过学习本章，读者可以了解电脑键盘与鼠标的常见故障现象，通过对故障的诊断，解决键盘与鼠标故障问题。

16.4.1 故障1：某些按键无法键入

【故障表现】：一个键盘已使用一年多，最近在按某些按键时不能正常键入，而其余按键正常。

【故障诊断】：这是典型的由于键盘太脏而导致的按键失灵故障，通常只需清洗一下键盘内部即可。

【故障处理】：关机并拔掉电源后拔下键盘接口，将键盘翻转用螺丝刀旋开螺丝，打开底盘，用棉球沾无水酒精将按键与键帽相接的部分擦洗干净即可。

16.4.2 故障2：键盘无法接进接口

【故障表现】：刚组装的电脑，键盘很难插进主板上的键盘接口。

【故障诊断】：这类故障一般是由于主板上键盘接口与机箱接口留的孔有问题。

【故障处理】：注意检查主板上键盘接口与机箱接口留的孔，看主板是偏高还是偏低，个别主板有偏左或偏右的情况，如有以上情况，要更换机箱，或者更换另外长度的主板铜钉或塑料钉。塑料钉更好，因为可以直接打开机箱，用手按住主板键盘接口部分，插入键盘，解决主板有偏差的问题。

16.4.3 故障3：按键显示不稳定

【故障表现】：最近使用键盘录入文字时，有时候某一排键都没有反应。

【故障诊断】：该故障很可能是因为键盘内的线路有断路情况。

【故障处理】：拆开键盘，找到断路点并焊接好即可。

16.4.4 故障4：键盘按键不灵

【故障表现】：一个键盘，开机自检能通过，但敲击A、S、D、F和V、I、O、P这两组键时打不出字符来。

【故障诊断】：这类故障是由于电路金属膜问题，导致短路现象，键盘按键无法打字。

【故障处理】：拆开键盘，首先检查按键是否能够将触点压在一起，一切正常。仔细检查发现连接电路中有一段电路金属膜掉了一部分，用万用表测量，电阻非常大。可能是因为电阻大了电信号不能传递，而且那两组字母键共用一根线，所以导致成组的按键打不出字符来。要将塑料电路连接起来是件很麻烦的事。因为不能用电烙铁焊接，一焊接，塑料就会化掉。于是先将导线两端的铜线拔出，在电阻很小的可用电路两边扎两个洞（避开坏的那一段），将导线拔出的铜线从洞中穿过去，就像绑住电路一样，另一头也用相同的方法穿过。用万用表测量，能导电。然后用外壳将其压牢，垫些纸以防松动。重新使用，故障排除。

16.5 打印机常见故障诊断与维修

打印机是电脑的输出设备之一，用于将电脑处理结果打印在相关介质上。本章主要介绍打印机常见故障诊断与维修，通过学习本节内容，读者可以了解打印机的常见故障现象，通过对故障的诊断，解决故障问题。

16.5.1 故障1：装纸提示警报

【故障表现】：打印机装纸后出现缺纸报警声，装一张纸胶辊不拉纸，需要装两张以上的纸胶辊才可以拉纸。

【故障诊断】：一般针式或喷墨式打印机的字辊下都装有一个光电传感器，用于检测是否缺纸。在正常的情况下，装纸后光电传感器感触到纸张的存在，产生一个电信号返回，控制面板上就给出一个有纸的信号。如果光电传感器长时间没有清洁，光电传感器表面就会附有纸屑、灰尘等，使传感器表面脏污，不能正确地感光，导致出现误报。因此此类故障是光电传感器表面脏污所致。

【故障处理】：查找到打印机光电传感器，使用酒精棉轻拭光头，擦掉脏污，清除周围灰尘。通电开机测试，问题解决。

16.5.2 故障2：打印字迹故障

【故障表现】：使用打印机打印时字迹一边清晰，而另一边不清晰。

【故障诊断】：此类故障主要是打印头导轨与打印辊不平行，导致两者距离有远有近所致。

【故障处理】：调节打印头导轨与打印辊的间距，使其平行。分别拧松打印头导轨两边的螺母，在左右两边螺母下有一调节片，移动两边的调节片，逆时针转动调节片使间隙减小，顺时针可使间隙增大，最后把打印头导轨与打印辊调节平行就可解决问题。要注意调节时找准方向，可以逐渐调节，多试打几次。

16.5.3 故障3：通电打印机无反应

【故障表现】：打印机开机后没有任何反应，根本就不通电。

【故障诊断】：打印机都有过电保护装置，当电流过大时就会引起过电保护，此现象出现基本是打印机保险管烧坏。

【故障处理】：打开机壳，在打印机内部电源部分找到保险管（内部电源部分在打印机的外接电源附近可以找到），看其是否发黑，或用万用表测量一下是否烧坏，如果烧坏，换一个与其基本相符的保险管即可（保险管上都标有额定电流）。

16.5.4 故障4：打印纸出黑线

【故障表现】：打印时纸上出现一条条粗细不匀的黑线，严重时整张纸都是如此效果。

【故障诊断】：此种现象一般出现在针式打印机上，原因是打印头过脏或者打印头与打印辊的间距过小或打印纸张过厚。

【故障处理】：卸下打印头，清洗打印头，或是调节打印头与打印辊间的间距，故障就可以排除。

16.5.5 故障5：无法打印纸张

【故障表现】：在使用打印机打印时感觉打印头受阻力，打印一会就停下发出长鸣或停在原处震动。

【故障诊断】：这类故障一般是由于打印头导轨长时间滑动变得干涩，打印头移动时受阻，到一定程度后使打印停止，严重时可能烧坏驱动电路。

【故障处理】：这类故障的处理方法是在打印导轨上涂几滴仪表油，来回移动打印头，使其均匀。重新开机，如果还有此现象，则可能是驱动电路烧坏，这时候就需要进行维修了。

16.6 U盘常见故障诊断与维修

U盘是一种可移动存储设备，本节主要介绍U盘常见故障诊断与维修，通过学习本章，读者可以了解U盘的常见故障现象，通过对故障的诊断，解决U盘故障问题。

16.6.1 故障1：电脑无法检测U盘

【故障表现】：将一个U盘插入电脑后，电脑无法检测到。

【故障诊断】：这类故障一般是由于U盘数据线损坏或接触不良、U盘的USB接口接触不良、U盘主控芯片引脚虚焊或损坏等引起。

【故障处理】：

步骤01 检查U盘是不是正确地插入电脑USB接口，如果使用USB延长线，最好去掉延长线，直接插入USB接口。

步骤 02 如果U盘插入正常，将其他的USB设备接到电脑中测试，或者将U盘插入另一个USB接口中测试。

步骤 03 如果电脑的USB接口正常，然后查看电脑BIOS中的USB选项设置是否为"Enable"。如果不是，将其设置为"Enable"。

步骤 04 如果BIOS设置正常，然后拆开U盘，查看USB接口插座是否虚焊或损坏。如果是，要重焊或者更换USB接口插座；如果不是，则接着测量U盘的供电电压是否正常。

步骤 05 如果供电电压正常，然后检查U盘时钟电路中的晶振等元器件。如果损坏，更换元器件；如果正常，接着检测U盘的主控芯片的供电系统，并加焊，如果不行，更换主控芯片。

16.6.2 故障2：U盘插入提示错误

【故障表现】：U盘插入电脑后，提示"无法识别的设备"。

【故障诊断】：这种故障一般是由电脑感染病毒、电脑系统损坏、U盘接口问题等原因造成的。

【故障处理】：

步骤 01 用杀毒软件杀毒后，插入U盘测试。如果故障没解除，将U盘插入另一台电脑检测，发现依然无法识别U盘，应该是U盘的问题引起的。

步骤 02 拆开U盘外壳，检查U盘接口电路，如果发现有损坏的电阻，及时更换电阻。如果没有损坏，然后检查主控芯片是否有故障。如果有损坏及时更换。

16.6.3 故障3：U盘容量变小

【故障表现】：将8GB的U盘插入电脑后，发现电脑中检测到的"可移动磁盘"的容量只有2MB。

【故障诊断】：产生这类故障的原因有：

（1）U盘固件损坏问题。

（2）U盘主控芯片损坏问题。

（3）电脑感染病毒问题。

【故障处理】：

步骤 01 用杀毒软件对U盘进行查杀病毒，查杀之后，重新将U盘插入电脑测试，如果故障依旧，接着准备刷新U盘固件。

步骤 02 先准备好U盘固件刷新的工具软件，然后重新刷新U盘的固件。

步骤 03 刷新后，将U盘接入电脑进行测试，发现U盘的容量恢复正常，U盘使用正常，故障排除。

16.6.4 故障4：U盘无法保存文件

【故障表现】：将文件保存U盘中，但是尝试几次都无法保存。

【故障诊断】：这类故障是由闪存芯片、主控芯片以及其固件引起的。

【故障处理】：

步骤 01 首先使用U盘的格式化工具将U盘格式化，然后测试故障是否消失。如果故障依然存在，就拆开U盘外壳，检查闪存芯片与主控芯片间的线路中是否有损坏的元器件或断线故障。如果有损坏的元器件，更换损坏的元器件就可以。

步骤 02 如果没有损坏的元器件，接着检测U盘闪存芯片的供电电压是否正常。如果不正常，检测供电电路故障；如果正常，重新加焊闪存芯片，然后看故障是否消失。

步骤 03 如果故障依旧，更换闪存芯片，然后再进行测试，如果更换闪存芯片后，故障还是存在，则是主控芯片损坏，更换主控芯片就可以。

 # 高手支招

技巧1：鼠标无反应

【故障现象】：鼠标在使用一段时间后，突然没有任何反应。

建议采用如下步骤进行处理。

步骤 01 先查看是否电脑已经死机。

步骤 02 如果电脑没有死机，则需要查看鼠标与电脑主机的连接线是否脱落或松动，重新将连接线插好。

技巧2：鼠标定位不准确

【故障现象】：鼠标使用一段时间后，出现定位不准确、反应迟缓现象。

建议采用如下步骤进行处理。

步骤 01 鼠标长时间使用后，大量的灰尘会使鼠标反应迟缓，定位不准确。如果是机械鼠标，可以将鼠标下方的小球取出，将鼠标内部清洁干净。

步骤 02 如果是光电鼠标，则将鼠标下方的光源处清理干净即可。

第 **17** 章

操作系统故障处理

学习目标

在用户使用电脑过程中，由于操作不当、误删除系统文件、病毒木马危害性文件的破坏等原因，会造成系统出现启动故障、蓝屏、死机等操作系统故障。电脑突然出现这些操作系统故障时，用户应该如何解决呢？本章将从几个方面进行详细的介绍。

学习效果

17.1 Windows系统启动故障

Windows无法启动是指在能够正常开关机的情况下，电脑无法正常进入系统，这种问题也是较为常见的，本节介绍常见的几种Windows无法启动的现象及解决办法。

17.1.1 电脑启动后无法进入系统

【故障表现】：电脑之前使用正常，突然无法进入系统。

【故障分析】：无法进入系统的主要原因是系统软件损坏、注册表损坏等问题造成的。

【故障处理】：如果遇到此类问题，可以尝试使用操作系统的【高级启动选项】解决该问题。具体操作步骤是：重启电脑，按【F8】键，进入【高级启动选项】界面，选择【最近一次的正确配置（高级）】选项，并按【Enter】键，使用该功能以最近一次的有效设置启动计算机。

小提示

各菜单项的作用如下。

安全模式：选用安全模式启动系统时，系统只使用一些最基本的文件和驱动程序启动。进入安全模式是诊断故障的一个重要步骤。如果安全模式启动后无法确定问题，或者根本无法启动安全模式，就需要使用紧急修复磁盘修复系统或重装系统。

网络安全模式：与安全模式类似，但是增加了对网络连接支持。

命令提示符的安全模式：与安全模式类似，只使用基本的文件和驱动程序启动系统，但登录后屏幕出现命令提示符，而不是Windows桌面。

启用启动日志：启动系统，同时将由系统加载的所有驱动程序和服务记录到文件中。文件名为ntbtlog.txt，位于Windir目录中。该日志对确定系统启动问题的准确原因很有用。

启用低分辨率视频（640×480）：使用当前视频驱动程序和低分辨率及刷新率设置启动 Windows。可以使用此模式重置显示设置。

最后一次的正确配置（高级）：使用最后一次正常运行的注册表和驱动程序配置启动Windows。

目录服务还原模式：该模式是用于还原域控制器上的Sysvol目录和Active Directory（活动目录）服务的。它实际上也是安全模式的一种。

调试模式：如果某些硬件使用了实模式驱动程序并导致系统不能正常启动，可以用调试模式来检查实模式驱动程序产生的冲突。

禁用系统失败时自动重新启动：因错误导致Windows失败时，阻止Windows 自动重新启动。仅当Windows 陷入循环状态时，即Windows启动失败，重新启动后再次失败时，使用此选项。

禁用强制驱动程序签名：允许安装包含了不恰当签名的驱动程序。

如果不能解决此类问题，可以选择【修复计算机】选项，修复系统即可。

如果电脑系统是Windows 10操作系统，可以采用以下方法解决。

步骤01 当系统启动失败两次后，第三次启动即会进入【选择一个选项】界面，单击【疑难解答】选项。

步骤02 打开【疑难解答】界面，单击【高级选项】选项。

步骤03 打开【高级选项】界面，单击【启动修复】选项。

步骤04 电脑重启，准备进入自动修复界面。

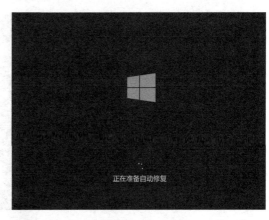

步骤05 进入"启动修复"界面，选择一个账户进行操作。

步骤06 输入选择账户的密码，并单击【继续】按钮。

步骤 07 重启Windows 10操作系统，诊断电脑的情况。

17.1.2 系统引导故障

【故障表现】：开机后出现"Press F11 start to system restore"错误提示，如下图所示。

【故障分析】：由于Ghost类的软件在安装时往往会修改硬盘MBR，以达到优先启动的目的，在开机时就会出现相应的启动菜单信息。不过，如果此类软件存在有缺陷或与操作系统不兼容，就非常容易导致系统无法正常启动。

【故障处理】：如果是由于上述问题造成的，就需要对硬盘主引导进行操作，用户可以使用系统安装盘的Bootrec.exe修复工具解决该故障。

步骤 01 使用系统安装盘启动电脑，进入【Windows安装程序】对话框，单击【下一步】按钮。

步骤 02 进入如下界面，按【Shift+F10】组合键。

步骤 03 弹出命令提示符窗口，输入"bootrec / fixmer" DOS命令，并按【Enter】键，完成硬盘主引导记录的重写操作。

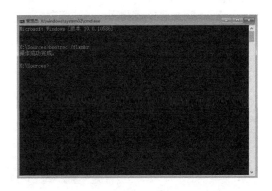

17.1.3 电脑关机后自动重启

【故障表现】：电脑关机后，会重新启动进入操作系统。

【故障分析】：电脑关机后自动重启，一般是由于系统设置不正确、电源管理不支持及USB设备等引起的。

【故障处理】：电脑关机后自动重启的解决办法有以下3种方法。

1. 系统设置不正确

Windows操作系统默认情况下，当系统遇到故障时，会自动重启电脑。如果关机时系统出现错误，就会自动重启，此时可以修改设置，具体操作步骤如下。

步骤 01 右键单击【此电脑】图标，在弹出的快捷菜单中，单击【属性】菜单命令。

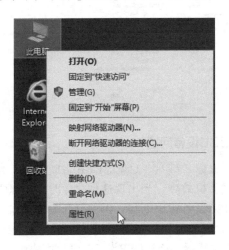

步骤 02 在弹出的【系统】窗口，单击【高级系统设置】链接。

步骤 03 弹出【系统属性】对话框，单击【高级】选项卡，并单击【启动和故障恢复】区域下的【设置】按钮。

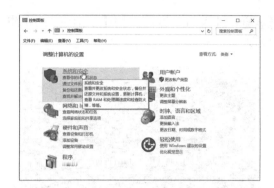

步骤 02 打开【系统和安全】窗口，单击【电源选项】链接。

步骤 04 弹出【启动和故障恢复】对话框，撤销选中【系统失败】区域下的【自动重新启动】复选框，并单击【确定】按钮即可。

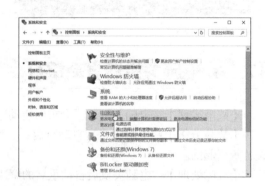

步骤 03 弹出【电源选项】窗口，如果发生故障时使用的是【高性能】单选项，可以撤销选中该单选项，将其更改为【平衡】或【节能】选项，尝试解决电脑关机后自动开机的问题。

2. 电源管理

电源对系统支持不好，也会造成关机故障，遇到此类问题可以使用以下步骤解决。

步骤 01 打开控制面板，在【类别】查看方式下，单击【系统和安全】链接。

3. USB设备问题

鼠标、键盘、U盘等USB端口设备，容易造成关机故障。当出现这种故障时，可以尝试将USB设备拔出电脑，再进行开关机操作，看是否关机正常。如果不正常，可以外连一个USB集线器，连接USB设备，尝试解决。

17.2 蓝屏

蓝屏是计算机常见的操作系统故障之一，用户在使用计算机过程中经常会遇到。那么计算机蓝屏是由于什么原因引起的呢？计算机蓝屏和硬件关系较大，主要原因有硬件芯片损坏、硬件驱动安装不兼容、硬盘出现坏道（包括物理坏道和逻辑坏道）、CPU温度过高、多条内存不兼容等。

17.2.1 启动系统出现蓝屏

系统在启动过程中出现如下屏幕显示，称作蓝屏。

小提示

【technical information】以上的信息是蓝屏的通用提示，下面的【0X0000000A】称为蓝屏代码，【Fastfat.sys】是引起系统蓝屏的文件名称。

下面介绍几种引起系统开机蓝屏的常见故障原因及其解决方法。

1. 多个内存条的互不兼容或损坏引起运算错误

这是最直观的现象，因为这个现象往往在一开机的时候就可以见到。不能启动计算机，画面提示内存有问题，计算机会询问用户是否要继续。造成这种错误提示的原因一般是内存的物理损坏或者内存与其他硬件的不兼容。这类故障只能通过更换内存条来解决问题。

2. 系统硬件冲突

这种现象导致蓝屏也比较常见，经常遇到的是声卡或显示卡的设置冲突。具体解决的操作步骤如下。

步骤 01 开机后，进入【安全模式】下的操作系统界面。打开【控制面板】窗口，选择【硬件和声音】选项。

步骤 02 弹出【硬件和声音】窗口，单击【设备管理器】链接。

步骤 03 弹出【设备管理器】窗口，在其中检查是否存在带有黄色问号或感叹号的设备，如存在可试着先将其删除，并重新启动电脑。

带有黄色问号表示该设备的驱动未安装，带有感叹号表示该设备的驱动安装的版本错误。用户可以从设备官方网站下载正确的驱动包安装，或者在随机赠送的驱动盘中找到正确的驱动安装。

17.2.2 系统正常运行时出现蓝屏

系统在运行使用过程中由于某种操作，甚至没有任何操作会直接出现蓝屏。那么系统在运行过程中出现蓝屏现象该如何解决呢？下面介绍几种常见的系统运行过程中蓝屏现象的原因及其解决办法。

1. 虚拟内存不足造成系统多任务运算错误

虚拟内存是Windows系统所特有的一种解决系统资源不足的方法。一般要求主引导区的硬盘剩余空间是物理内存的2~3倍。由于种种原因，造成硬盘空间不足，导致虚拟内存因硬盘空间不足而出现运算错误，所以就会出现蓝屏。要解决这个问题比较简单，尽量不要把硬盘存储空间占满，要经常删除一些系统产生的临时文件以释放空间。或可以手动配置虚拟内存，把虚拟内存的默认地址转到其他的逻辑盘下。

虚拟内存具体设置方法如下。

步骤 01 在【桌面】上的【此电脑】图标上单击鼠标右键，在弹出的快捷菜单中选择【属性】菜单命令。

步骤 02 弹出【系统】窗口，在左侧的列表中单击【高级系统设置】链接。

步骤 03 弹出【系统属性】对话框，选择【高级】选项卡，然后在【性能】选区中单击【设置】按钮。

步骤 04 弹出【性能选项】对话框，选择【高级】选项卡，单击【更改】按钮。

步骤 05 弹出【虚拟内存】对话框，更改系统虚拟内存设置项目，单击【确定】按钮，然后重新启动电脑。

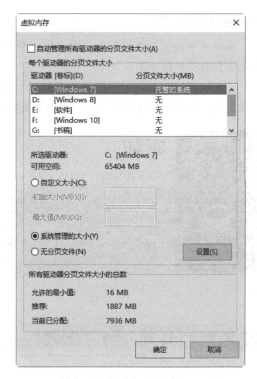

自动管理所有驱动器的分页文件大小：选择此选项，Windows 10自动管理系统虚拟内存，用户无须对虚拟内存做任何设置。

自定义大小：根据实际需要在初始大小和最大值中填写虚拟内存在某个盘符的最小值和最大值。单击【设置】按钮，一般最小值是实际内存的1.5倍，最大值是实际内存的3倍。

系统管理的大小：选择此项，系统将会根据实际内存的大小自动管理系统在某盘符下的虚拟内存大小。

无分页文件：如果电脑的物理内存较大，则无须设置虚拟内存，选择此项，单击【设置】按钮。

2. CPU超频导致运算错误

CPU超频在一定范围内可以提高电脑的运行速度，就其本身而言就是在其原有的基础上完成更高的性能，对CPU来说是一种超负荷的工作，CPU主频变高，运行速度过快，但由于进行了超载运算，造成其内部运算过多，使CPU过热，从而导致系统运算错误。

如果是因为超频引起系统蓝屏，可在BIOS中取消CPU超频设置，具体的设置根据不同的BIOS版本而定。

3. 温度过高引起蓝屏

如果由于机箱散热性问题或者天气本身比较炎热，致使机箱CPU温度过高，电脑硬件系统可能出于自我保护停止工作。

造成温度过高的原因可能是CPU超频、风扇转速不正常、散热功能不好或者CPU的硅脂没有涂抹均匀。如果不是超频的原因，最好更换CPU风扇或者把硅脂涂抹均匀。

17.3 死机

> "死机"指系统无法从一个系统错误中恢复过来，或系统硬件层面出问题，以致系统长时间无响应而不得不重新启动系统的现象。它属于电脑运作的一种正常现象，任何电脑都会出现这种情况，其中蓝屏也是一种常见的死机现象。

17.3.1 "真死"与"假死"

计算机死机根据表现症状的情况不同分为"真死"和"假死"。这两个概念没有严格的区分。

"真死"是指计算机没有任何反应，鼠标键盘都无任何反应，大小写切换、小键盘都没有反应。

"假死"是指某个程序或者进程出现问题，系统反应极慢，显示器输出画面无变化，但系统有声音，或键盘、硬盘指示灯有反应，当运行一段时间之后系统有可能恢复正常。

17.3.2 系统故障导致死机

Windows操作系统的系统文件丢失或被破坏时，无法正常进入操作系统，或者"勉强"进入操作系统，但无法正常操作电脑，系统容易死机。

对于一般的操作人员，在使用电脑时，要隐藏受系统保护的文件，以免误删破坏系统文件。下面详细介绍隐藏受保护的系统文件的方法。

步骤 01 打开【此电脑】窗口，选择【文件】▶【更改文件夹和搜索选项】菜单命令。

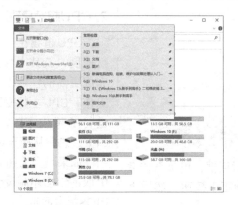

步骤 02 打开【文件夹选项】对话框，选择【查看】选项卡，选择【隐藏受保护的操作系统文件】选项，单击【确定】按钮。

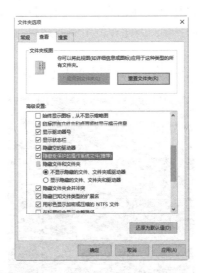

17.3.3 软件故障导致死机

一些用户对电脑的工作原理不是十分了解，出于保证电脑的稳定工作，甚至会在一台电脑上装多个杀毒软件或多个防火墙软件，造成多个软件对系统的同一资源调用或者是因为系统资源耗尽而死机。当电脑出现死机时，可以通过查看开机随机启动项进行排查原因。因为许多应用程序为了用户方便会在安装完以后将其自动添加到Windows启动项中。

打开【任务管理器】窗口，选择【启动】选项卡，将启动组中的加载选项全部禁用，然后逐一加载，观察系统在加载哪个程序时出现死机现象，就能查出具体死机的原因。

 高手支招

技巧："内存不足"故障的处理

当电脑出现"内存不足"故障时，可以按照下面的方法进行排除。

首先关闭不需要的应用软件。

接着删除剪贴板中的内容。

特别是剪贴板上的内容，它是存放在内存上的，有时用户抓图或复制文件时使用了剪贴板，可能占到几十万个或更多的字节，因此在使用完剪贴板后应将其占用的内存释放，具体操作步骤如下。

步骤01 右击电脑下方状态栏处，在弹出的对话框中单击【任务管理器】选项。

步骤02 弹出【任务管理器】窗口，选择【进程】选项，在【Windows资源管理器】上单击鼠标右键，在弹出的对话框中选择【结束任务】选项。

第 18 章

网络故障处理

学习目标

电脑网络是电脑应用中的一个非常重要的领域。网络故障主要来源于网络设备、操作系统、相关网络软件等方面。本章主要讲述常见的宽带接入故障、网络连接故障、网卡驱动与网络协议故障、无法打开网页故障、局域网故障等。

学习效果

18.1 故障诊断思路

网络是用通信线路和通信设备将分布在不同地点的多台独立的电脑系统相互连接起来，一旦网络出现故障，用户可以从网络协议、网络硬件和软件等方面进行诊断。

18.1.1 网络的类型

1. 按网络使用的交换技术分类

按照网络使用的交换技术可将计算机网络分类为电路交换网、报文交换网、分组交换网、帧中继网、ATM网等。

2. 按网络的拓扑结构分类

根据网络中电脑之间互联的拓扑形式可把计算机网络分类为星型网、树型网、总线型网、环形网、网型网、混合网。

3. 按网络的控制方式分类

网络的管理者则非常关心网络的控制方式，通常把其分类为集中式网络、分散式网络、分布式网络。

4. 按作用范围的大小分类

很多情况下人们经常从网络的作用地域范围对网络进行分类。例如：

广域网（Wide Area Network，WAN），其作用范围通常为几十到几千千米。广域网有时也称为远程网。

局域网（Local Area Network，LAN），一般用微型计算机通过高速通信线路相连，在地理上则局限在较小的范围，一般是一幢楼房或一个单位内部。

18.1.2 网络故障产生的原因

1. 按网络故障的性质划分

按网络故障的性质划分，网络故障一般分为物理性故障和逻辑性故障两类。下面对这两种故障进行详细讲述。

（1）物理性故障。

物理性故障主要包括线路损坏、水晶头松动、通信设备损坏和线路受到严重的电磁干扰等。一旦出现不能上网的故障，用户首先需要查看水晶头是否有松动、通信设备指示灯是否正常、网络插头是否接错等，同时用户可以使用网络测试命令网络的连通性，以判断故障的原因。

（2）逻辑性故障。

逻辑性故障主要分为以下几种。

① 配置错误。逻辑故障中最常见的情况是配置错误，就是指因为网络设备的配置原因而导致的网络异常或故障。配置错误可能是路由器端口参数设定有误，或路由器路由配置错误以至于路由循环或找不到远端地址，或者是路由掩码设置错误等。

例如某网络没有流量，但又可以Ping（网络诊断工具）通线路的两端端口，这时就很有可能是路由配置错误。

【解决方案】：遇到这种情况，通常使用"路由跟踪程序"即traceroute检测故障，traceroute是把端到端的线路按线路所经过的路由器分成多段，然后以每段返回响应与延迟。如果发现在traceroute的结果中某一段之后，两个IP地址循环出现，这时，一般就是线路远端把端口路由又指向了线路的近端，导致IP包在该线路上来回反复传递。traceroute可以检测到哪个路由器之前都能正常响应，到哪个路由器就不能正常响应。这时只需要改远端路由器端口配置，就能恢复线路正常。

② 一些重要进程或端口关闭，以及系统的负载过高。如果网络中断，用Ping发现线路端口不通，检查发现该端口处于down的状态，这就说明该端口已经关闭，因此导致故障。

【解决方案】：这时只需重新启动该端口，就可以恢复线路的连通。

2. 按网络故障的对象划分

按网络故障的对象划分，网络故障一般分为线路故障、主机故障和路由器故障3种。

（1）线路故障。

线路故障最常见的情况就是线路不通，诊断这种故障可用Ping命令检查线路远端的路由器端口是否还能响应，或检测该线路上的流量是否还存在。一旦发现远端路由器端口不通，或该线路没有流量，则该线路可能出现了故障。

【解决方案】：首先是Ping线路两端路由器端口，检查两端的端口是否关闭。如果其中一端端口没有响应则可能是路由器端口故障。如果是近端端口关闭，则可检查端口插头是否松动、路由器端口是否处于down的状态；如果是远端端口关闭，则要通知线路对方进行检查。进行这些故障处理之后，线路往往可以正常运行。

如果线路仍然不通，一种可能就是线路本身的问题，看是否线路中间被切断；另一种可能就是路由器配置出错，比如路由循环了，就是远端端口路由又指向线路的近端，这样线路远端连接的网络用户就不通了，这种故障可以用traceroute来诊断。解决路由循环的方法就是重新配置路由器端口的静态路由或动态路由。

（2）主机故障。

主机故障常见的现象是主机的配置不当。比如，主机配置的IP地址与其他主机冲突，或IP地址根本就不在子网范围内，这将导致该主机不能连通。

（3）路由器故障。

线路故障中很多情况涉及路由器，因此也可以把一些线路故障归结为路由器故障。但线路涉及两端的路由器，因此在考虑线路故障时要涉及多个路由器。有些路由器故障仅仅涉及它本身，这些故障比较典型的就是路由器CPU温度过高、CPU利用率过高和路由器内存余量太小。其中最危险的是路由器CPU温度过高，因为这可能导致路由器烧毁。而路由器CPU利用率过高和路由器内存余量太小都将直接影响到网络服务的质量，比如路由器上的丢包率就会随内存余量的下降而上升。

【解决方案】：检测这种类型的故障，需要利用MIB变量浏览器这种工具，从路由器MIB变量中读出有关的数据，通常情况下网络管理系统有专门的管理进程不断地检测路由器的关键数据，并及时给出报警。而解决这种故障，只有对路由器进行升级、扩内存等，或者重新规划网络的拓扑结构。

18.1.3 诊断网络常用方法

快速诊断网络故障的常见方法如下。

1. 检查网卡

网络不通是比较常见的网络故障，对于这种故障，用户首先应该认真检查各连入设备的网卡设置是否正常。当网络适配器的【属性】对话框的设备状态为【这个设备运转正常】，并且在网络邻居中能找到自己时，说明网卡的配置是正确的。

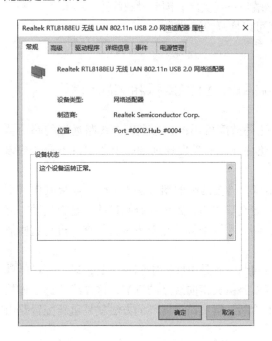

2. 检查网卡驱动

如果硬件没有问题，则还需检查驱动程序本身是否损坏、安装是否正确。在【设备管理器】窗口中可以查看网卡驱动是否有问题。如果硬件列表中有叹号或问号，则说明网卡驱动未正确安装或没有安装，此时需要删除不兼容

的网卡驱动，然后重新安装网卡驱动，并设置正确的网络协议。

3. 使用网络命令测试

使用Ping命令测试本地的IP地址或电脑名的方法，可以用于检查网卡和IP网络协议是否正确安装。例如使用"Ping 10.218.87.55"，可以测试本机上的网卡和网络协议是否工作正常。如果不能Ping通，可以卸载网络协议，然后重新安装。

18.2 网络连接故障

本节主要讲述常见的网络连接故障，包括无法发现网卡、网线故障、无法链接、链接受阻和无线网卡故障。

18.2.1 无法发现网卡

【故障表现】：一台电脑是"微星"的网卡，在正常使用中突然显示网络线缆没有插好，观察网卡的LED却发现是亮的，于是重启了网络连接，正常工作一段时间，同样的故障又出现，而且提示找不到网卡，打开【设备管理器】窗口多次刷新也找不到网卡，打开机箱更换PCI插槽后，故障依然存在。于是使用替换法，将网卡卸下，插入另一台正常运行的电脑，故障消除。

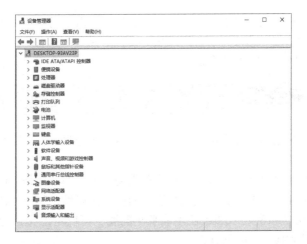

【故障分析】：从故障现象可以判断，故障发生在电脑上。一般情况下，板卡丢失后，可以通过更换插槽的方式重新安装，这样可以解决因为接触不良或驱动问题导致的故障，既然通过上述方法并没有解决问题，那么导致无法发现网卡的原因应该与操作系统或主板有关。

【故障排除】：重新安装操作系统，并安装系统安全补丁，同时，从网卡的官方网站下载并安装最新的网卡驱动程序。如果不能排除故障，说明是主板的问题，先为主板安装驱动程序，重新启动电脑后测试，如果故障仍然存在，建议更换主板试试。

18.2.2 网线故障

【故障表现】：公司的局域网内有6台电脑，相互访问速度非常慢，对所有的电脑都实施杀毒处理，并安装了系统安全补丁，并没有发现异常，更换一台新的交换机后，故障依然存在。

【故障分析】：既然更换交换机后仍然不能解决故障，说明故障和交换机没有关系，可以从网线和主机入手进行排除。

【故障排除】：首先测试网线，查看网线是否按照T568A或T568B标注制作。双绞线是由4对线按照一定的线序绞合而成的，主要用于减少串扰和背景噪声的影响。在普通的局域网中，使用双绞线8条线中的4条，即1、2、3和6。其中1和2用于发送数据，3和6用于接收数据。而且1和2必须来自一个绕对，3和6必须来自一个绕对。如果不按照标准制作网线，即会由于串扰较大，受外界干扰严重，从而导致数据丢失，传输速度大幅度下降。用户可以使用网线测试仪测试网线是否正常。

其次，如果网线没有问题，可以检查网卡是否有故障。由于网卡损坏也会导致广播风暴，所以会严重影响局域网的速度。建议将所有网线从交换机上拔下，然后一个一个地插入，测试哪个网卡已损坏，换掉坏的网卡，即可排除故障。

18.2.3 网络链接受限

【故障表现】：一台电脑不能上网，网络链接显示链接受限，并有一个黄色叹号，重新启动链接后，故障仍然无法排除。

【故障分析】：对于网络受限的故障，用户首先需要考虑的问题是上网的方式，如果是指定的用户名和密码，此时用户需要首先检查用户名和密码的正确性，如果密码不正确，链接也会受限。重新输入正确的用户和密码后如果还不能解决问题，可以考虑是否为网络协议和网卡的故障，重新安装网络驱动和换一台电脑试试。

【故障排除】：重新安装网络协议后，故障排除，所有故障的原因可能来源于协议遭到病毒破坏的缘故。

18.2.4 无线网卡故障

【故障表现】：一台笔记本电脑使用无线网卡，在一些位置可以上网，另外一些位置却不能上网，重装系统后，故障依然存在。

【故障分析】：首先检查无线网卡和笔记本是否连接牢固，建议拔下重新安装一次。操作后故障依然存在。

【故障排除】：一般情况下，无线网卡容易受附近的电磁场的干扰，查看附近是否存在大功率的电器、无线通信设备，如果有可以将其移走。干扰也可能来自附近的电脑，离得太近干扰信号也比较强。经过移动大功率的电器后，故障排除。如果此时还存在故障，可以换一个无线网卡试试。

18.3 网卡驱动与网络协议故障

排除了硬件本身的故障之后，用户首先需要考虑的就是网卡驱动程序和网络协议的故障。

18.3.1 网卡驱动丢失

【故障表现】：一台电脑启动后，系统提示不能上网，在【设备管理器】中看不到网卡驱动。

【故障分析】：首先可以重新安装网卡驱动程序，并且进行杀毒操作，因为有些病毒也可以破坏驱动程序。如果还不能解决问题，可以考虑重新安装系统，然后从官方下载驱动程序，并安装驱动程序。运行一段时间后，又出现网卡驱动丢失的现象。

【故障排除】：从现象可以看出，应该是主板的问题，先卸载主板驱动程序，重新启动计算机后安装驱动程序，故障排除。

18.3.2 网络协议故障

【故障表现】：一台电脑可以在局域网中发现其他用户，但是不能上网。

【故障分析】：首先检查计算机的网络配置，包括IP地址、默认网卡、DNS服务器地址的设置是否正确，然后更换网卡，但故障仍然没有解决。

【故障排除】：经过分析排除是硬件的故障后，可以从网络协议的安装是否正确入手。首先Ping一下本机IP地址，发现不通，可以考虑是本身电脑的网络协议出了问题，可以重新安装网络协议，具体操作步骤如下。

步骤 01 单击任务栏右侧的【宽带连接】按钮，在弹出的菜单中单击【打开网络和共享中心】链接。

步骤 02 弹出【网络和共享中心】窗口，单击【更改网络适配器】链接。

步骤 03 弹出【网络连接】窗口，选择【本地连接】图标并右击，在弹出的快捷菜单中选择【属性】菜单命令。

步骤 06 弹出【选择网络协议】对话框，单击【从磁盘安装】按钮。

步骤 04 弹出【本地连接 属性】对话框，然后在【此连接使用下列项目】列表框中选择【Internet协议版本 4（TCP / IPV4）】复选框，单击【安装】按钮。

步骤 07 弹出【从磁盘安装】对话框，单击【浏览】按钮，找到下载好的网络协议或系统光盘中的协议，单击【确定】按钮，系统即自动安装网络协议。

步骤 05 弹出【选择网络功能类型】对话框，在【单击要安装的网络功能类型】列表框中选择【协议】选项，单击【添加】按钮。

18.3.3 IP地址配置错误

【故障表现】：一个小局域网中，一台配置了固定IP地址的电脑不能上网，而其他电脑却可以上网，此时Ping网卡也不通，更换网卡问题依然存在。

【故障分析】：通过测试，发现有故障的电脑可以连接其他的电脑，说明网络连接没有问题，因此导致故障的原因是IP地址配置错误。

【故障排除】：打开网络连接，重新配置电脑的默认网关、DNS和子网掩码，使之与其他的配置相同。通过修改DNS后，故障消失。

18.4 无法打开网页故障

无法打开网页的主要原因有浏览器故障、DNS故障和病毒故障等。

18.4.1 浏览器故障

在网络连接正常的情况下，如果无法打开网页，首先需要考虑的是浏览器是否有问题。

【故障表现】：使用IE浏览器浏览网页时，IE浏览器总是提示错误，并需要关闭。

【故障分析】：从故障可以判断是IE浏览器的系统文件被破坏所致。

【故障排除】：排除此类故障最好的办法是重新安装IE浏览器。

打开【运行】对话框，在【打开】文本框中输入"rundll32.exe setupapi，InstallHinfSection Default InstallHinfSection Default Install 132%windir%\Inf\ie.inf"命令，单击【确定】按钮即可重装IE。

18.4.2 DNS配置故障

当IE无法浏览网页时，可先尝试用IP地址来访问。如果可以访问，那么应该是DNS的问题。

造成DNS的问题可能是联网时获取DNS出错或DNS服务器本身问题，这时可以手动指定DNS服务。

打开【Internet协议版本4（TCP／IPV4）】对话框，在【首选DNS服务器】和【备用DNS服务器】文本框中重新输入服务商提供的DNS服务器地址，单击【确定】按钮完成设置。

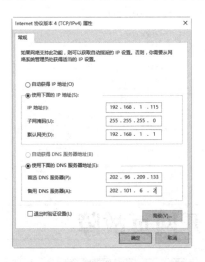

【故障表现】：经常的访问的网站已经打不开，而一些没有打开过的新网站却可以打开。

【故障分析】：从故障现象看，这是本地DNS缓存出现了问题。为了提高网站访问速度，系统会自动将已经访问过并获取IP地址的网站存入本地的DNS缓存里，一旦再对这个网站进行访问，则不再通过DNS服务器而直接从本地DNS缓存取出该网站的IP地址进行访问。所以，如果本地DNS缓存出现问题，会导致网站无法访问。

【故障排除】：重建本地DNS缓存，可以排除上述故障。

打开【运行】对话框，在【打开】文本框中输入"ipconfig /flushdns"命令，单击【确定】按钮即可重建本地DNS缓存。

18.4.3 病毒故障

【故障表现】：一台电脑在浏览网页时，主页能打开，二级网页打不开。过一段时间后，QQ聊天工具能上，所有网页打不开。

【故障分析】：从故障现象可以分析，主要是恶意代码（网页病毒）以及一些木马病毒的影响。

【故障排除】：在任务管理器里查看进程，看看CPU的占用率如何，如果是100%，初步判断是感染了病毒，这就要查查是哪个进程占用了CPU资源。找到后，记录名称，然后结束进程。如果不能结束，则启动到安全模式下把该程序结束，然后在弹出的【开始】菜单中选择【所有程序】▶【附件】▶【运行】菜单命令。弹出【运行】对话框，在【打开】文本框中输入"regedit"命令，在弹出的注册表窗口中查找记录的程序名称，然后删除。

18.5 局域网故障

常见的局域网故障包括共享故障、IP地址冲突和局域网中网络邻居响应慢等。

18.5.1 局域网共享故障

虽然可以把局域网定义为"一定数量的电脑通过互连设备连接构成的网络"，但是仅仅使用网卡让电脑构成一个物理连接的网络还不能实现真正意义的局域网，它还需要进行一定的协议设置，才能实现资源共享。

（1）同一个局域网内的电脑IP地址应该是分布在相同网段里的，虽然以太网最终的地址形式为网卡MAC地址，但是提供给用户层次的始终是相对好记忆的IP地址形式，而且系统交互接口和网络工具都通过IP来寻找电脑，因此为电脑配置一个符合要求的IP是必需的，这是电脑查找彼此的基础，除非是在DHCP环境里，因为这个环境的IP地址是通过服务器自动分配的。

（2）要为局域网内的机器添加"交流语言"——局域网协议，包括最基本的NetBIOS协议和NetBEUI协议，然后还要确认"Microsoft 网络的文件和打印机共享"已经安装并为选中状态，确保系统安装了"Microsoft 网络客户端"，而且仅仅有这个客户端，否则很容易导致各种奇怪的网络故障发生。

（3）用户必须为电脑指定至少一个共享资源，如某个目录、磁盘或打印机等，完成了这些工作，电脑才能正常实现局域网资源共享的功能。

（4）电脑必须开启139、445这两个端口中的一个，它们被用作NetBIOS会话连接，而且是SMB协议依赖的端口，如果这两个端口被阻止，对方电脑访问共享的请求就无法回应。

但是并非所有用户都能很顺利地享受到局域网资源共享带来的便利，由于操作系统环境配置、协议文件受损、某些软件修改等因素，时常会令局域网共享出现各种各样的问题。对于网络管理员来说，就必须学习如何分析排除大部分常见的局域网共享故障。

【故障表现】：某局域网内有4台电脑，其中A机器可以访问B、C、D机器的共享文件，但B、C、D机器都不能访问A机器上的共享文件，提示"Windows 无法访问"的信息。

【故障分析】：首先在其他电脑上直接输入电脑A的IP地址访问，仍然弹出网络错误的提示信息；然后关闭电脑A上的防火墙，检查组策略相关的服务，故障依然存在。

【故障排除】：根据上述的分析，可以从以下几方面排除。

检查电脑A的工作组是否与其他电脑一致，如果不一样可以更改，具体操作步骤如下。

步骤 01 右键单击桌面上的【此电脑】图标，在弹出的快捷菜单中选择【属性】菜单命令。

步骤 02 弹出【系统】窗口，单击【更改设置】按钮。

步骤 03 弹出【系统属性】对话框，选择【计算机名】选项卡，单击【更改】按钮。

步骤 04 弹出【计算机名/域更改】对话框，在【工作组】下的文本框中输入相同的名称，单击【确定】按钮。

检查电脑A上的Guest用户是否开启，具体操作步骤如下。

步骤 01 右击桌面上的【此电脑】图标，在弹出的快捷菜单中选择【管理】菜单命令。

步骤 02 弹出【计算机管理】窗口，在左侧的窗格中选择【系统工具】▶【本地用户和组】▶【用户】选项，在右侧的窗口中选择【Guest】

并右键单击，在弹出的快捷菜单中选择【属性】菜单命令。

步骤 03 弹出【Guest 属性】对话框，选择【常规】选项卡，取消选中【账号已禁用】复选框，单击【确定】按钮完成设置。

检查电脑A是否设置了拒绝从网络上访问该电脑，具体操作步骤如下。

步骤 01 按【Windows+R】组合键，打开【运行】对话框，在【打开】文本框中输入"gpedit.msc"命令，单击【确定】按钮。

步骤 02 弹出【本地组策略编辑器】对话框，在左侧的窗口中选择【本地计算机策略】▶【计算机配置】▶【Windows设置】▶【安全设置】▶

【本地策略】▶【用户权限分配】选项。

步骤 03 在右侧的窗口中选择【拒绝从网络访问这台计算机】选项，右键单击并在弹出的快捷菜单中选择【属性】菜单命令。

步骤 04 弹出【拒绝从网络访问这台计算机 属性】对话框，选择【本地安全设置】选项卡，然后选择【Guest】选项，单击【删除】按钮，单击【确定】按钮完成设置。

18.5.2 IP地址冲突

【故障表现】：某局域网通过路由器接入Internet，操作系统为Windows 10，网关设置为172.16.1.1，各台电脑设置为不同的静态IP地址。最近突然出现IP地址与硬件冲突的问题，系统提示"Windows 检查到IP地址冲突"。出现错误提示后，就无法上网了。

【故障分析】：在TCP/IP网络中，IP地址代表着电脑的身份，在网络中不能重复。否则，将无法实现电脑之间的通信，因此，在同一个网络中每个IP地址只能被一台电脑使用。在电脑启动加载网络服务时，电脑会把当前的电脑名和IP地址向网络上广播进行注册，如果网络上已经有了相同的IP地址或电脑进行了注册，就会提示IP地址冲突。而在使用静态IP地址时，如果电脑的数目比较多，IP地址冲突是经常的事情，此时重新设置IP地址即可解决故障。

【故障排除】：重新设置静态IP地址的具体操作步骤如下。

步骤 01 单击任务栏右侧的【网络】图标，在弹出的菜单中单击【打开网络和共享中心】链接。

步骤 02 弹出【网络和共享中心】窗口，单击【更改适配器设置】链接。

步骤 03 弹出【网络连接】窗口，选择【以太网】图标并右键单击，在弹出的快捷菜单中选择【属性】菜单命令。

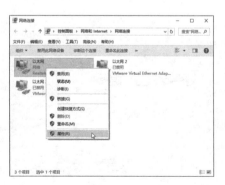

步骤 04 弹出【本地连接属性】对话框，然后在【此连接使用下列项目】列表框中选中【Internet协议版本 4（TCP／IPV4）】复选框，单击【属性】按钮。

步骤 05 弹出【Internet协议版本 4（TCP／IPV4）】对话框，在【IP地址】文本框中重新输入一个未被占用的IP地址，单击【确定】按钮完成设置。

如果使用的是自动获得IP地址，则将网络禁用，重新获取IP即可。

18.5.3 局域网中网络邻居响应慢

【故障表现】：某局域网内有25台电脑，分别装有Windows 7、Windows Server 2008和Windows 10操作系统，最近发现，打开网络邻居速度非常慢，要查找好长时间。尝试很多方法（包括更换交换机、服务器全面杀毒、重装操作系统等），都没有解决问题，故障依然存在。

【故障分析】：一般情况下，直接访问【网上邻居】中的用户，打开的速度比较慢是很正常的，特别是网络内拥有很多电脑时。主要是因为打开【网上邻居】时是一个广播，会向网络内的所有电脑发出请求，只有等所有的电脑都作出应答后，才会显示可用的结果。但是，如果网卡有故障也会造成上述现象。

【故障排除】：首先测试网卡是否有故障。单击【开始】按钮，在【运行】对话框中输入邻居的用户名，如果可以迅速访问，则可以判断与网卡无关，否则可以更换网卡，从而解决故障。

 高手支招

技巧1：可以正常上网，但网络图标显示为叉号

【故障表现】：电脑可以正常打开网页，上QQ，但是任务栏右侧的【网络】图标显示为红色叉号。

【故障分析】：如果可以上网，说明网络连接正常，主要原因可能是系统识别故障，此时重新启用本地网络连接或重新启动电脑即可。

【故障排除】：具体解决步骤如下。

步骤01 打开【网络连接】窗口，选择【以太网】图标并右键单击，在弹出的快捷菜单中选择【禁用】菜单命令。

步骤02 禁用后，再次右键单击，选择【启用】菜单命令，即可正常连接，如下图所示，不再显示叉号。

技巧2：可以发送数据，但不能接收数据

【故障表现】：局域网内一台电脑，出现不能接收数据但可以发送数据情况，Ping自己的IP地址也不通。

【故障分析】：首先测试网线是否有问题，经测试网线正常，这样就可以排除线路的问题，故障应该出在网卡上。

【故障排除】：卸载网卡驱动程序并重新安装，安装TCP/IP协议，然后正确配置IP地址信息，故障不能排除；更换网卡的PCI插槽后，故障排除。

第5篇
系统安全篇

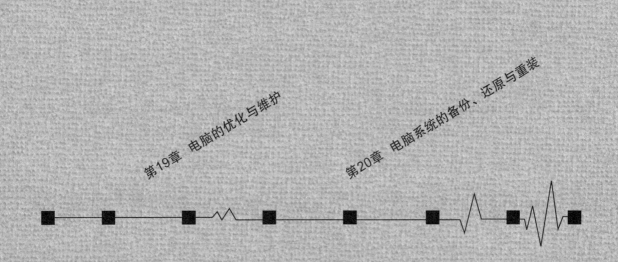

第19章 电脑的优化与维护

第20章 电脑系统的备份、还原与重装

第 **19** 章

电脑的优化与维护

学习目标

　　在使用电脑中，不仅需要对电脑的性能进行优化，而且需要对病毒木马进行防范、对电脑系统进行维护等，以确保电脑的正常使用。本章主要介绍对电脑的优化和维护内容，包括系统安全与防护、优化电脑等。

学习效果

19.1 系统安全与防护

当前，电脑病毒十分猖獗，而且更具有破坏性、潜伏性。电脑染上病毒，不但会影响电脑的正常运行，使机器速度变慢，严重的时候还会造成整个电脑的彻底崩溃。本节主要介绍系统漏洞的修补与查杀病毒。

19.1.1 修补系统漏洞

系统本身的漏洞是重大隐患之一，用户必须及时修复系统的漏洞。下面以360安全卫士修复系统漏洞为例进行介绍，具体操作如下。

步骤01 打开360安全卫士软件，在主界面单击【系统修复】图标按钮。

步骤02 打开如下工作界面，可以单击【全面修复】按钮，修复电脑的漏洞、软件、驱动等。也可以在右侧的修复列表中选择【漏洞修复】选项进行单项修复。如选择【漏洞修复】选项。

步骤03 打开【漏洞修复】工作界面，开始扫描系统中存在的漏洞。

步骤04 如果存在漏洞，按照软件指示进行修复即可。

步骤05 如果没有漏洞，则会显示为如下界面，单击【返回】按钮即可。

19.1.2 查杀电脑中的病毒

电脑感染病毒是很常见的，但是当遇到电脑故障时，很多用户不知道电脑是否是感染病毒，即便知道了是病毒故障，也不知道该如何查杀病毒。下面以"360安全卫士"软件为例，具体操作步骤如下。

步骤 01 打开360安全卫士，单击【木马查杀】图标，进入该界面，单击【快速查杀】按钮。

> **小提示**
>
> 可以单击【全盘查杀】按钮，查杀整个硬盘；可以单击【按位置查杀】按钮，查杀指定位置。

步骤 02 软件对系统设置、常用软件、内存及关键系统位置等进行病毒查杀。

步骤 03 扫描完成后，如果发现病毒或者危险项，即会显示相关列表，用户可以逐个处理，也可以单击【一键处理】按钮，进行全部处理。

步骤 04 处理成功后，软件会根据情况询问用户是否重启电脑，根据提示操作即可。

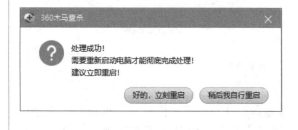

19.1.3 使用Windows Defender

Windows Defender是Windows 10中自带的反病毒软件，可以对系统进行病毒扫描、实时监控、清除程序、防火墙、设备性能和运行情况等。Windows Defender会利用实时保护，扫描下载内容以及用户在设备上运行的程序。此外，Windows更新会自动下载适用于Windows安全中心的更新，以帮助保护设备的安全，使电脑免受威胁。

步骤 01 单击状态栏中的Windows Defender图标。

步骤 02 打开【Windows Defender安全中心】界面，可以看到设备的安全性和运行情况。其中，绿色状态表示设备受到充分保护，没有任何建议的操作；黄色表示有供用户采纳的安全建议；红色表示警告，需要用户立即关注和处理。

步骤 03 打开Windows Defender防病毒实时保护。单击【病毒和威胁服务】服务图标，进入该界面，将【Windows Defender防病毒软件选项】下的【定期扫描】设置为"开"。

步骤 04 开始实时保护，单击【威胁历史记录】区域下的【立即扫描】按钮。

步骤 05 快速扫描，并显示进度，如下图所示。

如果不需要，将【定期扫描】设置为"关"即可。除了上面的防护设置外，还可以对其他安全区域设置。

19.2 优化电脑的开机和运行速度

如果电脑开机启动项过多，会影响电脑的开机速度，同时系统、网络和硬盘等，也都会影响电脑运行速度。为了能够更好地使用电脑，就需要定时进行优化。

19.2.1 使用【任务管理器】进行启动优化

Windows 10自带的【任务管理器】，不仅可以查看系统进程、性能、应用历史记录等，还可以查看启动项，并对其进行管理，具体操作步骤如下。

步骤01 在空白任务栏任意处，单击鼠标右键，在弹出菜单中，单击【任务管理器】命令。

步骤02 打开【任务管理器】对话框，如下图所示。默认选择【进程】选项卡，显示程序进度情况。

动项，单击【禁用】按钮。

步骤04 禁用该程序，此时软件状态显示为"已禁用"，电脑再次启动时，则不会启动。当希望启动时，单击【启用】按钮即可。

步骤03 单击【启动】选项卡，选择要禁止的启

19.2.2 使用360安全卫士进行优化

　　除了上述方法外，还可以使用360安全卫士的优化加速功能提升开机速度、系统速度、上网速度和硬盘速度，具体操作步骤如下。

步骤 01 打开【360安全卫士】界面，单击【优化加速】图标，进入该界面，单击【全面加速】按钮。

步骤 02 软件对电脑进行扫描，如下图所示。

步骤 03 扫描完成后，会显示可优化项，单击【立即优化】按钮。

步骤 04 弹出【一键优化提醒】对话框，勾选需要优化的选项。如需全部优化，单击【全选】按钮；如需进行部分优化，在需要优化的项目前，单击复选框，然后单击【确认优化】按钮。

步骤 05 对所选项目优化完成后，提示优化的项目及优化提升效果，单击【完成】按钮。

19.3 系统瘦身

对于系统不常用的功能，可以将其关闭，从而给系统瘦身，达到调高电脑性能的目的。

19.3.1 关闭系统还原功能

Windows操作系统提供了系统还原功能，当系统被破坏时，可以恢复到正常状态。但是这样占用了系统资源，如果不需要此功能，可以将其关闭。关闭系统还原功能的具体操作步骤如下。

步骤 01 按【Windows+R】组合键，弹出【运行】对话框，在【打开】文本框中输入"gpedit.msc"命令。

步骤 02 弹出【本地组策略编辑器】窗口，选择【计算机配置】▶【管理模板】▶【系统】▶【系统还原】选项，在右侧的窗口中双击【关闭系统还原】选项。

步骤 03 弹出【关闭系统还原】窗口，选择【已启用】单选按钮，然后单击【确定】按钮。

19.3.2 更改临时文件夹位置

把临时文件转移到非系统分区中，既可以为系统瘦身，也可以避免在系统分区内产生大量的碎片而影响系统的运行速度，还可以轻松地查找临时文件，进行手动删除。更改临时文件夹位置的具体操作步骤如下。

步骤 01 右击桌面上的【此电脑】图标，在弹出的快捷菜单中选择【属性】菜单命令，弹出【系统】窗口，并单击【高级系统设置】选项。

步骤 02 单击【更改设置】链接，弹出【系统属性】对话框，单击【高级】选项卡下的【环境变量】按钮。

步骤 03 弹出【环境变量】对话框，在【变量】组中包括TEMP和TMP两个变量，选择TEMP变量，单击【编辑】按钮。

【变量名】文本框显示要编辑变量的名称，【变量值】文本框主要是设置临时文件夹的位置，可以根据需要设置在其他非系统盘中。

步骤 05 返回【环境变量】对话框，可以看到变量的路径已经改变。使用同样的方法更改变量 TMP 的值，单击【确定】按钮，完成临时文件夹位置的更改。

小提示

TEMP和TMP文件是各种软件或系统产生的临时文件，也就是常说的垃圾文件，两者都是一样的。TMP是TEMP的简写形式，TMP的可以向后（DOS）兼容。

步骤 04 弹出【编辑用户变量】对话框，在【变量值】文本框中输入更改后的位置 "E:\Temp"，单击【确定】按钮。

19.3.3 禁用休眠

Windows操作系统默认情况下已打开休眠支持功能，在操作系统所在分区中创建文件hiberfil.sys 的系统隐藏文件，该文件的大小与正在使用的内存容量有关。

小提示

如果不需要休眠功能，可以将其关闭，这样可以节省更多的磁盘空间。

禁用休眠功能的具体操作步骤如下。

步骤 01 在搜索框中输入"命令提示符"，选择匹配的"命令提示符"应用，并单击右侧的"以管理员身份运行"选项。

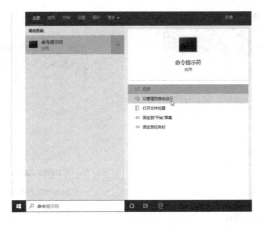

步骤 02 在命令行提示符中输入"powercfg-hoff"，按【Enter】键确认，即可禁用休眠功能。

 小提示

输入"powercfg /a"命令，可以查看支持的睡眠状态。输入"powercfg－H size 50"命令，休眠文件将被压缩到内存的50%。

高手支招

技巧1：管理鼠标的右键菜单

电脑长期使用的过程中，鼠标的右键菜单会越来越长，占了大半个屏幕，看起来绝对不美观、不简洁，这是由于安装软件时附带的添加右键菜单功能而造成的。那么怎么管理右键菜单呢？使用360安全卫士的右键管理功能可以轻松管理鼠标的右键菜单，具体的操作步骤如下。

步骤 01 在360安全卫士的【全部工具】操作界面单击【右键管理】图标。

步骤 02 弹出【右键菜单管理】对话框，单击【立即管理】按钮。

步骤 03 当加载右键菜单后，会显示当前右键菜单，如下图所示。

步骤 04 在要删除的菜单命令后，单击【删除】

按钮，即可快速删除。

步骤 05 单击【已删除菜单】选项卡，可以查看已删除的右键菜单，单击【恢复】按钮 ↶，即可恢复右键菜单。

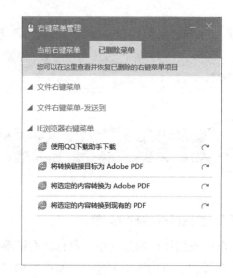

技巧2：更改新内容的保存位置

在安装新应用，下载文档、音乐等时，用户都可以不同的文件类型对其指定保存的位置。下面介绍下如何更改新内容的保存位置。

步骤 01 打开【设置-系统】界面，单击【存储】选项，在其右侧区域单击【更改新内容的保存位置】选项。

步骤 02 进入【更改新内容的保存位置】界面，可看到应用、文档、音乐、图片等默认保存位置。

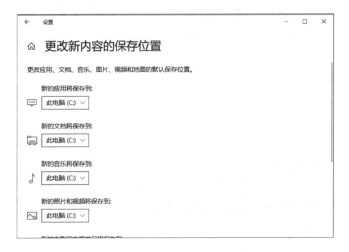

步骤 03 如果要更改某个类型文件的存储位置，单击下方的下拉按钮，在弹出的磁盘列表中选择要存储的磁盘。

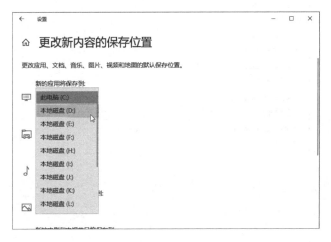

步骤 04 选择磁盘后，单击右侧显示的【应用】按钮。

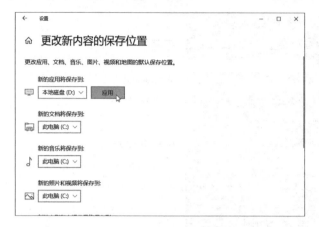

步骤 05 更改成功，如下图所示。

步骤 06 使用同样方法，可以修改其他文件的存储位置，效果如下图所示。

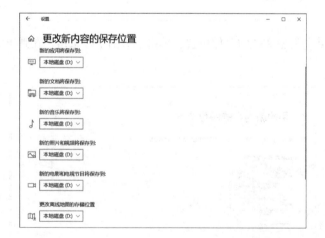

第**20**章

电脑系统的备份、还原与重装

学习目标

　　用户在使用电脑的过程中，有时会不小心删除系统文件，或系统遭受病毒与木马的攻击，这时都有可能导致系统崩溃或无法进入操作系统，用户不得不重装系统。但是如果进行了系统备份，则可以直接将其还原，从而节省时间。

学习效果

20.1 使用Windows系统工具备份与还原系统

Windows 10操作系统中自带了备份工具，支持对系统的备份与还原，在系统出问题时可以使用创建的还原点，恢复还原点状态。

20.1.1 使用Windows系统工具备份系统

Windows操作系统自带的备份还原功能非常强大，支持4种备份还原工具，分别是文件备份还原、系统映像备份还原、早期版本备份还原和系统还原，为用户提供了高速度、高压缩的一键备份还原功能。

1. 开启系统还原功能

开启系统还原功能的具体操作步骤如下。

步骤 01 右键单击电脑桌面上的【此电脑】图标，在弹出快捷菜单命令中选择【属性】菜单命令。

步骤 02 在打开的窗口中，单击【系统保护】超链接。

步骤 03 弹出【系统属性】对话框，在【保护设置】列表框中选择系统所在的分区，并单击【配置】按钮。

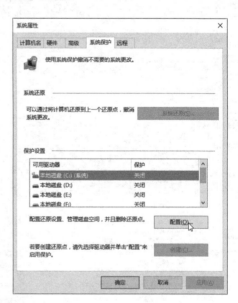

步骤 04 弹出【系统保护本地磁盘】对话框，单击选中【启用系统保护】单选按钮，单击鼠标调整【最大使用量】滑块到合适的位置，然后单击【确定】按钮。

2. 创建系统还原点

用户开启系统还原功能后，默认打开保护系统文件和设置的相关信息，保护系统。用户也可以创建系统还原点，当系统出现问题时，就可以方便地恢复到创建还原点时的状态。

步骤01 根据上述的方法，打开【系统属性】对话框，并单击【系统保护】选项卡，然后选择系统所在的分区，单击【创建】按钮。

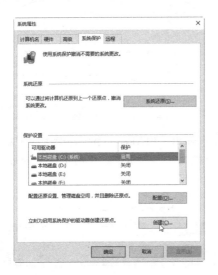

步骤02 弹出【系统保护】对话框，在文本框中输入还原点的描述性信息。单击【创建】按钮。

步骤03 开始创建还原点。

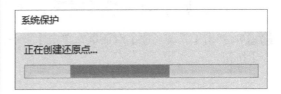

步骤04 创建还原点的时间比较短，稍等片刻即可。创建完毕后，弹出"已成功创建还原点"提示信息，单击【关闭】按钮。

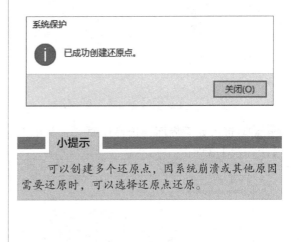

> **小提示**
>
> 可以创建多个还原点，因系统崩溃或其他原因需要还原时，可以选择还原点还原。

20.1.2 使用Windows系统工具还原系统

在为系统创建好还原点之后，一旦系统遭到病毒或木马的攻击致使系统不能正常运行时，就可以将系统恢复到指定还原点。

下面介绍如何还原到创建的还原点，具体操作步骤如下。

步骤 01 打开【系统属性】对话框，在【系统保护】选项卡下单击【系统还原】按钮。

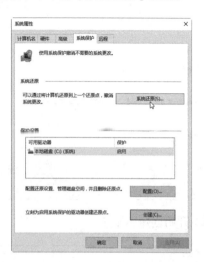

步骤 02 弹出【系统还原】对话框，单击【下一步】按钮。

步骤 03 进入如下界面，选择还原点，并单击【下一步】按钮。

步骤 04 进入如下界面，选择要还原的驱动器，并单击【下一步】按钮。

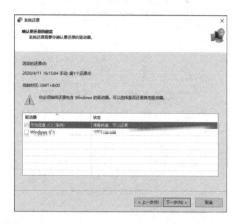

步骤 05 在【确认还原点】界面中，显示了还原点，如果有多个还原点，建议选择距离出现故障时间最近的还原点，单击【完成】按钮。

步骤 06 弹出"启动后，系统还原不能中断。你希望继续吗？"提示框，单击【是】按钮。

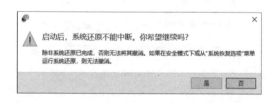

步骤 07 显示正在准备还原系统，当进度条结束后，电脑自动重启。

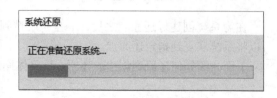

步骤 08 进入配置更新界面，如下图所示，无须任何操作。

步骤 10 系统还原结束后，再次进入电脑桌面即可看到还原成功提示，如下图所示。

步骤 09 配置更新完成后，即还原Windows文件和设置。

20.1.3 系统无法启动时进行系统还原

系统出现问题无法正常进入系统时，无法通过【系统属性】对话框进行系统还原，因此需要通过其他办法进行系统恢复。具体解决可以参照以下方法。

步骤 01 当系统启动失败两次后，第三次启动即会进入【选择一个选项】界面，单击【疑难解答】选项。

> **小提示**
>
> 如果没有创建系统还原，则可以单击【重置此电脑】选项，将电脑恢复到初始状态。

步骤 02 打开【疑难解答】界面，单击【高级选项】选项。

步骤 03 打开【高级选项】界面，单击【系统还原】选项。

步骤 04 电脑重启，显示"正在准备系统还原"界面，如下图所示。

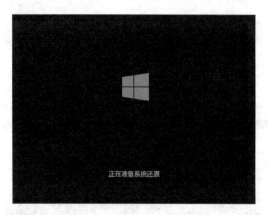

步骤 05 进入【系统还原】界面，选择要还原的账户。

步骤 06 选择账户后，在文本框输入该账户的密码，并单击【继续】按钮。

步骤 07 弹出【系统还原】对话框，用户即可根据提示进行操作，具体操作步骤和20.1.2节方法相同，这里不再赘述。

步骤 08 在【将计算机还原到所选事件之前的状态】界面中，选择要还原的点，单击【下一步】按钮。

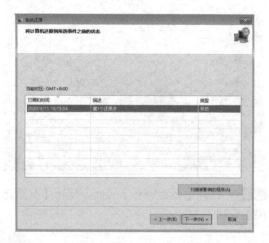

步骤 09 在【确认还原点】界面中单击【完成】按钮。

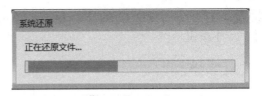

步骤⑪ 提示系统还原成功后，单击【重新启动】按钮。

步骤⑩ 系统即进入还原中，如右上图所示。

20.2 使用GHOST一键备份与还原系统

虽然Windows 10操作系统中自带了备份工具，但操作较为麻烦。下面介绍一种快捷的备份和还原系统的方法——使用GHOST备份和还原。

20.2.1 一键备份系统

使用一键GHOST备份系统的操作步骤如下。

步骤① 下载并安装一键GHOST后，打开【一键恢复系统】对话框，此时一键GHOST开始初始化。初始化完毕后，将自动选中【一键备份系统】单选项，单击【备份】按钮。

步骤 02 打开【一键GHOST】提示框，单击【确定】按钮。

步骤 03 系统开始重新启动，并自动弹出GRUB4DOS菜单，在其中选择第一个选项，表示启动一键GHOST。

步骤 04 系统自动选择完毕后，弹出【MS-DOS一级菜单】界面，在其中选择第一个选项，表示在DOS安全模式下运行GHOST 11.2。

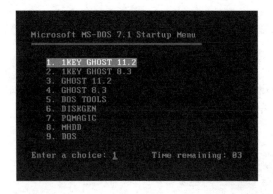

步骤 05 选择完毕后，弹出【MS-DOS二级菜单】界面，在其中选择第一个选项，表示支持IDE、SATA兼容模式。

步骤 06 根据C盘是否存在映像文件，将从主窗口自动进入【一键备份系统】警告窗口，提示用户开始备份系统。选择【备份】按钮。

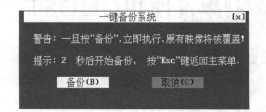

步骤 07 开始备份系统如下图所示。

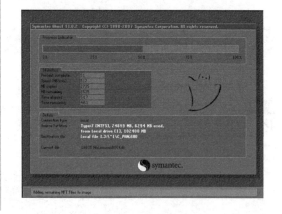

20.2.2　一键还原系统

使用一键GHOST还原系统的操作步骤如下。

步骤 01 打开【一键GHOST】对话框。单击【恢复】按钮。

步骤 02 打开【一键GHOST】对话框，提示用户电脑必须重新启动，才能运行【恢复】程序。单击【确定】按钮。

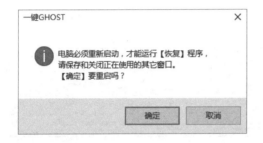

步骤 03 系统开始重新启动，并自动弹出GRUB4DOS菜单，在其中选择第一个选项，表示启动一键GHOST。

步骤 04 系统自动选择完毕后，弹出【MS-DOS一级菜单】界面，在其中选择第一个选项，表示在DOS安全模式下运行GHOST 11.2。

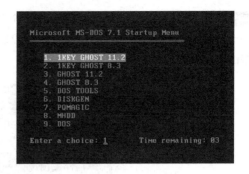

步骤 05 选择完毕后，弹出【MS-DOS二级菜单】界面，在其中选择第一个选项，表示支持IDE、SATA兼容模式。

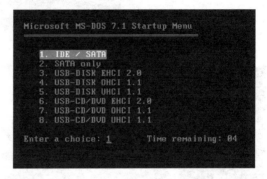

步骤 06 根据C盘是否存在映像文件，将从主窗口自动进入【一键恢复系统】警告窗口，提示用户开始恢复系统。选择【恢复】按钮，即可开始恢复系统。

步骤 07 开始恢复系统，如下图所示。

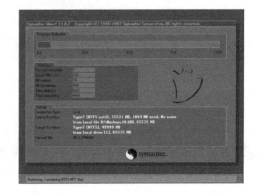

步骤 08 在系统还原完毕后，将弹出一个信息提示框，提示用户恢复成功，单击【Reset Computer】按钮重启电脑，然后选择从硬盘启动，即可将系统恢复到以前的系统。至此，完成了使用GHOST工具还原系统的操作。

20.3 重置电脑

Windows 10操作系统中提供了重置电脑功能，用户可以在电脑出现问题、无法正常运行或者需要恢复到初始状态时重置电脑。

20.3.1 在可开机状态下重置电脑

步骤 01 按【Windows+I】组合键，进入【设置】面板，选择【更新和安全】选项。

步骤 02 弹出【更新和安全】页面，在左侧列表中选择【恢复】选项，在右侧窗口中单击【开始】按钮。

步骤 03 弹出【选择一个选项】界面，单击选择【保留我的文件】选项。

步骤 04 弹出【将会删除你的应用】界面，单击【下一步】按钮。

步骤 05 弹出【准备就绪，可以重置这台电脑】界面，单击【重置】按钮。

步骤 06 电脑重新启动，进入【重置】界面。

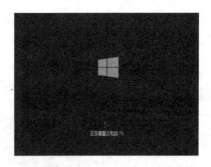

步骤 07 重置完成后进入Windows安装界面。

步骤 08 安装完成后自动进入Windows 10桌面以及看到恢复电脑时删除的应用列表。

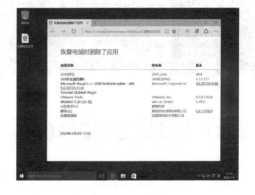

20.3.2　在不可开机状态下重置电脑

如果Windows 10操作系统出现错误，开机后无法进入系统，此时可以在不开机的情况下重置电脑，具体操作步骤如下。

步骤 01 在开机界面单击【更改默认值或选择其他选项】选项。

步骤 02 进入【选项】界面，单击【选择其他选项】选项。

步骤 04 在打开的【疑难解答】界面单击【重置此电脑】选项。其后的操作与在可开机状态下重置电脑操作相同，这里不再赘述。

步骤 03 进入【选择一个选项】界面，单击【疑难解答】选项。

20.4 重装系统

由于种种原因，如用户误删除系统文件、病毒程序将系统文件破坏等，导致系统中的重要文件丢失或受损，甚至系统崩溃无法启动时，就不得不重装系统了。另外，有些时候，系统虽然能正常运行，但是却经常出现不定期的错误提示，甚至系统修复之后也不能消除这一现象，则也必须重装系统。

20.4.1 什么情况下重装系统

具体地来讲，当系统出现以下3种情况之一时，就必须考虑重装系统。

1. 系统运行变慢

系统运行变慢的原因有很多，如垃圾文件分布于整个硬盘而又不便于集中清理和自动清理，或者计算机感染了病毒或其他恶意程序而无法被杀毒软件清理等。这样就需要对磁盘进行格式化处理并重装系统。

2. 系统频繁出错

众所周知，操作系统是由很多代码和程序组成的，在操作过程中可能由于误删除某个文件或者被恶意代码改写等原因，致使系统出现错误，此时如果该故障不便于准确定位或轻易解决，就需要考虑重装系统。

3. 系统无法启动

导致系统无法启动的原因很多，如DOS引导出现错误、目录表被损坏或系统文件"Nyfs.sys"文件丢失等。如果无法查找出系统不能启动的原因或无法修复系统以解决这一问题时，就需要重装系统。

另外，一些电脑爱好者为了能使电脑在最优环境下工作，也会定期重装系统，这样就可以为系统减肥。但是，不管是哪种情况下重装系统，重装系统的方式都分为两种，一种是覆盖式重装，另一种是全新重装。前者是在原操作系统的基础上进行重装，优点是可以保留原系统的设置，缺点是无法彻底解决系统中存在的问题。后者则是对系统所在的分区重新格式化，优点是彻底解决系统的问题。因此，在重装系统时，建议选择全新重装。

20.4.2 重装系统前应注意的事项

在重装系统之前，用户需要做好充分的准备，以避免重装之后造成数据的丢失等严重后果。那么在重装系统之前应该注意哪些事项呢？

1. 备份数据

在因系统崩溃或出现故障而准备重装系统前，首先应该考虑的是备份好自己的数据。这时，一定要静下心来，仔细罗列硬盘中需要备份的资料，把它们一项一项地写在一张纸上，然后逐一对照进行备份。如果硬盘不能启动，则需要考虑用其他启动盘启动系统，然后拷贝自己的数据，或将硬盘挂接到其他电脑上进行备份。但是，最好的办法是在平时就养成备份重要数据的习惯，这样可以有效避免硬盘数据不能恢复的现象。

2. 格式化磁盘

重装系统时，格式化磁盘是解决系统问题最有效的办法，尤其是在系统感染病毒后，最好不要只格式化C盘，如果有条件将硬盘中的数据全部备份或转移，尽量将整个硬盘都进行格式化，以保证新系统的安全。

3. 牢记安装序列号

安装序列号相当于一个人的身份证号，标识这个安装程序的身份。如果不小心丢失自己的安装序列号，那么在全新安装系统时，安装过程将无法进行下去。正规的安装光盘的序列号会在软件说明书中或光盘封套的某个位置上。但是，如果用的是某些软件合集光盘中提供的测试版系统，则这些序列号可能是存在于安装目录中的某个说明文本中，如SN.TXT等文件中。因此，在重装系统之前，首先应将序列号读出并记录下来以备稍后使用。

20.4.3 重新安装系统

如果系统不能正常运行，就需要重新安装系统，重装系统就是重新将系统安装一遍。下面以Windows 10为例，简单介绍重装的方法。

> **小提示**
>
> 如果不能正常进入系统，可以使用U盘、DVD等重装系统，具体操作可参照第5章。

步骤 01 直接运行Windows 10安装盘目录中的setup.exe文件。

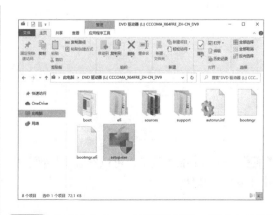

步骤 02 启动Windows 10安装程序，弹出如下窗

口，并单击【下一步】按钮。

步骤 03 进入【适用的声明和许可条款】界面，
单击【接受】按钮。

步骤 04 在联网的状态下，会进入如下界面，获
取系统更新。

步骤 05 进入【准备就绪，可以安装】界面，单
击【安装】按钮。

> **小提示**
>
> 如果要更改升级后需要保留的内容，可以单击
> 【更改要保留的内容】链接，在下图所示的窗口中
> 进行设置。

步骤 06 开始重装Windows 10，显示【安装
Windows 10】界面。

步骤 07 电脑会重启几次后进入Windows 10界
面，表示完成重装。

高手支招

技巧：进入Windows 10安全模式

Windows 10以前版本的操作系统，可以在开机进入Windows系统启动画面之前，按【F8】键或者启动计算机时按住【Ctrl】键进入安全模式，安全模式下可以在不加载第三方设备驱动程序的情况下启动电脑，使电脑运行在系统最小模式，这样用户就可以方便地检测与修复计算机系统的错误。下面介绍在Windows 10操作系统中进入安全模式的操作步骤。

步骤01 按【Win+I】组合键，打开【设置】窗口，单击【更新和安全】图标选项。

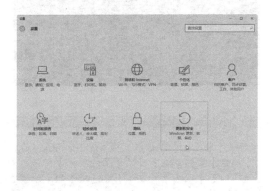

步骤02 弹出【更新和安全】设置窗口，在左侧的列表中选择【恢复】选项，在右侧的【高级启动】区域单击【立即重启】按钮。

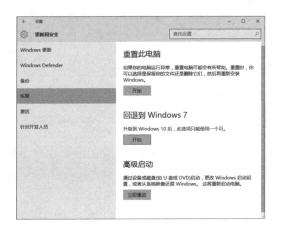

步骤03 打开【选择一个选项】界面，单击【疑难解答】选项。

小提示

在Windows 10桌面，按住【Shift】键的同时依次选择【电源】▶【重新启动】选项，也可以进入该界面。

步骤04 打开【疑难解答】界面，单击【高级选项】选项。

步骤05 进入【高级选项】界面，单击【启动设置】选项。

步骤 06 进入【启动设置】界面，单击【重启】按钮。

步骤 07 系统开始重启，重启之后看到下图所示的界面。按【F4】键或数字【4】键选择"启用安全模式"。

步骤 08 电脑重启，进入安全模式，如下图所示。